"十三五"职业教育规划教材

基础化学实验技术

JICHU HUAXUE SHIYAN JISHU

孙皓 赵春 主编

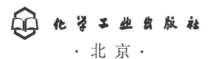

化学工业出版社

·北京·

《基础化学实验技术》是"十三五"职业教育规划教材。全书共分为 7 章，分别是：化学实验基础知识、化学实验的基本仪器及试剂使用、无机化学实验技术、有机化学实验技术、定量分析化学实验技术、仪器分析实验技术、拓展训练项目，共设计 55 个技能训练，涵盖基本操作、理论验证、元素性质、制备实验、滴定分析、仪器分析、常数测定等内容。

本书可供高职高专院校化工技术类、生物技术类、药品生产类和食品技术类专业师生学习使用，也可作为相关科研人员的参考用书。

图书在版编目（CIP）数据

基础化学实验技术/孙皓，赵春主编. —北京：化学工业出版社，2018.3（2025.7重印）
"十三五"职业教育规划教材
ISBN 978-7-122-31475-8

Ⅰ.①基⋯ Ⅱ.①孙⋯②赵⋯ Ⅲ.①化学实验-职业教育-教材 Ⅳ.①O6-3

中国版本图书馆 CIP 数据核字（2018）第 020316 号

责任编辑：迟　蕾　李植峰　　　　　文字编辑：李　玥
责任校对：王素芹　　　　　　　　　装帧设计：王晓宇

出版发行：化学工业出版社（北京市东城区青年湖南街 13 号　邮政编码 100011）
印　　装：北京科印技术咨询服务有限公司数码印刷分部
787mm×1092mm　1/16　印张 15½　彩插 1　字数 407 千字　2025 年 7 月北京第 1 版第 8 次印刷

购书咨询：010-64518888　　　　　售后服务：010-64518899
网　　址：http://www.cip.com.cn

凡购买本书，如有缺损质量问题，本社销售中心负责调换。

定　　价：38.00 元　　　　　　　　　　　　　　　　　　　　版权所有　违者必究

编写人员名单

主 编 孙 皓 赵 春

副主编 宋传忠

编 者（按姓名汉语拼音排序）

　　　　陈　娜（天津渤海职业技术学院）

　　　　崔向珍（山东商业职业技术学院）

　　　　宋传忠（沈阳市化工学校）

　　　　孙　皓（天津渤海职业技术学院）

　　　　杨　萍（长春职业技术学院）

　　　　张文华（泰州职业技术学院）

　　　　赵　春（东营职业学院）

前言

根据当前高职教育人才培养目标对基础化学课程教学提出的具体要求，按照基础化学课程标准的要求，并配合现广泛使用的基础化学教材，编写了这本《基础化学实验技术》教材。

本教材包括两部分，第一部分是怎样做好基础化学实验；第二部分是实验内容。实验内容又分为：无机化学实验技术、有机化学实验技术、定量分析化学实验技术、仪器分析实验技术和拓展训练项目。无机化学实验技术和有机化学实验技术部分又分为：化学基本操作技术训练项目，基本知识方面的实验项目，物质性质部分的实验，以及综合、设计的实验。基本操作的实验安排较多，作为重点。基本理论方面的实验是为了配合课堂教学而选入的，重要原理的有关内容都有相应的实验。拓展训练部分主要包含了一定数量的测定物理常数的实验。

为了体现高职教学的要求和特点，提高学生的实验技能，本教材编写时注意了以下几个方面。

一、加强基本操作训练，需要熟练掌握的基本操作都设计成具体实验。这样既有理论叙述又有实际训练，做到学练结合。为了较全面地培养学生的基本技能，对误差处理和有效数字的使用、作图、实验报告的书写等方面都作了介绍，而且都有一定的安排和要求。

二、加强基础实验，注重基本操作、化合物性质、化合物制备、物理常数测定的实验训练。在内容取材上既要考虑学科发展，又要打好坚实的基础，而重点是放在打好基础上，特别是注意与中学及中职教学的衔接和提高。

三、注重培养学生的思维能力，加强启发性。编写每个实验时，注意引导学生积极思维，叙述中多提启发性的问题，每个实验后都附有几个思考题，便于实验后引导学生进行小结。

四、实验内容较广泛。本教材共设计55个技能训练，涵盖基本操作、理论验证、元素性质、制备实验、滴定分析、仪器分析、常数测定等内容。在编写中还考虑到由易到难、循序渐进的教学原则。

使用本教材应根据教学的实际情况，具体安排实验教学。譬如可按照理论教学顺序，调整具体实验穿插来做，不要受实验编排序号的限制。有关具体实验内容的选定更应视不同专业实际情况来确定，不宜强求一致，但要注意依据基础化学实验课程标准的要求。

本教材由孙皓、赵春主编。1　化学实验基础知识和4　有机化学实验技术由孙皓编写；2　化学实验的基本仪器及试剂使用由杨萍编写；3　无机化学实验技术由崔向珍编写；5　定量分析化学实验技术由赵春编写；6　仪器分析实验技术由宋传忠编写；7　拓展训练项目由陈娜、张文华编写。全书由孙皓统稿。

在本书编写过程中，得到编者所在学校的积极帮助和大力支持，在此表示衷心感谢！由于编写时间仓促，水平有限，难免存在疏漏之处，在此恳切希望各位老师在使用后提出宝贵意见和建议。

编者
2018年1月

目录

1 化学实验基础知识 ……………………………………………………………………………… 001
    1.1 化学实验的目的 …………………………………………………………………………… 001
    1.2 化学实验守则 ……………………………………………………………………………… 001
    1.3 化学实验安全常识 ………………………………………………………………………… 002
        1.3.1 化学实验室安全注意事项 ……………………………………………………… 002
        1.3.2 化学实验室事故的预防及处理 ………………………………………………… 003
        1.3.3 化学实验室一般伤害事故的处理 ……………………………………………… 007
    1.4 化学实验的学习方法 ……………………………………………………………………… 008
        1.4.1 实验前的预习 …………………………………………………………………… 008
        1.4.2 实验记录 ………………………………………………………………………… 009
        1.4.3 实验报告 ………………………………………………………………………… 010
        1.4.4 实验数据的处理 ………………………………………………………………… 011
    1.5 化学实验室废弃物的处理 ………………………………………………………………… 012

2 化学实验的基本仪器及试剂使用 ………………………………………………………………… 014
    2.1 化学实验室常用玻璃仪器 ………………………………………………………………… 014
        2.1.1 普通玻璃仪器 …………………………………………………………………… 014
        2.1.2 标准磨口仪器 …………………………………………………………………… 019
    2.2 其他常用器皿和用具 ……………………………………………………………………… 021
    2.3 常用化学试剂及其取用 …………………………………………………………………… 023
        2.3.1 化学试剂的规格 ………………………………………………………………… 023
        2.3.2 化学试剂的选用 ………………………………………………………………… 025
        2.3.3 化学试剂的保管 ………………………………………………………………… 025
        2.3.4 化学试剂的取用 ………………………………………………………………… 027
            技能训练2-1 固体和液体试剂的取用 …………………………………………… 028
    2.4 化学实验用水 ……………………………………………………………………………… 029
        2.4.1 化学实验用水的制备方法 ……………………………………………………… 029
        2.4.2 化学实验用水的级别及主要指标 ……………………………………………… 031
    2.5 化学实验室常用玻璃器皿的洗涤与干燥 ………………………………………………… 031
        2.5.1 玻璃仪器的洗涤 ………………………………………………………………… 031
        2.5.2 玻璃仪器的干燥 ………………………………………………………………… 033
            技能训练2-2 玻璃仪器的洗涤与干燥 …………………………………………… 034
    2.6 玻璃加工及玻璃仪器装配技术 …………………………………………………………… 035
        2.6.1 玻璃加工的基本操作技术 ……………………………………………………… 035
        2.6.2 塞子的加工 ……………………………………………………………………… 037
        2.6.3 玻璃仪器装配技术 ……………………………………………………………… 038

3 无机化学实验技术 ……………………………………………………………………………… 040
    3.1 加热、干燥和冷却技术 …………………………………………………………………… 040

3.1.1　常用的热源 ………………………………………………………………… 040
　　3.1.2　加热方法 …………………………………………………………………… 041
　　3.1.3　物质的干燥 ………………………………………………………………… 043
　　3.1.4　物质的冷却 ………………………………………………………………… 045
3.2　溶解与搅拌技术 …………………………………………………………………… 045
　　3.2.1　溶解 …………………………………………………………………………… 045
　　3.2.2　搅拌器的种类及使用 ……………………………………………………… 046
3.3　固液分离技术 ……………………………………………………………………… 047
　　3.3.1　倾注法 ………………………………………………………………………… 047
　　3.3.2　离心分离法 ………………………………………………………………… 047
　　3.3.3　常压过滤法 ………………………………………………………………… 047
　　3.3.4　减压过滤法 ………………………………………………………………… 048
3.4　结晶和重结晶技术 ………………………………………………………………… 049
　　3.4.1　溶液的蒸发 ………………………………………………………………… 049
　　3.4.2　结晶 …………………………………………………………………………… 050
　　3.4.3　重结晶 ………………………………………………………………………… 050
　　3.4.4　升华 …………………………………………………………………………… 052
　　技能训练3-1　粗食盐的提纯 ………………………………………………………… 053
　　技能训练3-2　柠檬酸的提纯 ………………………………………………………… 054
　　技能训练3-3　苯甲酸的重结晶 ……………………………………………………… 055
　　技能训练3-4　硫酸铜的提纯 ………………………………………………………… 056
3.5　无机物质的制备 …………………………………………………………………… 057
　　3.5.1　离子反应制备无机化合物 ………………………………………………… 057
　　3.5.2　分子间化合物的制备 ……………………………………………………… 058
　　3.5.3　非水溶剂制备化合物 ……………………………………………………… 059
　　3.5.4　由矿石制备无机化合物 …………………………………………………… 060
　　3.5.5　无机物制备的其他方法 …………………………………………………… 060
　　技能训练3-5　硝酸钾的制备和提纯 ………………………………………………… 061
　　技能训练3-6　硫酸铝钾的制备 ……………………………………………………… 062
　　技能训练3-7　硫酸亚铁铵的制备 …………………………………………………… 063
3.6　基本理论方面的实验 ……………………………………………………………… 064
　　技能训练3-8　化学反应速率 ………………………………………………………… 064
　　技能训练3-9　氧化还原反应 ………………………………………………………… 067
　　技能训练3-10　电解质溶液 ………………………………………………………… 069
　　技能训练3-11　高锰酸钾的还原产物及原电池设计 ……………………………… 072
　　技能训练3-12　配位化合物的形成和性质 ………………………………………… 072
3.7　元素部分的实验 …………………………………………………………………… 075
　　技能训练3-13　碱金属、碱土金属及其重要化合物 ……………………………… 075
　　技能训练3-14　卤素及氧族重要化合物的性质 …………………………………… 076

4　有机化学实验技术 ……………………………………………………………………… 079

4.1　蒸馏和分馏技术 …………………………………………………………………… 079
　　4.1.1　常压蒸馏 …………………………………………………………………… 079
　　4.1.2　分馏 …………………………………………………………………………… 081

  技能训练 4-1 沸点的测定及液体混合物的分离 …………………………… 082
  4.1.3 水蒸气蒸馏 ……………………………………………………………… 084
   技能训练 4-2 八角茴香的水蒸气蒸馏 …………………………………… 085
  4.1.4 减压蒸馏 ………………………………………………………………… 086
 4.2 萃取分离技术 ………………………………………………………………… 088
  4.2.1 液体物质的萃取 ………………………………………………………… 088
  4.2.2 固体物质的萃取 ………………………………………………………… 091
   技能训练 4-3 茶叶中提取咖啡因 ………………………………………… 092
   技能训练 4-4 液-液萃取操作 ……………………………………………… 093
 4.3 有机物质的制备 ……………………………………………………………… 094
  4.3.1 回流装置 ………………………………………………………………… 094
  4.3.2 有机物制备的反应装置 ………………………………………………… 096
  4.3.3 有机产物的后处理和纯化 ……………………………………………… 098
  4.3.4 液态有机物的干燥技术 ………………………………………………… 099
   技能训练 4-5 无水乙醇的制备 …………………………………………… 102
   技能训练 4-6 乙酰水杨酸（阿司匹林）的制备 ………………………… 103
   技能训练 4-7 乙酸乙酯的制备 …………………………………………… 104
   技能训练 4-8 环己酮的制备 ……………………………………………… 105
   技能训练 4-9 乙酰苯胺的制备 …………………………………………… 106
   技能训练 4-10 1-溴丁烷的制备 …………………………………………… 107
   技能训练 4-11 有机化合物的性质实验 …………………………………… 109

5 定量分析化学实验技术 ……………………………………………………………… 111

 5.1 质量的称量技术 ……………………………………………………………… 111
  5.1.1 电子天平及其分类 ……………………………………………………… 111
  5.1.2 电子天平的维护与保养 ………………………………………………… 112
  5.1.3 电子天平的正确使用 …………………………………………………… 112
   技能训练 5-1 电子天平的使用及维护 …………………………………… 113
 5.2 体积的测量技术 ……………………………………………………………… 115
  5.2.1 滴定管的使用方法 ……………………………………………………… 116
  5.2.2 容量瓶的使用方法 ……………………………………………………… 119
  5.2.3 移液管的使用方法 ……………………………………………………… 120
  5.2.4 吸量管的使用方法 ……………………………………………………… 121
  5.2.5 容量仪器使用的注意事项 ……………………………………………… 122
   技能训练 5-2 滴定分析仪器基本操作 …………………………………… 122
 5.3 定量分析概述 ………………………………………………………………… 123
  5.3.1 定量分析的意义及过程 ………………………………………………… 123
  5.3.2 定量分析的方法 ………………………………………………………… 124
  5.3.3 定量分析结果的表示 …………………………………………………… 125
  5.3.4 定量分析中的误差 ……………………………………………………… 126
  5.3.5 有效数字及运算规则 …………………………………………………… 129
  5.3.6 分析测试的原始记录和分析报告 ……………………………………… 131
 5.4 滴定分析法 …………………………………………………………………… 132
  5.4.1 滴定分析的基本原理 …………………………………………………… 132

  5.4.2 标准溶液及其配制 …… 133
  5.4.3 滴定曲线和指示剂的选择 …… 134
  5.4.4 滴定分析中的计算 …… 137
  5.4.5 四类滴定分析法方法简介 …… 139
   技能训练5-3 NaOH标准溶液的标定 …… 141
   技能训练5-4 食醋中总酸度的测定 …… 142
   技能训练5-5 工业烧碱中氢氧化钠和碳酸钠含量的测定 …… 144
   技能训练5-6 硫代硫酸钠标准溶液的标定 …… 146
   技能训练5-7 自来水的硬度测定 …… 148
   技能训练5-8 硝酸银标准溶液的制备和水中氯化物的测定 …… 150

6 仪器分析实验技术 …… 153
 6.1 电位分析 …… 153
  6.1.1 基本原理 …… 153
  6.1.2 酸度计 …… 158
   技能训练6-1 溶液pH的测定 …… 160
   技能训练6-2 电位滴定法测定乙酸的离解常数 …… 162
 6.2 紫外-可见分光光度分析 …… 164
  6.2.1 分光光度法基本原理 …… 164
  6.2.2 紫外-可见分光光度计 …… 167
  6.2.3 分析条件的选择 …… 170
  6.2.4 紫外-可见分光光度法的应用 …… 173
  6.2.5 分光光度计及其使用 …… 176
   技能训练6-3 邻二氮菲分光光度法测定微量铁 …… 180
   技能训练6-4 工业废水中挥发酚含量的测定 …… 182
   技能训练6-5 分光光度法测定维生素C和维生素E …… 183
   技能训练6-6 苯及其衍生物的紫外吸收光谱的测绘 …… 184
   技能训练6-7 紫外分光光度法测定饮料中的防腐剂 …… 186

7 拓展训练项目 …… 188
 7.1 温度的测量及控制技术 …… 188
  7.1.1 温度计及其使用 …… 188
  7.1.2 温度的控制 …… 189
   技能训练7-1 恒温槽的安装和使用 …… 190
 7.2 压力的测量技术 …… 192
  7.2.1 压力的作用 …… 192
  7.2.2 压力的表示方法 …… 192
  7.2.3 常用压力计 …… 192
 7.3 物质物理常数的测定 …… 194
  7.3.1 密度的测定 …… 194
   技能训练7-2 密度测定 …… 197
  7.3.2 熔点的测定 …… 199
   技能训练7-3 熔点测定 …… 200
  7.3.3 沸点的测定 …… 202

  技能训练 7-4 沸点测定 ………………………………………………………… 203
 7.3.4 凝固点的测定 …………………………………………………………………… 203
  技能训练 7-5 凝固点的测定及物质摩尔质量的测定 …………………………… 204
 7.3.5 黏度的测定 ……………………………………………………………………… 206
  技能训练 7-6 毛细管黏度计法测定黏度 ………………………………………… 206
 7.3.6 饱和蒸汽压的测定 ……………………………………………………………… 209
  技能训练 7-7 液体饱和蒸气压的测定 …………………………………………… 209
 7.3.7 折射率的测定 …………………………………………………………………… 212
  技能训练 7-8 折射率的测定 ……………………………………………………… 214
 7.3.8 旋光度的测定 …………………………………………………………………… 215
  技能训练 7-9 比旋光度的测定 …………………………………………………… 218
 7.3.9 溶液电导率的测定 ……………………………………………………………… 220
  技能训练 7-10 弱酸电离平衡常数的测定 ………………………………………… 224
 7.3.10 表面张力的测定 ………………………………………………………………… 225
  技能训练 7-11 表面张力的测定 …………………………………………………… 227
7.4 化学和物理变化参数的测定技术 …………………………………………………………… 229
 7.4.1 反应平衡参数的测定 …………………………………………………………… 229
  技能训练 7-12 甲基红电离平衡常数的测定 ……………………………………… 231
 7.4.2 反应速率参数的测定 …………………………………………………………… 233
  技能训练 7-13 蔗糖水解反应速率常数的测定 …………………………………… 235

参考文献 ……………………………………………………………………………………………… 237

1 化学实验基础知识

1.1 化学实验的目的

化学是一门实验科学。要很好地领会和掌握化学的基本理论和基础知识，就必须亲自进行一些实验。因此，实验在化学教学中占有十分重要的地位。

通过实验，可以获得大量物质变化的第一手的感性知识，进一步熟悉各种化合物的重要性质和反应，掌握重要化合物的一般分离和制备方法，加深对课堂上讲授的基本原理和基础知识的理解和掌握。

通过实验，学生亲自动手，实际训练各种操作，可以培养学生正确地掌握化学实验的基本操作方法和技能技巧。

通过实验，也可以培养学生独立工作和独立思考的能力。如独立准备和进行实验的能力；细致地观察和记录现象，归纳、综合，正确处理数据的能力；分析实验和用语言表达实验结果的能力以及一定的组织实验，研究实验的能力。

通过实验，还可以培养学生具有实事求是的科学态度，准确、细致、整洁等良好的科学习惯以及科学的思维方法，从而逐步使学生初步掌握科学研究的方法。

基础化学实验的任务就是要通过整个实验教学，逐步地达到上述各项目的，为学生进一步学习其他后续化学课程和实验，并培养初步的科研能力打下基础。

1.2 化学实验守则

为了保证正常的实验环境和秩序，防止意外事故的发生，使实验安全顺利地进行，必须严格遵守实验规则。

① 实验前认真预习，弄清实验目的、要求和原理；仪器结构、使用方法和注意事项；药品或试剂的等级、化学性质、物理性质（熔点、沸点、折射率、密度等数据以及毒性与安全等）；实验装置；实验步骤。要做到心中有数，避免边做实验边翻书的"照方抓药"式实验。

② 写好预习报告，若发现学生没有预习，可责令其重新预习好后再做实验。

③ 实验前，首先检查药品、仪器是否齐全。做好一切准备工作后方能开始实验。

④ 遵守纪律，不迟到早退。实验中不要大声说笑，不得擅自离开实验岗位，不乱拿乱放，不将公物带出实验室，借用公务应自觉归还，损坏东西要如实登记，出了问题必须及时报告。

⑤ 实验时要严格遵守操作规程，保证实验安全、顺利地进行。如有事故发生，应沉着冷静、及时处理，并如实报告指导老师。

⑥ 实验中要严格按照规范操作，仔细观察现象，认真思考，及时如实地把实验现象和数据记录在实验报告本上，不得随意乱记。

⑦ 应自始至终注意实验室的整洁。做到桌面、地面、水槽和仪器四净。

⑧ 实验中火柴头、废纸片、碎玻璃等应投入废物箱中，以保持实验室的整洁。清洗仪器或实验过程中的废酸、废碱等，应小心倒入废液缸内。切勿往水槽中乱抛杂物，以免淤塞和腐蚀水槽及水管。

⑨ 节约水、电、煤气、药品等，爱护实验室的仪器设备。损坏仪器应及时报告、登记、补领及赔偿。使用精密仪器时，应严格遵守操作规程，不得任意拆装和搬动。如发现仪器有故障，应立即停止使用，并及时报告指导老师以排除故障。用毕，应登记，请指导老师检查、签名。

⑩ 爱护试剂，取用药品试剂后，要及时盖好瓶盖，并放回原处。不得将瓶盖、滴管盖错、乱放，以免污染试剂。所有配好的试剂都要贴上标签，注明名称、浓度及配制日期。

⑪ 实验完毕后，应及时清洗仪器，仪器、药品放回原处，并摆放整齐，桌面清洁。请指导老师检查仪器、桌面，交实验报告本，然后离开实验室。学生轮流值日，负责打扫、整理实验室，检查水、煤气开关是否关紧，电源是否切断。关闭窗户。经教师检查合格后，值日生方可离开实验室。

⑫ 每次实验后，必须尽快地根据原始记录，认真分析问题、处理数据，根据不同实验的要求写出不同格式的实验报告，并及时交给指导老师。

1.3 化学实验安全常识

1.3.1 化学实验室安全注意事项

在化学实验中，经常使用易破碎的玻璃仪器，易燃、易爆、具有腐蚀性或毒性（甚至有剧毒）的化学药品，电器设备及煤气等。若不严格按照一定的规则使用，容易造成触电、火灾、爆炸以及其他伤害性事故。因此，必须严格遵守实验室安全规则。

① 实验开始前，应按照要求认真地进行实验预习，安排好实验，仔细检查仪器是否完整无损，装置是否正确稳妥。并且必须了解实验环境，充分熟悉实验室中水、电、天然气的开关、消防器材、急救药箱等的位置和使用方法，一旦遇到意外事故，即可采取相应措施。

② 实验中必须做到熟悉药品和仪器的性能及装配要点。弄清实验室内水、电、煤气的管线开关和各种钢瓶的标记，切忌弄错，绝对禁止违章操作。

③ 实验进行时，要仔细观察，认真思考，如实记录实验情况，经常注意仪器有无漏气、碎裂和反应进行是否正常等。

④ 实验进行中，各种药品不得散失或丢失，严禁任意混合各种化学药品，以免发生意外事故。反应中所产生的有害气体必须按规定进行处理，以免污染环境。

⑤ 倾注试剂，开启易挥发的试剂瓶（如乙醚、丙酮、浓盐酸、硝酸、氨水等试剂瓶）及加热液体时，不要俯视容器口，以防液体溅出或气体冲出伤人。加热试管中的液体时，切不可将管口对着自己或他人。不可用鼻孔直接对着瓶口或试管口嗅闻气体的气味，而应用手把少量气体轻轻扇向鼻孔进行嗅闻。

⑥ 使用浓酸、浓碱、溴、铬酸洗液等具有强腐蚀性的试剂时，切勿溅在皮肤和衣服上。如溅到身上应立即用水冲洗，溅到实验台上或地上时，要先用抹布或拖把擦净，再用水冲洗干净。更要注意保护眼睛，必要时应戴上防护眼镜。

⑦ 使用 HNO_3、HCl、$HClO_4$、H_2SO_4 等浓酸的操作及能产生刺激性气体和有毒气体

（如 HCN、H_2S、SO_2、Cl_2、Br_2、NO_2、CO、NH_3 等）的实验，均应在通风橱内进行。

⑧ 使用乙醚、乙醇、丙酮、苯等易燃性有机试剂时，要远离火源，用后盖紧瓶塞，置阴凉处保存。加热易燃试剂时，必须使用水浴、油浴、沙浴或电热套等，绝不能使用明火！若加热温度有可能达到被加热物质的沸点、回流或蒸馏液体时，必须加入沸石或碎瓷片，以防液体爆沸而冲出伤人或引起火灾。要防止易燃有机物的蒸气外逸，切勿将易燃有机溶剂倒入废液缸中，更不能用开口容器（如烧杯等）盛放有机溶剂。钾、钠和白磷等在空气中易燃的物质，应隔绝空气存放。钾、钠要保存在煤油中，白磷要保存在水中，取用时应使用镊子。

⑨ 一切有毒药品（如氰化物、砷化物、汞盐、铅盐、钡盐、六价铬盐等），使用时应格外小心！严防进入口内或接触伤口，剩余的药品或废液切不可倒入下水道或废液桶中，要倒入回收瓶中，并及时加以处理。处理有毒药品时，应戴护目镜和橡皮手套。

⑩ 某些容易爆炸的试剂如浓高氯酸、有机过氧化物、芳香族化合物、多硝基化合物、硝酸酯、干燥的重氮盐等要防止受热和敲击。实验中，必须严格遵守操作规程，以防爆炸。

⑪ 用电应遵守安全用电规程。

⑫ 凡可能发生危险的实验，应采取必要的防护措施，如使用防护眼镜、面罩、手套等。

⑬ 高压钢瓶、电器设备、精密仪器等，在使用前必须熟悉使用方法和注意事项，严格按要求使用。

⑭ 使用天然气时，应特别注意正确使用，严防泄漏！燃气阀门应经常检查，保持完好。天然气灯和橡皮管在使用前也要仔细检查。发现漏气，立即熄灭室内所有火源，打开门窗。使用天然气灯加热时，火源应远离其他物品，操作人员不得离开，以防熄火漏气。用毕应关闭燃气管道上的小阀门，离开实验室时还应再检查一遍，以确保安全。

⑮ 实验室严禁饮食、吸烟或存放餐具，不可用实验器皿盛放食物，也不可用茶杯、食具盛放药品，一切化学药品禁止入口。实验室中药品或器材不得随便带出实验室。实验完毕要洗手。离开实验室时，要关好水、电、天然气、门窗等。

1.3.2 化学实验室事故的预防及处理

1.3.2.1 火灾的预防

① 不能用烧杯或敞口容器盛装易燃物。

② 加热时，应根据实验要求及易燃物的特点选择加热源，注意远离明火。

③ 严禁在开口容器或密闭体系中用明火加热有机溶剂，当用明火加热易燃有机溶剂时，必须要有蒸气冷凝装置或合适的尾气排放装置。尽量防止或减少易燃物的气体外逸。

④ 倾倒时要灭掉火源，且注意室内通风，及时排出室内有机物蒸气。

⑤ 易燃及易挥发物不得倒入废液缸内。量大的要专门回收处理；量少的可倒入水槽用水冲走（与水有猛烈反应者除外，金属钠残渣要用乙醇等销毁）。

⑥ 燃着的或阴燃的火柴梗不得乱丢，应放在表面皿中，实验结束后一并投入废物缸。

⑦ 实验室不得存放大量易燃物。

⑧ 防止煤气管、阀漏气。

⑨ 金属钠严禁与水接触，废钠通常用乙醇销毁。

⑩ 不得在烘箱内存放、干燥、烘焙有机物。

⑪ 使用氧气钢瓶时，不得让氧气大量溢入室内。在含氧量约 25% 的大气中，物质燃烧所需的温度要比在空气中低得多，且燃烧剧烈，不易扑灭。

1.3.2.2 火灾的扑救

当实验室不慎起火时，一定不要惊慌失措，而应根据不同的着火情况，采取不同的灭火措施。由于物质燃烧需要空气和一定的温度,所以灭火的原则是降温或将燃烧的物质与空气隔绝。

(1) 常用消防器材。化学实验室一般不用水灭火! 这是因为水能和一些药品(如钠)发生剧烈反应,用水灭火时会引起更大的火灾甚至爆炸,并且大多数有机溶剂不溶于水且比水轻,用水灭火时有机溶剂会浮在水上面,反而扩大火场。下面介绍化学实验室必备的几种灭火器材。

① 沙箱:将干燥沙子储于容器中备用,灭火时,将沙子撒在着火处。干沙对扑灭金属起火特别安全有效。平时经常保持沙箱干燥,切勿将火柴梗、玻璃管、纸屑等杂物随手丢入其中。

② 灭火毯:通常用大块石棉布作为灭火毯,灭火时包盖住火焰即成。近年来已确证石棉有致癌性,故应改用玻璃纤维布。沙子和灭火毯经常用来扑灭局部小火,必须妥善安放在固定位置,不得随意挪作他用,使用后必须归还原处。

③ 二氧化碳灭火器:二氧化碳灭火器是化学实验室最常使用,也是最安全的灭火器。其钢瓶内储有 CO_2 气体。使用时,一手提灭火器,一手握在喷 CO_2 的喇叭筒的把手上,打开开关,即有 CO_2 喷出。应注意,喇叭筒上的温度会随着喷出的 CO_2 气压的骤降而骤降,故手不能握在喇叭筒上,否则手会严重冻伤。其优点是灭火剂无毒性,使用后不留痕迹。主要适用于各种易燃、可燃液体、可燃气体火灾,还可扑救仪器仪表、图书档案、工艺品和低压电器设备等的初起火灾,但不能用于扑灭金属着火。

二氧化碳灭火器有手提式和鸭嘴式两种。其基本结构由钢瓶(筒体)、阀门、喷筒(喇叭)和虹吸管四部分组成,如图 1-1 所示。

图 1-1 二氧化碳灭火器

二氧化碳灭火器的使用方法:
a. 右手握着压把;
b. 左手提着灭火器到达现场;
c. 除掉铅封;
d. 拔下保险栓;
e. 站在距火源 2m 的地方,左手拿着喇叭筒,右手用力压下压把;
f. 对火源根部喷射,并不断向前推,直至把火源扑灭。

二氧化碳灭火器的使用注意事项:
a. 二氧化碳灭火器对着火物质和设备的冷却作用较差,火焰熄灭后,温度可能仍在燃烧点以上,有发生复燃的可能,故不适宜于空旷地域的灭火;
b. 二氧化碳能使人窒息,因此在喷射时人要站在上风处,尽量靠近火源。在空气不畅通的场合,如在乙炔站或电石破碎间等室内喷射后,消防人员应立即撤出;
c. 二氧化碳灭火器应定期检查,当二氧化碳重量减少 1/10 时,应及时补充装灌;
d. 二氧化碳灭火器应放在明显易于取用的地方,应防止气温超过 42℃,并防止日晒。

④ 泡沫灭火器:泡沫灭火器内部装有含发泡剂的碳酸氢钠和硫酸铝溶液,使用时将筒身反复颠倒,两种溶液即反应生成硫酸氢钠、氢氧化铝和大量二氧化碳,灭火器内压力突然增大,大量二氧化碳泡沫喷出。灭火时泡沫把燃烧物质包住,与空气隔绝而灭火。主要适用于扑救各种油类火灾、木材、纤维、橡胶等固体可燃物火灾。因泡沫能导电,不能用于扑灭电器和金属钠的着火。且灭火后的污染严重,使火场清理工作麻烦,故一般非大火时不用

它。图 1-2 所示为泡沫灭火器。

泡沫灭火器的使用方法：

a. 右手握着压把，左手托着灭火器底部，轻轻地取下灭火器；

b. 提着灭火器到现场；

c. 右手捂住喷嘴，左手执筒底边缘；

d. 把灭火器颠倒过来呈垂直状态，用力上下晃动几下，然后放开捂住喷嘴的右手；

e. 右手抓桶耳，左手抓桶底边缘，把喷嘴朝向燃烧区，站在离火源 8m 的地方喷射，并不断前进，围着火焰喷射，直至把火扑灭；

f. 灭火后把灭火器卧放在地上，喷嘴朝下。

图 1-2　泡沫灭火器

泡沫灭火器的使用注意事项：

a. 若喷嘴被杂物堵塞，应将筒身平放在地面上，用铁丝疏通喷嘴，不能采用打击筒体等措施；

b. 在使用时，筒和筒底不能朝人身，防止发生意外爆炸，筒盖、筒底飞出伤人；

c. 应设置在明显易于取用的地方，还应防止高温和冻结；

d. 使用 3 年后的手提式泡沫灭火器，其筒身应做水压试验；平时应经常检查泡沫灭火器的喷嘴是否畅通，螺、帽是否拧紧；每年应检查 1 次药剂是否符合要求。

⑤ 干粉灭火器：干粉灭火器如图 1-3 所示。按充装干粉灭火剂的种类可分为普通干粉灭火器、超细干粉灭火器；按移动方式可分为手提式、背负式和推车式三种。灭火器内部装有磷酸铵盐等干粉灭火剂，这种干粉灭火剂具有易流动性、干燥性，由无机盐和粉碎干燥的添加剂组成，可有效扑救初起火灾。

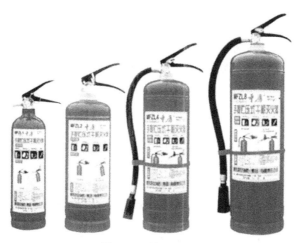

图 1-3　干粉灭火器

干粉灭火器利用二氧化碳气体或氮气作动力，将筒内的干粉喷出，可扑灭一般火灾，还可扑灭油、气等燃烧引起的失火。

该灭火器筒内充装的是磷酸铵盐（A、B、C）干粉，以及作为驱动力的氮气。可扑灭固体易燃物（A 类）、易燃液体及可融化固体（B 类）、易燃气体（C 类）和带电器具的初起火灾。

干粉灭火器的使用方法：

a. 拔出黑色拉环状保险销；

b. 将灭火器喷嘴对准火焰根部，按下压把，灭火器喷嘴就会喷出粉雾状灭火剂，可迅速将火扑灭；

c. 使用时喷嘴与火的距离要近些，千万不要超过 2m，否则药粉不能完全发挥作用；

d. 灭火器要放在醒目易取的地方，以免发生火险时，手忙脚乱，延误扑救时机；

e. 要避免潮湿、雨淋、曝晒、烘烤或者腐蚀性的环境；

f. 要经常检查压力表显示的压力是否正常，有问题要及时检修；

g. 灭火器一经喷射使用后，必须重新充装药剂，方能再次有备无患。

干粉灭火器的使用注意事项：

a. 应了解和熟练掌握灭火器的开启方法。使用手提式干粉灭火器时，应先将灭火器颠倒数次，使筒内干粉松动，然后撕去器嘴的铝封，拔去保险销，一只手握住胶管，将喷嘴对准火焰的根部；另一只手按下压把或提起拉环，在二氧化碳的压力下喷出灭火；

b. 应使灭火器尽可能在靠近火源的地方开启，不能在离火源很远的地方就开启灭火器；

c. 喷粉要由近而远向前平推，左右横扫，不使火焰窜回；

d. 手提式干粉灭火器应设在明显、易于取用且通风良好的地方；每隔半年检查 1 次干粉质量（是否结块），称 1 次二氧化碳小钢瓶的重量；若二氧化碳小钢瓶的重量减少 1/10 以上，则应进行补充。

过去常用的四氯化碳灭火器，因其毒性大，灭火时还会产生毒性更大的光气，目前已被淘汰。

（2）化学实验室常用的灭火措施。一旦发生着火事故，不必惊慌失措。首先应熄灭火源，切断总电源，搬开易燃物。并视火势大小，采取不同的扑灭方法。

① 对在容器中（如烧杯、烧瓶，热水漏斗等）发生的局部小火，可用石棉网、表面皿或木块等盖灭。不能口吹，更不能用水浇。

② 有机溶剂在桌面或地面上蔓延燃烧时，不得用水冲，可撒上细沙或用灭火毯扑灭。千万不要扑打，扑打时产生的风反而使火势更旺。

③ 火势较大要用各种灭火器灭火，灭火器要根据现场情况及起火原因正确选用。而且不管用哪一种灭火器都是从火的周围开始向中心扑灭。

④ 对活泼金属 Na、K、Mg、Al 等引起的火灾，应用干燥的细沙、干燥的碳酸钠或碳酸氢钠粉末覆盖灭火。严禁用水、酸碱式灭火器、泡沫式灭火器和二氧化碳灭火器，否则会导致猛烈的爆炸。

⑤ 有机溶剂着火，切勿用水灭火，而应用"1121"灭火器、干粉等灭火。

⑥ 在加热时着火，立即停止加热，关闭天然气总阀，切断电源，把一切易燃易爆物移至远处。

⑦ 电器设备着火，先切断电源，再用四氯化碳灭火器灭火，也可用干粉灭火器或"1211"灭火器灭火。

⑧ 若衣服着火，切勿慌张奔跑，以免风助火势。化纤织物最好立即脱除。一般小火可用湿抹布、灭火毯等包裹使火熄灭。若火势较大，可就近用水龙头浇灭。必要时可就地卧倒打滚，一方面防止火焰烧向头部，另外在地上压住着火处，使其熄火。

⑨ 在反应过程中，若因冲料、渗漏、油浴着火等引起反应体系着火时，情况比较危险，处理不当会加重火势。扑救时必须谨防冷水溅在着火处的玻璃仪器上，必须谨防灭火器材击破玻璃仪器，造成严重的泄漏而扩大火势。有效的扑灭方法是用几层灭火毯包住着火部位，隔绝空气使其熄灭，必要时在灭火毯上撒些细沙。若仍不奏效，必须使用灭火器，由火场的周围逐渐向中心处扑灭。

⑩ 对火灾受伤人员，伤势较重者，应立即送往医院。火情很大，应立即报告火警。

1.3.2.3 爆炸预防

实验时仪器堵塞或装配不当；减压蒸馏使用不耐压的仪器；违章使用易爆物；反应过于猛烈，难以控制都可能引起爆炸。防止爆炸事故应注意以下几点。

① 常压操作时，切勿在封闭系统内进行加热或反应，在反应进行时，必须经常检查仪器装置的各部分有无堵塞现象。

② 减压蒸馏时，不得使用机械强度不大的仪器（如锥形瓶、平底烧瓶、薄壁试管等）。必要时，戴上防护面罩或防护眼镜。

③ 使用易燃易爆（如氢气、乙炔和过氧化物）或遇水易燃烧爆炸的物质（如钠、钾等）时，应特别小心，严格按操作规程办事。

④ 反应过于猛烈，要根据不同情况采取冷冻和控制加料速度等。

⑤ 必要时可设置防爆屏。

⑥ 对于易爆的固体，如重金属乙炔化物、苦味酸金属盐、三硝基甲苯等不能重压或撞击，以免引起爆炸。对于危险残渣，必须小心销毁。例如重金属乙炔化物可用浓盐酸或浓硝酸使它分解，重氮化合物可加水煮沸使它分解等。

⑦ 开启储有挥发性液体的瓶塞时，必须先充分冷却后再开启，开启瓶口必须指向无人处，以免液体喷溅而导致伤害。如遇瓶塞不易开启时，必须注意瓶内储物的性质，切不可贸然用火加热或乱敲瓶塞等。

1.3.2.4 中毒预防

化学药品大多都有不同程度的毒性，产生中毒的主要原因是皮肤或呼吸道接触有毒药品所引起的。在实验中要防止中毒发生，切实注意以下几点。

① 药品不要粘在皮肤上，尤其是极毒的药品。实验完毕应立即洗手。称量任何药品都要使用工具，不得用手接触。

② 使用和处理有毒或腐蚀性物质时，应在通风橱中进行，并戴上防护用品，尽可能避免有机物蒸气在实验室内扩散。

③ 对沾染过有毒物质的仪器和用具，实验完毕应立即采取适当方法处理破坏或消除其毒性。

④ 在使用有毒药品时应认真操作，妥为保管。实验中所用的剧毒物质应有专人负责收发，并向使用毒物者提出必须遵守的操作规程，实验后的有毒残渣必须做妥善有效的处理，不准随意丢弃。

1.3.2.5 触电预防

使用电器时，应防止人体与电器导电部分直接接触，不能用湿的手或湿的物体接触电源插头。为了防止触电，装置和设备的金属外壳等都应连接地线。实验台应保持干燥，以免电器漏电。实验结束应立即切断电源，将电源插头拔下。

1.3.3 化学实验室一般伤害事故的处理

实验过程中如不慎发生了意外事故，应及时采取救护措施，处理后受伤严重者应立即送医院医治。

（1）割伤。玻璃割伤后要仔细观察伤口有没有玻璃碎粒，若伤势不重则涂上红药水，用绷带扎住或敷上创可贴药膏；若伤口很深流血不止，可在伤口上下 10cm 处用纱布扎紧，减慢流血或按紧主血管止血，急送医院医治。

（2）烫伤。切勿用水冲洗，更不要把烫起的水泡挑破。轻伤可在烫伤处用 $KMnO_4$ 溶液擦洗或涂上黄色的苦味酸溶液、烫伤膏或万花油。严重者应立即送医院治疗。

(3) 化学灼伤

① 浓酸灼伤：立即用大量水洗，再以质量分数 3%～5% 碳酸钠溶液（或饱和碳酸氢钠溶液）洗，最后用水洗，轻拭干后涂氧化锌软膏（或硼酸软膏）等烫伤药膏。

② 浓碱灼伤：立即用大量水洗，再以质量分数 2% 醋酸液洗，最后用水洗，轻拭干后涂上氧化锌软膏（或硼酸软膏）等烫伤药膏。

③ 溴灼伤：立即用大量水洗，再用酒精（或 10% $Na_2S_2O_3$ 溶液）轻擦至无溴液存在为止，再用水冲洗干净，然后涂上甘油或鱼肝油软膏。

④ 钠灼伤：可见的小块用镊子移去，其余与浓碱灼伤处理相同。

⑤ 白磷灼伤：先用 1% $AgNO_3$ 溶液、1% $CuSO_4$ 溶液或浓 $KMnO_4$ 溶液洗涤伤口，然后用浸过 $CuSO_4$ 溶液的绷带包扎。

(4) 中毒。溅入口中尚未吞下者应立即吐出，用大量水冲洗口腔。如已吞下，应根据毒物性质给以解毒剂，并立即送医院。

① 腐蚀性毒物：对于强酸先饮大量水，然后服用氢氧化铝膏、鸡蛋白；对于强碱，也应先饮大量水，然后服用醋、酸果汁、鸡蛋白。不论酸或碱中毒皆再给以牛奶灌注，不要吃呕吐剂。

② 刺激性毒物及神经性毒物：先给牛奶或鸡蛋白使之冲淡并缓和，再用一大匙硫酸镁（约 30g）溶于一杯水中喝下，并用手指伸入咽喉部，以促使呕吐，然后立即送医院治疗。

③ 吸入气体中毒者：将中毒者移至室外，解开衣领及纽扣，呼吸新鲜空气。吸入了 Br_2、Cl_2、HCl 等气体时，可吸入少量酒精和乙醚的混合蒸气以解毒，同时用碳酸氢钠溶液漱口。

(5) 异物入眼。如试剂溅入眼内，应立即用洗眼杯或洗眼龙头冲洗并及时送医院治疗。

如碎玻璃飞入眼内，则用镊子移去碎玻璃，或在盆中用水洗，切勿用手揉，并及时送医院治疗。

(6) 触电。立即切断电源。必要时进行人工呼吸。

> 备用急救箱：为了能够对于出现的紧急事故进行简单的治疗，建议设立急救箱。内含：红药水、紫药水、碘酒、双氧水、3%～5% 饱和碳酸氢钠溶液、2% 醋酸溶液、70% 酒精、玉树油、红花油、烫伤油膏、鞣酸油膏、甘油、凡士林、磺胺药粉、消毒棉花、纱布、胶布、护创膏布、剪刀、镊子、橡皮管等。

1.4　化学实验的学习方法

1.4.1　实验前的预习

实验预习是实验成功的关键之一。主要有查阅相关资料，做好预习笔记等。对于实验原理、操作步骤、安全事项等基本内容切实了解，做到心明眼亮，才能获得较好的实验结果。

预习的具体内容是：了解实验目的和要求、实验原理、实验内容与操作步骤；所使用的仪器、药品试剂用量和性能；实验中的注意事项及安全操作规程；合理安排实验时间进度，并填写预习笔记。

预习笔记的具体要求如下。

(1) 将实验目的和要求、反应式、有关参考文献、试剂和产物的物理常数以及主要试剂的用量和规格、试剂的纯化等摘录于实验记录本中。

常用工具书：

①《化工辞典》《化工辞典》是一本综合性化工工具书，由化学工业出版社 2014 年出版，它收集了有关化学和化工名词 10500 余条。列出了无机和有机化合物的分子式、结构式、基本物理化学性质及有关数据，并对其制法和用途做了简要说明。

②《理化手册》《理化手册》是由美国化学橡胶公司出版的一本化学与物理手册。内容分为六个方面：数学用表，元素和无机化合物，有机化合物，普通化学，普通物理常数，其他。

③《试剂手册》 中国医药集团上海化学试剂公司编，2002 年出版。本书收集了无机试剂、有机试剂、生化试剂、临床试剂、仪器分析用试剂、标准品、精细化学品等资料。收录的化学品 11560 余种，按英文字母顺序编排。

④《英汉精细化学品辞典》 全书搜集的精细化学品包括 20 世纪 90 年代初已商品化的有机、无机、生物、矿产和天然化合物等，约 18400 余种。每个产品列有英文名称、化学文摘登录号、中文名称、别名、结构式、分子式、相对分子质量、理化性质、功能与用途、制造方法、参考文献等项内容。

⑤《汉译海氏有机化合物辞典》 中国科学院自然科学名词编订室译。收集常见有机物 28000 条，连同衍生物在内共有 6 万条。内容包括有机化合物的组成、分子式、结构式、来源、性状、物理常数、化学性质及其衍生物等，并给出了制备这个化合物的主要文献资料。

(2) 将实验内容改写成简单明了的实验步骤（不是照抄实验内容），画出反应装置简图，实验关键之处和安全问题加以标注。

(3) 计算理论产量，明确各步骤的目的和要求。

(4) 在预习的基础上，写好预习笔记，方能进行实验。

若发现学生预习不够充分，教师可让学生停止实验，要求在掌握了实验内容之后再进行实验。

1.4.2 实验记录

化学实验中的各种测量数据及有关现象应及时、准确、详细而如实地记录在专门的实验原始记录本上，切忌带有主观因素，更不能随意抄袭、拼凑或伪造数据。

(1) 实验记录的原则

① 真实：记录应该反映实验中的真实情况，不是抄书，也不是抄袭他人的数据或内容，而是根据自己的实验事实如实地、科学地记叙，绝不做任何不符实际的虚伪的报告。

② 详细：要求对实验中的任何数据、现象以及上述各项内容都作详细记录，甚至包括自己认为无用的内容都要不厌其烦地记下来。有些数据、内容宁可在整理总结实验报告时被舍去，也不要因为缺少数据而浪费大量时间重做实验。记录应清楚和明白，不仅自己目前能看懂，而且几十年后也应该看得懂。

③ 及时：实验时要边做边记，不要在实验结束后补做"回忆录"。回忆容易造成漏记和误记，影响实验结果的准确性和可靠程度。

(2) 实验记录的要求。实验记录是化学实验工作原始情况的记载，其基本要求如下：

① 用钢笔或圆珠笔填写，对文字记录应简单、明了、清晰、工整，对数据记录，要尽量采用一定的表格形式。

② 实验中涉及的各种特殊仪器的型号、实验条件、标准溶液浓度等应及时记录。

③ 记录实验数据时，只能保留最后一位可疑数字。例如，常用滴定管的最小刻度是 0.1mL，而读数时要读到 0.01mL。如某一滴定管中溶液的体积读数为 23.35mL，其中前三

位数字是准确读取的，而最后一位5是估读的，有人可能估计为4或6，即有正负一个单位的误差，该溶液的实际体积是在(23.35±0.01)mL范围内的某一数值。此时体积测量的绝对误差为±0.01mL，相对误差为：

$$\frac{\pm 0.01}{23.35}\times 100\% = \pm 0.04\%$$

最后一位数字称为可疑数字、有误差的数字或不确定的数字。

由于测量仪器不同，测量误差可能不同。常用的几个重要物理量测量的绝对误差一般为：质量，±0.0001g（万分之一的分析天平）；溶液的体积，±0.01mL（滴定管、吸量管）；pH，±0.01；电位，±0.0001V；吸光度，±0.001单位等。因此，用万分之一的分析天平称量时，要求记录至0.0001g；滴定管、吸量管、容量瓶等的读数，应记录至0.01mL；用分光光度计测量溶液的吸光度时，应记录至0.001读数；其余依次类推。由此可见，实验记录上的每一个数据，都是测量结果，不仅表示了数量的大小，而且还能正确地反映测量的精确程度。所以，必须根据具体实验情况及测量仪器的精度正确读取和记录测量数据。

④ 原始数据不准随意涂改，不能缺项。在实验中，如发现数据测错、记错或算错需要改动时，可将该数据用一横线划去，并在其上方写上正确数字。

1.4.3 实验报告

实验完毕后，应对实验现象认真分析和总结，对原始数据进行处理，以及对实验结果进行讨论，把直接的感性认识提高到理性认识阶段，对所学知识举一反三，得到更多的东西。

这些工作都需通过书写实验报告来训练和完成。实验报告是实验的记录和总结，因此实验报告的格式应规范，内容应准确，字迹应端正、整齐、清洁。

由于实验类型的不同，对实验报告的要求、格式等也有所不同。但对实验报告的内容大同小异，一般都包括三部分，即预习部分、记录部分和数据整理部分。

(1) 预习部分（实验前完成）。预习部分通常包括下列内容。

① 实验题目。

② 实验日期。

③ 实验目的。

④ 仪器药品。所用仪器型号，重要的仪器装置图等。药品规格及溶液浓度等。

⑤ 实验原理。简要地用文字和化学反应式说明，特殊仪器的实验装置应画出装置图。

⑥ 简明扼要地写出实验步骤。

(2) 实验记录。实验记录又称原始记录，要根据实验类型自行设计记录项目或记录表格，在实验中及时记录。这部分内容一般包括实验现象、检测数据。有的实验数据直接由仪器自动记录或画成图像。

(3) 数据整理及结论（实验后完成）。这部分包括结果计算、实验结论、问题讨论及现象分析等。

① 结果计算。与结论对于制备与合成类实验，要求有理论产量计算、实际产量及产率计算。对于分析化学实验，要求写出计算公式和计算过程，计算实验误差并且报告结果。

对于化学物理参数的测定，要有必要的计算公式和计算过程，并用列表法或图解法表达出来。

② 问题讨论。对实验中遇到的问题、异常现象进行讨论，分析原因，提出解决办法，对实验结果进行误差计算和分析，对实验提出改进意见。

③ 实验总结。对所做实验进行总结并作出结论。

总之，实验报告应有个人特色，反映个人的体会、思维的创造性。实验报告一般应包括以下内容。

① 实验目的。
② 实验原理（包括主反应和副反应）。
③ 主要试剂及产物的物理常数。
④ 主要试剂规格及用量。
⑤ 仪器装置图。
⑥ 实验步骤和现象记录。
⑦ 产品外观、质量及产率计算。
⑧ 讨论。
⑨ 回答思考题。

1.4.4 实验数据的处理

取得实验数据后，应进行整理、归纳，并以简明的方法表达实验结果，其方法有列表法、作图法和数学方程表示法三种，可根据具体情况选择使用。最常用的是列表法和作图法。

(1) 列表法。将实验数据中的自变量和因变量数值按一定形式和顺序一一对应列成表格，这种表达方式称为列表法。列表法简单易行、直观，形式紧凑，便于参考比较，在同一表格内，可以同时表示几个变量间的变化情况。实验的原始数据一般采用列表法记录。

列表时应注意以下几点。

① 一个完整的数据表，应包括表的序号、名称、项目、说明及数据来源。

② 原始数据表格，应记录包括重复测量结果的每个数据，在表内或表外适当位置应注明如室温、大气压、温度、日期与时间、仪器与方法等条件。直接测量的数值可与处理的结果并列在一张表上，必要时在表的下方注明数据的处理方法或计算公式。

③ 将表分为若干行，每一变量占一行，每行中的数据应尽量化为最简单的形式，一般为纯数，根据物理量=数值×单位的关系，将量纲、公共乘方因子放在第一栏名称下，以量的符号除以单位来表示，如 V/mL、p/kPa、T/K 等。

④ 表中所列数值的有效数字要记至第一位可疑数字；每一行所记录的数字排列要整齐，同一纵行数字的小数点要对齐，以便互相比较。数值为零时记作"0"，数值空缺时应记一横线"—"。如用指数表示，可将指数放在行名旁，但此时指数上的正负应异号。如测得的 K_a 为 1.75×10^{-5}，则行名可写为 $K_a \times 10^{-5}$。

⑤ 自变量通常取整数或其他方便的值，其间距最好均匀，并按递增或递减的顺序排列。

(2) 作图法。将实验数据按自变量与因变量的对应关系绘制成图形，这种表达方式称为作图法。作图法可以形象、直观地表示出各个数据连续变化的规律性，以及如极大、极小、转折点等特征，并能从图上求得内插值、外推值、切线的斜率以及周期性变化等，便于进行分析和研究，是整理实验数据的重要方法。

为了得到与实验数据偏差最小而又光滑的曲线图形，作图时必须遵照以下规则。

① 图纸的选择。通常多用直角坐标纸，有时也用半对数坐标纸或对数坐标纸，在表达三组分体系相图时，则选用三角坐标纸。

② 坐标轴及分度。习惯上以横坐标表示自变量，纵坐标表示因变量，每个坐标轴应注明名称和单位，纵坐标左面自下而上及横坐标下面自左向右每隔一定距离标出该处变量的数值。要选择合理的比例尺，使各点数值的精度与实验测量的精度相当。坐标分度应以 1，2，4，5 等最为方便，不宜采用 3，6，7，9 或小数等。通常可不必拘泥于以坐标原点作为分度

的零点。曲线若系直线或近乎直线,则应使图形位于坐标纸的中央位置或对角线附近。

③ 作图点的标绘。把数据标点在坐标纸上时,可用点圆、方块、三角或其他符号标注于图中,各符号中心点及面积大小要与所测数据及其误差相适应,不能过大或过小。若需在一张图上表示几组不同的测量值时,则各组数据应分别选用不同形式的符号,以示区别,并在图上注明不同的符号各代表何种情况。数据点上不要标注数据,实验报告上应有完整的数据表。

④ 绘制曲线。如果实验点成直线关系,用铅笔和直尺依各点的趋向,在点群之间画直线,注意应使直线两侧点数近乎相等,使各点与曲线距离的平方和为最小。

对于曲线,一般在其平缓变化部分,测量点可取得少些,但在关键点,如滴定终点、极大、极小以及转折等变化较大的区间,应适当增加测量点的密度,以保证曲线所表示的规律是可靠的。

描绘曲线时,一般不必通过图上所有的点及两端的点,但力求使各点均匀地分布在曲线两侧邻近。对于个别远离曲线的点,应检查测量和计算中是否有误,最好重新测量,如原测量确属无误,就应引起重视,并在该区间内重复进行更仔细的测量以及适当增加该点两侧测量点的密度。

作图时先用硬铅笔(2H)沿各点的变化趋势轻轻描绘,再以曲线板逐段拟合手描线的曲率,绘出光滑的曲线。

目前,随着计算机的普及,各种软件均有作图的功能,应尽量使用。但在利用微机作图时,也要遵循上述原则。

1.5 化学实验室废弃物的处理

在化学实验中会产生各种有毒的废气、废液和废渣,其中有些是剧毒物质和致癌物质,如果直接排放,就会污染环境,造成公害,而且"三废"中的贵重和有用的成分没能回收,在经济上也是损失。所以尽管实验过程中产生的废液、废气、废渣少而且复杂,仍须经过必要的处理才能排放。此外,在学习期间就应进行"三废"处理以及减免污染的教育,树立环境保护观念,所以对"三废"的处理是非常重要的事情。实验室"三废"的处理应做到以下几点。

(1) 废气的处理。当做有少量有毒气体产生的实验时,可以在通风橱中进行。通过排风设备把有毒废气排到室外,利用室外的大量空气来稀释有毒废气。

如果做有较大量有毒气体产生的实验时,应该安装气体吸收装置来吸收这些气体,然后进行处理。例如 HF、SO_2、H_2S、NO_2、Cl_2 等酸性气体,可以用 NaOH 水溶液吸收后排放;碱性气体如 NH_3 等用酸溶液吸收后排放;CO 可点燃转化为 CO_2 气体后排放。

对于个别毒性很大或排放量大的废气,可参考工业废气处理方法,用吸附、吸收、氧化、分解等方法进行处理。

(2) 废液的处理。化学实验室的废液在排入下水道之前,应经过中和及净化处理。

① 废酸和废碱溶液。经过中和处理,使 pH 在 6~8 范围内,并用大量水稀释后方可排放。

② 含镉废液。加入消石灰等碱性试剂,使所含的金属离子形成氢氧化物沉淀而除去。

③ 含六价铬化合物的废液。在铬酸废液中,加入 $FeSO_4$、Na_2SO_3,使其变成三价铬后,再加入 NaOH(或 Na_2CO_3)等碱性试剂,调节溶液 pH 在 6~8,使三价铬形成 $Cr(OH)_3$ 沉淀除去。

④ 含氰化物的废液。加入 NaOH 使废液呈碱性(pH>10)后,再加入 NaClO,使氰

化物分解成 CO_2 和 N_2 而除去；也可在含氰化物的废液中加入 $FeSO_4$ 溶液，使其变成 $Fe(CN)_2$ 沉淀除去。

⑤ 汞及汞的化合物废液。若不小心将汞散落在实验室内，必须立即用吸管、毛笔或硝酸汞酸性溶液浸过的薄铜片将所有的汞滴捡起，收集于适当的瓶中，用水覆盖起来。散落过汞的地面应撒上硫黄粉，覆盖一段时间，使生成硫化汞后，再设法扫净，也可喷上 20% 的 $FeCl_3$ 溶液，让其自行干燥后再清扫干净。处理少量含汞废液时，可在含汞废液中加入 Na_2S，使其生成难溶的 HgS 沉淀，再加入 $FeSO_4$ 作为共沉淀剂，清液可以排放。残渣可用焙烧法回收汞，或再制成汞盐。

⑥ 含铅盐及重金属的废液。可在废液中加入 Na_2S 或 $NaOH$，使铅盐及重金属离子生成难溶性的硫化物或氢氧化物而除去。

⑦ 含砷及其化合物的废液。在废液中加入 $FeSO_4$，然后用 $NaOH$ 调节溶液 pH 至 9，砷化合物和 $Fe(OH)_3$ 与难溶性的 Na_3AsO_3 或 Na_3AsO_4 产生共沉淀，经过滤除去。另外，还可在废液中加入 H_2S 或 Na_2S，使其生成 As_2S_3 沉淀而除去。

⑧ 高浓度的酚可用己酸丁酯萃取，重蒸馏回收。低浓度的含酚废液可加入 $NaClO$ 或漂白粉使酚氧化为 CO_2 和 H_2O。

(3) 废渣的处理。有毒的废渣应深埋在指定的地点，如有毒的废渣能溶解于地下水，会混入饮水中，所以不能未经处理就深埋。有回收价值的废渣应该回收利用。

2 化学实验的基本仪器及试剂使用

2.1 化学实验室常用玻璃仪器

2.1.1 普通玻璃仪器

化学实验常用的仪器中,大部分为玻璃制品和一些瓷质类仪器。玻璃仪器种类很多,按用途大体可分为容器类、量器类和其他仪器类。

容器类包括试剂瓶、烧杯、烧瓶等。根据它们能否受热又可分为可加热的仪器和不宜加热的仪器。

量器类有量筒、移液管、滴定管、容量瓶等。量器类一律不能受热。

其他仪器包括具有特殊用途的玻璃仪器,如冷凝管、分液漏斗、干燥器、分馏柱、砂芯漏斗、标准磨口玻璃仪器等。

常用玻璃仪器的名称、规格、用途及使用注意事项见表2-1。

表2-1 实验室常用玻璃仪器名称、规格、用途及使用注意事项

名称	示意图	规格	主要用途	使用注意事项
烧杯		容量(mL):10、15、25、50、100、250、500、1000	配制溶液、溶解样品等	加热时置于石棉网上,使其受热均匀,一般不可烧干
锥形瓶		容量(mL):50、100、250、500、1000	加热处理试样和容量分析滴定	除有与上相同的要求外,磨口锥形瓶加热时要打开塞,非标准磨口要保持原配塞
碘量瓶		容量(mL):50、100、250、500、1000	碘量法或其他生成挥发性物质的定量分析	除有与上相同的要求外,磨口碘量瓶加热时要打开塞,非标准磨口要保持原配塞

续表

名称	示意图	规格	主要用途	使用注意事项
圆（平）底烧瓶	平底　圆底	容量（mL）：250、500、1000	加热及蒸馏液体，也可作少量气体发生反应器	一般避免直火加热，隔石棉网或各种加热浴加热
圆底蒸馏烧瓶		容量（mL）：30、60、125、350、500、1000	蒸馏液体，也可作少量气体发生反应器	一般避免直火加热，隔石棉网或各种加热浴加热
凯氏烧瓶		容量（mL）：50、100、300、500	消解有机物质	置石棉网上加热，瓶口方向勿对向自己及他人
量筒、量杯		容量（mL）：5、10、25、50、100、250、500、1000、2000	粗略地量取一定体积的液体	不能加热，不能在其中配制溶液，不能在烘箱中烘烤，操作时要沿壁加入或倒出溶液
容量瓶（量瓶）		容量（mL）：10、25、50、100、250、500、1000	配制准确体积的标准溶液或被测溶液	非标准的磨口塞要保持原配；漏水的不能用；不能在烘箱内烘烤，不能用直火加热，可水浴加热
滴定管	碱式滴定管　酸式滴定管	容量（mL）：25、50、100，无色、棕色	容量分析滴定操作；分酸式、碱式	活塞要原配；漏水的不能使用；不能加热；不能长期存放碱液；碱式管不能放与橡皮作用的滴定液

续表

名称	示意图	规格	主要用途	使用注意事项
自动滴定管		滴定管容量 25mL，储液瓶容量 1000mL，量出式	自动滴定；可用于滴定液需隔绝空气的操作	除有与一般的滴定管相同的要求外，注意成套保管，另外，要配打气用双连球
移液管		容量（mL）：1、2、5、10、15、20、25、50、100	准确地移取一定量的液体	不能加热；上端和尖端不可磕破
吸量管		容量（mL）：0.1、0.2、0.5、1、2、5、10	准确地移取各种不同量的液体	不能加热；上端和尖端不可磕破
称量瓶		矮形（mL）：15、30 高形（mL）：10、20	矮形用作测定水分或在烘箱中烘干基准物；高形用于称量基准物、样品	不可盖紧磨口塞烘烤，磨口塞要原配

续表

名称	示意图	规格	主要用途	使用注意事项
试剂瓶（细口）、广口瓶		容量（mL）：30、60、125、250、500、1000、2000等，无色，棕色	细口瓶用于存放液体试剂；广口瓶用于装固体试剂；棕色瓶用于存放见光易分解的试剂	不能加热；不能在瓶内配制在操作过程放出大量热量的溶液；磨口塞要保持原配；放碱液的瓶子应使用橡皮塞，以免日久打不开
滴瓶		容量（mL）：30、60、125、250、500、1000、2000等，无色，棕色	装需滴加的试剂	不能加热；不能在瓶内配制在操作过程放出大量热量的溶液；磨口塞要保持原配；放碱液的瓶子应使用橡皮塞，以免日久打不开
漏斗		长颈（mm）：口径50、60、75；管长150 短颈（mm）：口径50、60；管长90、120	长颈漏斗用于定量分析，过滤沉淀；短颈漏斗用作一般过滤	不可直接加热
分液漏斗		容量（mL）：50、100、250、500、1000	分开两种互不相溶的液体；用于萃取分离和富集（多用梨形）；制备反应中加液体（多用球形及滴液漏斗）	磨口旋塞必须原配，漏水的漏斗不能使用
试管：普通试管、离心试管	普通试管　离心试管	容量（mL）：试管10、20；离心管5、10、15	定性分析检验离子；离心试管可在离心机中借离心作用分离溶液和沉淀	硬质玻璃制的试管可直接在火焰上加热，但不能骤冷；离心管只能水浴加热

续表

名称	示意图	规格	主要用途	使用注意事项
比色管		容量（mL）：10、25、50、100	比色分析	不可直火加热；非标准磨口塞必须原配；注意保持管壁透明，不可用去污粉刷洗
冷凝管		全长（mm）：320、370、490	用于冷却蒸馏出的液体，蛇形管适用于冷凝低沸点液体，空气冷凝管用于冷凝沸点150℃以上的液体	不可骤冷骤热；注意从下口进冷却水，上口出水
表面皿		直径（mm）：45、60、75、90、100、120	盖烧杯及漏斗等	不可直火加热，直径要略大于所盖容器
研钵		直径（mm）：45、60、75、90、100、120	研磨固体试剂及试样等用；不能研磨与玻璃作用的物质	不能撞击；不能烘烤
干燥器		直径（mm）：150、180、210，无色、棕色	保持烘干或灼烧过的物质的干燥；也可干燥少量制备的产品	底部放变色硅胶或其他干燥剂，盖磨口处涂适量凡士林；不可将红热的物体放入，放入热的物体后要时时开盖以免盖子跳起或冷却后打不开盖子

上述仪器中，烧杯、烧瓶、试管等使用时可以加热。厚玻璃器皿抽滤瓶、量筒等不耐热。锥形瓶不耐压，不能作减压用。广口容器如烧杯等，不能储放易挥发的有机溶剂。带活塞的玻璃器皿用过洗净后，在活塞与磨口间应垫上纸片，以防粘住。如已粘住的磨口可在外壁吹热风或用水煮，使外部玻璃膨胀后趁热轻轻敲打塞子使其松开。注意实验时温度计不可作搅拌棒用，也不能测量超过其刻度范围的高温溶液，用后要缓慢冷至室温，再用自来水冲洗，不可立即用自来水冲洗以免炸裂，洗净的温度计干燥后，妥善保存在套管内，以防碰碎。

2.1.2 标准磨口仪器

标准磨口玻璃仪器，是具有标准内磨口和外磨口的玻璃仪器。标准磨口是根据国际通用技术标准制造的，使用时根据实验的需要选择合适的容量和口径。相同编号的磨口仪器，它们的口径是统一的，连接是紧密的，使用时可以互换，用少量的仪器可以组装多种不同的实验装置，通常应用在有机化学实验中。目前常用的是锥形标准磨口，其锥度为 1∶10，即锥体大端直径与锥体小端直径之差：磨面锥体的轴向长度为 1∶10。根据需要，标准磨口制作成不同的大小。通常以整数数字表示标准磨口的系列编号，这个数字是锥体大端直径（以 mm 为单位）最接近的整数。常用标准磨口系列见表 2-2。

表 2-2　常用标准磨口系列

编号	10	12	14	19	24	29	34
口径/mm（大端）	10.0	12.5	14.5	18.8	24.0	29.2	34.5

有时也用 D/H 两个数字表示标准磨口的规格，如 14/23，即大端直径为 14.5mm，锥体长度为 23mm。

（1）磨口容器。见图 2-1。

圆底烧瓶　　梨形瓶　　锥形瓶　　三口瓶　　四口瓶

图 2-1　磨口容器

常量合成通常使用 250mL 和 500mL 的容器，常用 ϕ19 或 ϕ24 磨口；半微量合成常使用 10mL、25mL 和 50mL 容器，可用 ϕ10、ϕ14，也可用 ϕ19。

（2）磨口塞和磨口接头。见图 2-2。

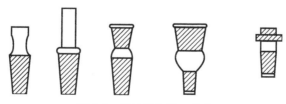

图 2-2　磨口塞和磨口接头

磨口空心塞是平头的，用以盖封反应瓶，可以立着，以防使用后取下时试液污染台面。当内、外磨口号码不同的两件仪器连接时应使用磨口接头。磨口接头（标准接头）分 A 和

B 两型，由小号码的内磨口变成大号码的外磨口称为 A 型，如从 $\phi 19$ 到 $\phi 24$，用 19×24 表示；反之称为 B 型，如从 $\phi 19$ 到 $\phi 14$，用 19×14 表示。

(3) 冷凝器。见图 2-3。

常量合成实验往往采用 200mm 长的冷凝管，磨口为 19×2；半微量合成实验使用 125mm 长的冷凝管，磨口为 14×2。

(4) 蒸馏头。见图 2-4。

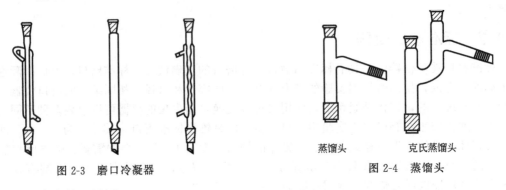

图 2-3 磨口冷凝器

蒸馏头　　克氏蒸馏头

图 2-4 蒸馏头

(5) 接收管。见图 2-5。

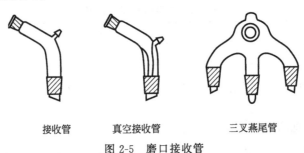

接收管　　真空接收管　　三叉燕尾管

图 2-5 磨口接收管

(6) 其他标准口玻璃仪器。见图 2-6。

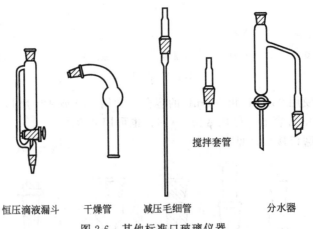

恒压滴液漏斗　　干燥管　　减压毛细管　　分水器

图 2-6 其他标准口玻璃仪器

(7) 使用标准口仪器时的注意事项

① 磨口必须清洁，不粘有固体杂质，否则磨口连接不紧密，导致漏气，或造成磨口损坏等。

② 用后应立即拆卸，洗净。若长期连接放置，可使磨口连接处粘连，难以拆开。

③ 一般情况下，无需在磨口处涂凡士林等润滑剂，以免污染反应物和产物；若反应中有强碱或高温加热时，应涂抹少许润滑剂，以免因碱性腐蚀或高温作用使磨口粘连。减压蒸馏时，磨口应涂真空脂，防止漏气。

④ 仪器安装时，磨口对接角度要合适，否则磨口因倾斜应力的作用而破裂。

2.2 其他常用器皿和用具

表 2-3 列出了实验室常用其他器皿及用具。

表 2-3 实验室常用其他器皿及用具

名称	示意图	规格	主要用途	使用注意事项
瓷坩埚		容量(mL)：10、15、20、25、30、40	灼烧沉淀及高温处理试样	瓷制品不耐苛性碱和碳酸钠的腐蚀，尤其不能在其中进行熔融操作
洗瓶		容量(mL)：250、500、1000	装纯化水洗涤仪器或装洗涤液洗涤沉淀	带洗头的塑料瓶不可加热
酒精灯		容量有 150mL 和 250mL，其全高分别为 118mm 和 130mm	常用的加热器具	酒精灯中酒精量少于容积的三分之二，向瓶内倒入酒精时要用漏斗导入。点火时要用火柴，熄火应用灯帽盖灭火焰，不可用嘴吹灭酒精灯
滴定台及滴管夹		座板 320～180mm，支杆长 500～600mm	夹持滴定管进行滴定操作	滴定管的夹持部分应套上一段胶管
移液管架		圆盘直径 150mm，圆孔直径 7～17mm	放置移液管	

续表

名称	示意图	规格	主要用途	使用注意事项
铁架台、三脚架		铁架台底座170～100mm,杆长450mm;铁圈直径(mm):60、80、100、125、150	用于夹持或支撑的仪器,三脚架固定放置受热容器,还可以用于灼烧坩埚支架	三脚架加热时要垫上石棉网;用于灼烧坩埚支架时要放置泥三角
试管架		木质和铝制	放置试管	
钻孔器		钻孔器具有一组不同口径的钢管	用于橡皮塞或软木塞上手工打孔	使用时使用适当孔径的钢管,用细铁杆清除管内钻孔后残留的塞屑
试管夹		木质:试管夹全长180mm,夹持口径12～22mm	加热试管时用于夹持试管	夹持时应该从试管底部往上套,撤除时也应该由试管底部撤出
镊子		用钢或铜制成,表面镀镍。长为250～300mm	用于夹持小件物品	

2.3 常用化学试剂及其取用

2.3.1 化学试剂的规格

化学试剂，是符合特定的纯度标准，应用于科研、医疗、环保、能源、材料、教育等各个领域，专门用来制备、探测、分析、测量、标定另一种物质的单质、化合物或混合物。

2.3.1.1 我国现行的化学试剂的标准

我国也有我国的化学试剂标准。近年来，我国化学试剂标准委员会正在逐步修正我国的试剂标准，尽可能与国际接轨，统一标准。

我国的化学试剂标准分国家标准、行业标准和企业标准三种。在这三种标准中，行业标准不得与国家标准相抵触；企业标准不得与国家标准和行业标准相抵触。

化学试剂的国家标准由原化学工业部提出，国家标准局审批和发布，其代号是"GB"，系取自"国标"两字的汉语拼音的第一个字母。其编号采用顺序号加年代号，中间用一横线分开，都用阿拉伯数字。如 GB 2299—1980 高纯硼酸，表示国家标准 2299 号，1980 年颁布。

《中华人民共和国国家标准化学试剂》制订、出版于 1965 年，1971 年编成《国家标准化学试剂汇编》出版，1978 年净增订分册陆续出版。1990 年又以《化学工业标准汇编化学试剂》（第 13 册）问世。2003 年又将原定内容作了具体细节的修改，但大致内容相同。它将化学试剂的纯度分为 5 级，即高纯、基准、优级纯、分析纯和化学纯，其中优级纯相当于默克标准的保证试剂（BR），《中华人民共和国国家标准化学试剂》是我国最权威的一部试剂标准。它的内容除试剂名称、形状、分子式、分子量外，还有技术条件（试剂最低含量和杂质最高含量等）、检验规则（试剂的采样和验收规则）、试验方法、包装及标志等四项内容。

各国生产化学试剂的大公司，均有自己的试剂标准。对我国化学试剂工业影响较大的国外试剂标准有默克标准、罗津标准和 ACS 规格。

2.3.1.2 我国现行的化学试剂的规格

我国的试剂规格基本上按纯度（杂质含量的多少）划分，根据纯度及杂质含量的多少，可分为高纯、基准、光谱纯、分光纯、优级纯、分析纯、化学纯、实验纯等规格。

(1) 高纯（EP）：包括超纯、特纯、高纯、光谱纯，配制标准溶液。高纯试剂是在通用试剂基础上发展起来的，它的杂质含量要比优级纯试剂低 2、3、4 或更多数量级。高纯试剂质量指标注重的是：在特定方法分析过程中可能引起分析结果偏差，对成分分析或含量分析干扰的杂质含量，适用于一些痕量分析。

(2) 基准（JZ，深绿色标签）：是纯度高、杂质少、稳定性好、化学组分恒定的化合物。有容量分析、pH 测定、热值测定等分类，每一分类中均有第一基准和工作基准之分。目前，商业经营的基准试剂主要是指容量分析类中的容量分析工作基准，一般用于标定滴定标准溶液。

(3) 光谱纯（SP）：主要用于光谱分析中作标准物质，一般纯度较高，其杂质用光谱分析法测不出或杂质低于某一限度，但对其纯度并无具体规定。分别适用于分光光度计标准品、原子吸收光谱标准品、原子发射光谱标准品。

(4) 分光纯：是指使用分光光度分析法时所用的溶液，有一定的波长透过率，用于定性分析和定量分析。

(5) 优级纯（GR，深绿色标签）：亦称保证试剂，为一级品，纯度高，杂质极少，主要用于精密分析和科学研究。

(6) 分析纯（AR，金光红色标签）：亦称分析试剂，为二级品，纯度略低于优级纯，杂质含量略高于优级纯，适用于重要分析和一般性研究工作。

(7) 化学纯（CP，中蓝色标签）：为三级品，纯度较分析纯差，但高于实验试剂，存在干扰杂质，适用于工厂、学校一般性的分析工作和化学实验和合成制备。

(8) 实验纯（LR）：为四级品，纯度比化学纯差，但比工业品纯度高，杂质含量不做选择，适用于一般化学实验和合成制备，不能用于分析工作。

2.3.1.3 市场上常见的其他按纯度或者按照应用划分的规格

(1) 教学试剂（JX）：可以满足学生教学目的，不至于造成化学反应现象偏差的一类试剂。

(2) 指定级（ZD）：该类试剂是按照用户要求的质量控制指标，为特定用户定作的化学试剂。

(3) 电子纯（MOS）：适用于电子产品生产中，电性杂质含量极低。

(4) 当量试剂（3N、4N、5N）：主成分含量分别为 99.9%、99.99%、99.999% 以上。

(5) 微量分析试剂（micro-analytical reagent）：适用于被测定物质的许可量仅为常量百分之一（质量约为 1~15mg，体积约为 0.01~2mL）的微量分析用的试剂。

(6) 生化试剂（BR）：指有关生命科学研究的生物材料或有机化合物，以及临床诊断、医学研究用的试剂。用于配制生物化学检验试液和生化合成。质量指标注重生物活性杂质。

(7) 生物染色剂（BS，玫红色标签）：配制微生物标本染色液。质量指标注重生物活性杂质。可替代指示剂，可用于有机合成。

(8) 指示剂（IND）：是能由某些物质存在的影响而改变自己颜色的物质。主要用于容量分析中指示滴定的终点。一般可分为酸碱指示剂、氧化还原指示剂、吸附指示剂等。指示剂除分析外，也可用来检验气体或溶液中某些有害有毒物质的存在。

(9) 生物碱：为一类含氮的有机化合物，存在于自然界，有似碱的性质。大多数生物碱均有复杂的环状结构，氮元素多包括在环内，具有光学活性，但也有少数生物碱例外。生物碱一般性质较稳定，在储存上除避光外，不需特殊储存保管。

(10) 试纸（test paper）：是浸过指示剂或试剂溶液的小干纸片，用以检验溶液中某种化合物、元素或离子的存在，也用于医疗诊断。

(11) 标准物质（standard substance）：是用于化学分析、仪器分析中作对比的化学物品，或是用于校准仪器的化学品。其化学组分、含量、理化性质及所含杂质必须已知，并符合规定或得到公认。

(12) 有机分析标准品（organic analytical standards）：是测定有机化合物的组分和结构时用作对比的化学试剂。其组分必须精确已知。也可用于微量分析。

(13) 农药分析标准品（pesticide analytical standards）：适用于气相色谱法分析农药或测定农药残留量时作对比物品。其含量要求精确。有微量单一农药配制的溶液，也有多种农药配制的混合溶液。

(14) 原子吸收光谱标准品（atomic absorption spectroscopy standards）：是在利用原子吸收光谱法进行试样分析时作为标准用的试剂。

(15) 仪器分析试剂（instrumental analytical reagents）：是根据物理、化学或物理化学原理设计的特殊仪器进行试样分析的过程中所用的试剂。

(16) 色谱纯（GC）：气相色谱分析专用。质量指标注重干扰气相色谱峰的杂质。主成分含量高。

(17) 色谱纯（LC）：液相色谱分析标准物质。质量指标注重干扰液相色谱峰的杂质。主成分含量高。

(18) 色谱用（for chromatography）试剂：是指用于气相色谱、液相色谱、气液色谱、薄层色谱、柱色谱等分析法中的试剂和材料，有固定液、担体、溶剂等。

(19) 电子显微镜用（for electron microscopy）试剂：是在生物学、医学等领域利用电子显微镜进行研究工作时所用的固定剂、包埋剂、染色剂等的试剂。

(20) 极谱用（for polarography）试剂：是指在用极谱法作定量分析和定性分析时所需要的试剂。

(21) 核磁共振测定溶剂（solvent for NMR spectroscopy）：主要是氘代溶剂（又称重氢试剂或氘代试剂），是在有机溶剂结构中的氢被氘（重氢）所取代了的溶剂。在核磁共振分析中，氘代溶剂可以不显峰，对样品作氢谱分析不产生干扰。

(22) 折射率液（refractive index liquid）：为已知其折射率的高纯度的稳定液体，用以测定晶体物质和矿物的折射率。在每个包装的外面都标明了其折射率。

(23) 电泳试剂：质量指标注重电性杂质含量控制。

2.3.2　化学试剂的选用

化学试剂的纯度对于实验分析结果准确度的影响很大，不同的分析工作对于试剂的纯度的要求也不相同。因此，必须了解实际的分类标准，以便正确使用试剂。

根据化学试剂中所含杂质的多少，将实验室普遍使用的一般试剂划分为四个等级，具体的名称、标志和主要用途见表 2-4。

表 2-4　试剂的级别和主要用途

级别	中文名称	英文名称	标签颜色	主要用途
一级	优级纯	G.R.	绿	精密分析实验
二级	分析纯	A.R.	红	一般分析实验
三级	化学纯	C.P.	蓝	一般分析实验
生物化学试剂	生化试剂、生物染色剂	B.R.	黄色	生物化学及医用化学实验

取用何种化学试剂，必须根据实验的具体要求选用。要做到既不超规格浪费，又不随意降低规格而影响实验结果的准确度。

2.3.3　化学试剂的保管

化学试剂保管不当，就会失效变质，影响实验的效果，并造成物质的浪费，甚至有时还会发生事故。因此，科学地保管好试剂对于保证实验顺利进行，获得可靠的实验数据具有非常重要的意义。化学试剂的变质，大多数情况是因为受外界条件的影响，如空气中的氧气、二氧化碳、水蒸气、空气中的酸碱性物质以及环境温度、光照等，都可使化学试剂发生氧化、还原、潮解、风化、析晶、稀释、锈蚀、分解、挥发、升华、聚合、发霉、变色以及燃爆等变化。

2.3.3.1　储藏条件对化学试剂的影响

(1) 空气中各种成分的影响

① 氧化、还原性物质：空气中除氧气外，有时还含有二氧化氮、二氧化硫、硫化氢和溴蒸气等。无机试剂中的大多数低价离子，如二价铁离子、二价锡离子等，活泼金属以及有机试剂中具有还原性的化合物都很容易被空气中的氧化性物质所氧化；无机试剂中的强氧化剂则容易被空气中的还原性物质所还原。这一因素的影响会使试剂降低或丧失其原有的氧化、还原能力。

② 二氧化碳：二氧化碳是酸性氧化物，与空气中的水蒸气形成碳酸。它很容易被碱（如氢氧化钠、氢氧化钙、丁二胺等）、强碱弱酸盐（砷酸钠、硅酸钠）、能与碳酸形成难溶碳酸盐的化合物（如钙、锶、钡、铅、镁、镉盐等），以及被某些有机试剂所吸收。因此，具有上述性质的试剂若封装不严，就会被二氧化碳侵蚀而变质。

③ 酸碱性气体：试剂瓶口封装不严或实验中产生的酸碱性气体，如硫化氢、氯化氢、二氧化硫和二氧化氮和氨气等，均可与空气中的水蒸气结合，形成酸性或碱性雾滴，附着在试剂瓶上，使试剂受到沾污。

④ 水蒸气：空气中水蒸气含量太高时，干燥剂、容量分析的基准物质很容易受潮而不能使用。某些物质，如卤化物、硝酸盐、碳酸盐和柠檬酸盐等容易吸水潮解，有的还会发生水解而难于复原。过硫酸铵吸湿水解后放出氧气而失去其氧化性；硫化钠吸湿后变为液体并放出硫化氢；无水三氯化铝水解后变成氢氧化铝并产生盐酸等。但空气过于干燥时，某些含结晶水的试剂很容易发生风化，使试剂变成粉末。因此室内的湿度对试剂的储存也是一个重要条件。

(2) 温度的影响。温度对试剂的影响很大，一般情况下，温度越高，试剂越容易变质，尤其有机试剂受温度影响更大。如低分子量的醇、醚、醛、酮、酯类、苯及其衍生物、硝基化合物等有机试剂以及盐酸、硝酸和氨水等受热时极易挥发，又如甲基丙烯酸甲酯、苯乙烯、丙烯酸等，超过$-10℃$时就会发生聚合或变质，必须低温冷藏。易燃物质的环境温度当超过它的闪点时，就会引起燃烧。过氧化物温度较高时，会引起分解而发生爆炸，最好存放于冰箱中。

(3) 光的影响。当试剂受到光（特别是紫外线）的作用时，可以发生分解反应、氧化还原反应或自身氧化还原反应。如银的氧化物和盐类，高汞和亚汞的氧化物、卤化物（除氟外）以及其盐类，溴和碘的一些盐类。因此，很多试剂要装在棕色瓶中保存，因为棕色瓶有吸收紫外线的作用，可以防止光线对试剂的影响。

2.3.3.2 保存试剂的一般要求

① 实验室里应尽量不存放或少存放化学试剂，这样，既防止试剂挥发物对实验室的污染，也避免化学实验产生的物质对化学试剂的影响。尽量能有专室存放化学试剂，这样最好。

② 化学试剂要放置在能防尘、防止各种蒸气或气体沾污和侵蚀的专用玻璃试剂柜里。要按试剂的性质分类存放。

③ 室内要保持一定的温度和湿度。要避免强光照射，要有良好的排风设备。

④ 对存放的试剂要经常检查瓶上的标签是否完好，字迹是否清楚。如有脱落或模糊，应及时更换。

⑤ 室内应备齐防火器材和沙箱。

2.3.3.3 各种危险品的存放要求及注意事项

(1) 易燃液体。主要是有机溶剂，如乙醇、乙醚、丙酮、二硫化碳、苯、甲苯、汽油等，它们极易挥发成气体，遇明火即燃烧。这些液体应单独存放，要注意阴凉、通风，特别要注意远离火种。

（2）易燃固体。无机物中的硫黄、红磷、镁粉和铝粉等，着火点都很低，存放处应通风、干燥。白磷在空气中可自燃，应保存在水里，放置于避光、阴凉处。要经常检查瓶中的水量，防止水分蒸发使白磷露出水面。

（3）遇水燃烧爆炸的物质。金属钾、钠、钙、电石和锌粉等，可与水剧烈反应，放出可燃性气体，极易引起爆炸。钾、钠应保存在煤油里。电石、锌粉应放在干燥处。这些物质的存放应与易燃物、强氧化剂等隔开。长时间不用时，应将其密封保存，并将盛装这些物质的容器放在用水泥或砖砌成的槽中。

（4）强氧化剂。这类试剂包括过氧化物（过氧化氢、过氧化钠、过氧化钡）、强氧化性的含氧酸（高氯酸）及强氧化性的含氧酸盐（硝酸盐、氯酸盐、重铬酸盐、高锰酸盐）。当受热、撞击或混入还原性物质时，就可能引起爆炸。存放时，一定不能与可燃物、易燃物以及还原性物质放在一起。存放处应阴凉、通风。

（5）强腐蚀剂。强酸、强碱、液溴、三氯化磷、五氧化二磷、无水三氯化铝及氨水等，对人体的皮肤、黏膜、眼、呼吸器官及金属等，有极强的腐蚀性。存放时，应与其他试剂隔开，放置在用抗腐蚀性材料（耐酸水泥或耐酸陶瓷）制成的架子上，料架不能太高，以保证取放安全、方便。

（6）毒品。氰化物、三氧化二砷或其他砷化物、二氯化汞（升汞）等，均为剧毒性试剂，侵入消化道极少量即可引起中毒致死。应锁在固定的铁柜中，并由专人负责保管。可溶性铜盐、钡盐、铅盐、锑盐也是毒品，也应妥善保管。

2.3.4 化学试剂的取用

2.3.4.1 固体药品取用

少量微晶和粉末状固体须用药匙取用，微量药品用药匙尾端小勺取用，大量取用可直接倾倒，块状固体则用镊子夹取。

固体药品取用量，有用量要求的应用天平称量，无用量要求的应取最少量，以盖满试管底或者在烧杯中加1~2药匙为度。

向试管和烧瓶中装粉末和微晶试剂时，为了防止药品沾附在容器口和内壁，应将盛有药品的药匙（或把药品盛在用硬纸条叠成的V形纸槽中），用右手平拿住，小心送入平卧着的试管底部或烧瓶中，再竖起容器即可（一斜二送三直立，防止药品沾在试管壁）。

将块状固体或金属颗粒放入烧瓶、烧杯和试管等玻璃器皿时，应将盛器倾斜，使固体沿器壁慢慢滑入盛器底部，切勿向竖直的玻璃容器中直扔固体颗粒，以免击碎玻璃盛器（一横二放三慢竖，防止打破容器）。

托盘天平又称台秤。其操作简便快速、称衡量大，但称量精度不高，一般能称准到0.1g，也有能称准到0.01g的托盘天平，可用于精确度要求不高的称量。

托盘天平的构造如图2-7所示。它是由天平横梁、支承横梁的天平座、放置称量物和砝码的秤盘、平衡螺杆、平衡螺母、指针、刻度盘、刻度标尺及游码等部件组成。刻度标尺上的每一大格为1g，一大格又分为若干小格，每一小格为0.1g或0.2g。托盘天平的规格根据其最大载荷可分为：100g、200g、500g、1000g、2000g。

使用前，应先将游码拨至刻度尺左端"0"处，观察指针的摆动情况。若指针在刻度盘左右两边摆动的格数几乎相等，或者停止摆动时指针指在刻度盘的中线上，则表示天平处于平衡状态（此时指针的休止点叫零点），即天平可以使用。若指针在刻度尺左右摆动的格数相差很大，则应用调零螺母调准零点后方可使用。

称量时，被称的物品放在左盘，砝码放在右盘。加砝码时，先加大砝码，若偏大，再换

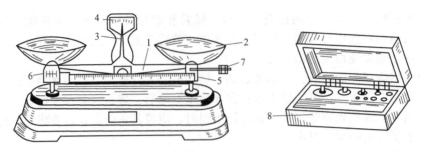

图 2-7 托盘天平和砝码
1—横梁；2—秤盘；3—指针；4—刻度盘；5—游码标尺；
6—游码；7—调零螺母；8—砝码盒

小砝码，最后用游码调节，至指针在刻度盘左右两端摆动的格数几乎相等为止（此时指针的休止点叫停点或平衡点）。把砝码和游码的数值加在一起，就是托盘中物品的质量（读准至 0.1g）。

但要注意，不可把药品直接放在托盘上（而应放在称量纸上）称量，潮湿或具有腐蚀性的药品应放在已称量过的洁净干燥的容器（如表面皿、小烧杯等）中称量。不可以把热的物品放在托盘天平上称量。称量完毕，要把砝码放回砝码盒中，将游码退到刻度"0"处，将托盘天平清扫干净。注意，天平的砝码必须用镊子取放。

2.3.4.2 液体试剂的取用

定量取用液体试剂，应用量筒；定量取用少量液体试剂，应用胶头滴管。

具体的方法为：使用时用中指和无名指夹住玻璃管部分，用大拇指和食指挤压胶头。吸取液体时先挤掉空气，然后深入液体试剂里松开手指吸取试剂。取出滴管把它悬空放在容器口上方，向容器中滴加试剂。勿让滴管的尖嘴触及容器内壁，以免沾污滴管，将杂质带回试剂瓶中。用后立即将滴管插回到滴瓶中，不可平放在桌上，以免腐蚀胶头滴管。或用倾倒的方法，向试管中倾倒液体药品的量以不超过试管总容积的 1/3 为度。从试剂瓶中倾倒液体试剂时，瓶盖开启后应倒放在桌面上。左手拿住盛液体的容器，右手拿试剂瓶，标签朝向手心，使瓶口紧靠容器口，缓缓倒入待取试剂。倒毕，稍待片刻，等瓶口液体流完时再离开。将试剂瓶轻放桌上，盖上瓶盖，放回原处，并注意使瓶上的标签向外。往烧杯中倾倒液体试剂应沿玻璃棒倒。玻璃棒下端轻抵烧杯内壁，瓶口紧贴玻璃棒，缓缓倒入。

2.3.4.3 药品的取用注意事项

① 药品的取用有"三不"：不能用手拿；不要将鼻子凑近容器口闻气味；不得用嘴尝。

② 节约原则：没有说明药品用量时，液体药品一般取用 1~2mL，固体药品一般盖满试管底部。

③ 防污染原则：取用后多余的药品不能放回试剂瓶；胶头滴管滴加药品时，不能倒置，也不能将胶头滴管的尖嘴伸入仪器口内。用过的药匙、镊子应该用滤纸等擦干净以备用。粉末药品应用纸条取用。

技能训练 2-1　固体和液体试剂的取用

💡 训练目标

1. 熟悉并正确选择各种规格的试剂。

2. 掌握液体和固体试剂的正确取用方法。

仪器及试剂

仪器：试管（干燥）、试管架、药匙、托盘天平、镊子、量筒、滴瓶、滴管、烧杯等。
试剂：固体试剂、液体试剂。

训练操作

1. 固体试剂的取用
① 检查仪器，药品。
② 称量一定量的药品。
③ 用药匙将粉末状药品放入试管底部。
④ 用纸条将粉末状药品放入试管底部。
⑤ 用镊子将块状固体研碎后放入试管底部。
⑥ 清洗仪器，整理复位。
2. 液体试剂的取用
① 检查仪器，药品。
② 用滴瓶中滴管向试管中滴加 1~2mL 液体试剂。
③ 用量筒从细口瓶中准确量取一定量的液体试剂。
④ 清洗仪器，整理复位。

注意事项

1. 注意不要超过指定用量取药，多取的不能倒回原瓶，可放在指定的容器中供他人使用。
2. 要求取用一定质量的固体试剂时，可把固体放在干燥的纸上称量。具有腐蚀性或易潮解的固体应放在表面皿上或玻璃容器内称量。
3. 定量取用液体时，用量筒、移液管或刻度吸管。
4. 有毒药品要在教师指导下取用。
5. 使用托盘天平时，事先把游码移至"0"刻度线，并调节平衡螺母，使天平左右平衡。
6. 右放砝码，左放物体。
7. 砝码不能用手拿，要用镊子夹取。在使用天平时游码也不能用手移动。
8. 过冷过热的物体不可放在天平上称量。应先在干燥器内放置至室温后再称。
9. 加砝码应该从大到小，可以节省时间。
10. 在称量过程中，不可再碰平衡螺母。

操作思考

用托盘天平称量固体药品时，应注意什么？

2.4 化学实验用水

2.4.1 化学实验用水的制备方法

水是一种使用最广泛的化学试剂，是最廉价的溶剂和洗涤液，可溶解许多物质，尤其是无机化合物，人们的生活、生产、科学研究等都离不开它。水质的好坏直接影响化工产品的质量和实验结果。

各种天然水不宜直接用于化学实验，必须进行处理。经初步处理后得到的自来水，除含有较多的可溶性杂质外，是比较纯净的水，在化学实验中常用作粗洗仪器用水、水浴用水及无机制备前期用水等。

自来水再经进一步处理后所得的纯水（即化学实验用水），在化学实验中常用作溶剂用水、精洗仪器用水、分析用水及无机制备的后期用水等。

2.4.1.1 常见的实验用水制备

化学实验用水的制备方法常用蒸馏法、离子交换法和电渗析法。

(1) 蒸馏法。用蒸馏法制得的水称为蒸馏水。由于可溶性盐不挥发，在蒸馏过程中留在剩余的水中，所以蒸馏水比较纯净。一般水的纯度可用电阻率（或电导率）的大小来衡量，电阻率越高或电导率越低（电阻与电导互为倒数），说明水越纯净。蒸馏水在室温时的电阻率可达约 $10^5 \Omega \cdot cm$，而自来水一般约为 $3 \times 10^3 \Omega \cdot cm$。蒸馏水中的少量杂质，主要来自于冷凝装置的锈蚀及可溶性气体的溶解。在某些实验（如分析化学实验等）中，往往要求使用更高纯度的水。这时可在蒸馏水中加入少量高锰酸钾和氢氧化钡，再次进行蒸馏，以除去水中极微量的有机杂质、无机杂质以及挥发性的酸性氧化物（如 CO_2）。这种水称为重蒸水（二次蒸馏水），电阻率可达约 $10^6 \Omega \cdot cm$。保存重蒸水应用塑料容器而不能用玻璃容器，以免玻璃中所含钠盐及其他杂质会慢慢溶于水，而使水的纯度降低。

(2) 离子交换法。用离子交换法制得的水叫离子交换水，因为溶于水的杂质离子已被除去，所以又称为去离子水。去离子水的纯度很高，常温下的电阻率可达 $5 \times 10^6 \Omega \cdot cm$ 以上。但因未除去非离子型杂质，含有微量有机物，故为三级水。

(3) 电渗析法。用电渗析法制得的水称为电渗析水。电渗析水纯度比蒸馏水低，未除去非离子型杂质。电阻率为 $10^4 \sim 10^5 \Omega \cdot cm$。接近三级水的质量。

2.4.1.2 特殊要求的实验用水的制备

(1) 无氯水。加入亚硝酸钠等还原剂，将自来水中的余氯还原为氯离子，以 N-二乙基对苯二胺（DPD）检查不显色。继用附有缓冲球的全玻蒸馏器进行蒸馏制取无氯水。

(2) 无氨水。向水中加入硫酸至其 pH 值小于 2，使水中各种形态的氨或胺最终都变成不挥发的盐类，用全玻蒸馏器进行蒸馏，即可制得无氨纯水（注意避免实验室空气中含氨的重新污染，应在无氨气的实验室中进行蒸馏）。

(3) 无二氧化碳水

① 煮沸法：将蒸馏水或去离子水煮沸至少 10min（水多时），或使水量蒸发 10% 以上（水少时），加盖放冷即可制得无二氧化碳纯水。

② 曝气法：将惰性气体或纯氮通入蒸馏水或去离子水至饱和，即得无二氧化碳水。制得的无二氧化碳水应储存于一个附有碱石灰管的橡皮塞盖严的瓶中。

(4) 无砷水。一般蒸馏水或去离子水多能达到基本无砷的要求。应注意避免使用软质玻璃（钠钙玻璃）制成的蒸馏器、树脂管和储水瓶。

(5) 无铅（无重金属）水。用氢型强酸性阳离子交换树脂柱处理原水，即可制得无铅（无重金属）的纯水。储水器应预先进行无铅处理，用 6mol/L 硝酸溶液浸泡过夜后以无铅水洗净。

(6) 无酚水。向水中加入氢氧化钠至 pH 值大于 11，使水中酚生成不挥发的酚钠后，用全玻蒸馏器蒸馏制得（蒸馏之前，可同时加入少量高锰酸钾溶液使水呈紫红色，再进行蒸馏）。

(7) 不含有机物的蒸馏水。加少量高锰酸钾的碱性溶液于水中，使呈红紫色，再以全玻蒸馏器进行蒸馏即得。在整个蒸馏过程中，应始终保持水呈红紫色，否则应随时补加高锰酸钾。

2.4.2 化学实验用水的级别及主要指标

化学实验室用于溶解、稀释和配置溶液的水，都必须先经过净化。分析要求不同，对水质纯度的要求也不同。故应该根据不同的要求，采用不同的净化方法制的纯水。

2.4.2.1 实验室用水的规格标准

我国已经建立了实验室用水的国家标准（GB/T 6682—2008），规定实验室用水分为三个等级：一级水、二级水和三级水。

（1）一级水。用于严格要求的实验，包括对悬浮颗粒有要求的实验。如高压液相色谱分析用水。一级水可用二级水经过石英设备蒸馏或超纯水制备装置制取后，再经 0.2μm 微孔滤膜过滤。

（2）二级水。用于无机痕量分析、病毒免疫等实验，如原子吸收光谱分析。二级水可用多次蒸馏或超纯水制备装置制取。

（3）三级水。用于一般化学分析和生化检验实验，可用蒸馏或离子交换等方法制取。

实验室用水的级别及主要指标如表 2-5 所示。

表 2-5 实验室用水的级别及主要指标

名称		一级	二级	三级
pH 值范围①(25℃)		—	—	5.0～7.0
电导率②(25℃)/(mS/m 或 μS/cm)		≤0.01	≤1.0	0.50 或(5.0)
可氧化物质[以 O 计]/(mg/L)	<	③	0.08	0.4
吸光度(254nm,1cm 光程)	≤	0.001	0.01	—
蒸发残渣(105℃±2℃)/(mg/L)	≤	③	1.0	2.0
可溶性硅(以 SiO$_2$ 计)/(mg/L)	<	0.01	0.02	

① 在一级水、二级水的纯度下，难以测定其真实的 pH 值，因此对一级水、二级水的 pH 值范围不做规定。
② 一级水、二级水的电导率须用新制备的水"在线"测定。
③ 由于一级水的纯度下，难于测定可氧化物质和蒸发残渣，对其限量不做规定。可用其他条件和制备方法来保证一级水的质量。

2.4.2.2 实验室用水的容器与储存

各级用水均使用密闭、专用聚乙烯容器。三级水也可使用密闭的、专用玻璃容器。新容器在使用前需用 20% 盐酸溶液浸泡 2～3 天，再用化验用水反复冲洗数次。

各级用水在储存期间，其沾污的主要来源是容器可溶成分的溶解、空气中二氧化碳和其他杂质。因此，一级水不可储存，临使用前制备。二级水、三级水可适量制备，分别储存于预先经同级水清洗过的相应容器中。

2.5 化学实验室常用玻璃器皿的洗涤与干燥

2.5.1 玻璃仪器的洗涤

化学实验使用的玻璃仪器和玻璃器皿需按规定要求彻底洗净后才能使用。洗涤是否符合要求，对化验工作的准确度和精密度均有影响。不同分析工作（如工作分析、一般化学分析、微量分析等）有不同的仪器洗净要求。

沾污的玻璃仪器和玻璃器皿，根据沾污物的性质，采用不同洗涤液，通过化学或物理作用，有效地洗净仪器。

2.5.1.1 一般步骤

（1）水刷洗。准备一些用于洗涤各种形状仪器的毛刷，如试管刷、烧杯刷、瓶刷等。首先用毛刷蘸水刷洗仪器，用水冲去可溶性物质及刷去表面黏附的灰尘。

（2）用低泡沫洗涤液洗刷。用低泡沫洗涤液和水摇动，必要时可加入滤纸碎块，或用毛刷刷洗，温热的洗涤液去油脂能力更强，必要时可短时间浸泡。去污粉因含有细沙等固体颗粒物，摩擦有损玻璃，一般不要使用。冲净洗涤剂，再用自来水洗三遍。

将滴管、吸量管、小试管等仪器浸于温热的洗涤剂水溶液中，在超声波清洗机液槽中超洗数分钟，洗涤效果极佳。

（3）用洗液洗。坩埚、称量瓶、吸量管、滴定管等可用洗液洗涤，必要时可加热洗液。洗液可反复使用。

洗净的仪器倒置时，水流出后器壁应不挂水珠。至此再用少量纯水洗涤仪器三次，洗去自来水带来的杂质，即可使用。

2.5.1.2 洗涤液使用注意事项

针对仪器沾污物的性质，采用不同洗涤液通过化学或物理作用能有效地洗净仪器。要注意在使用各种性质不同的洗液时，一定要把上一种洗涤液除去后再用另一种，以免相互作用，生成的产物更难洗净。

洗涤液的使用要考虑能有效地除去污染物，不引进新的干扰物质（特别是微量分析），又不应腐蚀器皿。强碱性洗液不应在玻璃器皿中停留超过 20min，以免腐蚀玻璃。

铬酸洗液因毒性较大，尽可能不用，近年来多以合成洗涤剂、有机洗涤剂等来去除油污，但有时仍要用到铬酸洗液。

2.5.1.3 砂芯玻璃滤器的洗涤

新的滤器使用前应以热的盐酸或铬酸洗液边抽滤边清洗，再用纯水洗净。可正置或倒置用水反复抽吸。

针对不同的沉淀物采用适当的洗涤剂先溶解沉淀，或倒置用水抽吸沉淀物，再用蒸馏水冲洗干净，在 110℃ 烘干，升温和冷却过程都要慢慢进行，以防裂损，然后保存在无尘柜或有盖的容器中，否则积存的灰尘和沉淀堵塞滤孔很难洗净。

2.5.1.4 吸收池（比色皿）的洗涤

玻璃或石英吸收池在使用前要充分洗净，根据污染情况，可以用冷的或温热的（40~50℃）阴离子表面活性剂的碳酸钠溶液（2%）浸泡，可加热 10min 左右。也可用硝酸、重铬酸钾洗液（测铬和紫外区测定时不用）、磷酸三钠、有机溶剂等洗涤。对于有色物质的污染可用 HCl（3mol/L）-乙醇（1+1）溶液洗涤。用自来水、实验室用纯水充分洗净后倒立在纱布或滤纸上控去水，如急用，可用乙醇、乙醚润洗后用吹风机吹干。

2.5.1.5 特殊的洗涤方法

洗涤砂芯玻璃滤器常用的洗涤液如表 2-6 所示。

① 有的玻璃仪器，主要是成套的组合一起，可安装起来，用水蒸气蒸馏法洗涤一定时间。如凯氏微量定氮仪，使用前用装置本身发生的蒸汽处理 5min 即可。

表 2-6　洗涤砂芯玻璃滤器常用的洗涤液

沉淀物	洗涤液
AgCl	氨水(1+1)或 10% $Na_2S_2O_3$ 水溶液
$BaSO_4$	100℃浓硫酸或用 EDTA-NH_3 水溶液(3% EDTA 二钠盐 500mL 与浓氨水 100mL 混合)加热近沸
汞渣	热浓 HNO_3
有机物质	铬酸洗液浸泡或温热洗液抽洗
脂肪	CCl_4 或其他适当的有机溶剂
细菌	化学纯浓 H_2SO_4 5.7mL、化学纯 $NaNO_3$ 2g 与纯水 94mL 充分混匀,抽气并浸泡 48h 后,以热蒸馏水洗净

② 测定微量元素用的玻璃器皿用 10%的 HNO_3 溶液浸泡 8h 以上,然后用纯水冲净。测磷用的仪器不能用含磷酸盐的商品洗涤剂进行清洗。测铬、锰的仪器不能用铬酸洗液、高锰酸钾洗液洗涤。

③ 测铁用的玻璃仪器不能用铁丝柄毛刷刷洗,测锌、铁用的玻璃仪器酸洗后不能再用自来水冲洗,必须直接用纯水洗涤。

④ 测定分析水中微量有机物的仪器可用铬酸洗液浸泡 15min 以上,然后用蒸馏水洗净。

⑤ 用于环境样品中痕量物质提取的索氏提取器,在分析样品前用己烷、乙醚分别回流 3～4h。

⑥ 有细菌的器皿,可在 170℃用热空气灭菌 2h。

⑦ 严重沾污的器皿可置于高温炉中于 400℃加热 15～30min。

2.5.2　玻璃仪器的干燥

实验室中经常要用到的仪器应在每次实验完毕后洗净干燥备用。用于不同实验对干燥有不同的要求,一般定量分析用的烧杯、锥形瓶等仪器洗净即可使用,而用于食品分析的仪器很多要求是干燥的,有的要求无水痕,应根据不同要求干燥仪器。

2.5.2.1　烘干

洗净的仪器控去水分,放在烘箱内烘干,烘箱温度为 105～110℃,烘 1h 左右。也可放在红外灯干燥箱中烘干。此法适用于一般仪器。称量瓶等在烘干后要放在干燥器中冷却和保存。带实心玻璃塞的及厚壁仪器烘干时要注意慢慢升温并且温度不可过高,以免破裂,量器不可放于烘箱中烘。

2.5.2.2　烤干

烧杯或蒸发皿可以放在石棉网上用小火烤干。试管可以直接用小火烤干,操作时,试管要略为倾斜,管口向下,并不时地来回移动试管,把水珠赶掉。

2.5.2.3　晒干

洗净的仪器可倒置在干净的实验柜内仪器架上（倒置后不稳定的仪器如量筒等,则应平放）,让其自然干燥。

2.5.2.4　用有机溶剂干燥

对于一些带有刻度的计量仪器,不能用加热方法干燥,否则,会影响仪器的精密度。可以用一些易挥发的有机溶剂（如酒精或酒精与丙酮的混合液）加到洗净的仪器中（量要少）,

把仪器倾斜，转动仪器，使器壁上的水与有机溶剂混合，然后倾出，少量残留在仪器内的混合液，很快挥发使仪器干燥。

技能训练 2-2　玻璃仪器的洗涤与干燥

训练目标

1. 熟悉常用玻璃仪器的规格、用途及使用的注意事项。
2. 掌握常用玻璃仪器的洗涤方法。
3. 掌握常用玻璃仪器的干燥方法。

仪器及试剂

仪器：滴定管、容量瓶、移液管（吸量管）、锥形瓶。
试剂：去离子水、铬酸洗液、洗涤剂。

训练操作

1. 玻璃容量仪器的一般洗涤步骤

玻璃容量仪器在使用前必须洗净。洗净的玻璃容量仪器，它的内壁应能被水均匀润湿而无小水珠。

（1）滴定管的洗涤。滴定管的外侧可用洗洁精刷洗，管内无明显油污的滴定管可直接用自来水冲洗，或用洗涤剂泡洗，但不可刷洗，以免划伤内壁，影响体积的准确测量。若有油污不易洗净，可采用铬酸洗液洗涤。酸式滴定管可倒入铬酸洗液 10mL 左右，把管子横过来，两手平端滴管转动，直至洗涤液沾满管壁，直立，将洗液从管尖放出；碱式滴定管则需将橡皮管取下，用小烧杯接在管下部，然后倒入铬酸洗液。洗液用后仍倒回原瓶内，可继续使用。用铬酸洗液洗过的滴定管先用自来水充分洗净后，再用适量蒸馏水荡洗 3 次，管内壁如不挂水珠，则可使用。

值得注意的是：碱式滴定管的玻璃尖嘴及玻璃珠用铬酸洗液洗过后，用自来水冲洗几次后再装好，这时，用自来水和蒸馏水洗涤滴定管时要从管尖放出，并且改变捏的位置，使玻璃珠各部位都得到充分洗涤。

（2）容量瓶的洗涤。倒入少许铬酸洗液摇动或浸泡，洗液倒回原瓶。先用自来水充分洗涤后，再用适量蒸馏水荡洗 3 次。

（3）移液管的洗涤。用洗耳球吸取少量铬酸洗液于移液管中，横放并转动，至管内壁均沾上洗涤液，直立，将洗涤液自管尖放回原瓶。用自来水充分洗净后，再用蒸馏水淋洗 3 次。

2. 玻璃仪器的干燥

详见 2.5.2。

操作思考

1. 容量器皿是否洗涤干净，应怎样检查？
2. 什么是铬酸洗液？使用时注意什么？
3. 滴定管、移液管、容量瓶的内壁能否用毛刷刷洗？为什么？

2.6 玻璃加工及玻璃仪器装配技术

2.6.1 玻璃加工的基本操作技术

在化学实验中要用到各种规格的导管、滴管、毛细管、安瓿、特制燃烧匙、微型U形管等玻璃器皿，一般由实验人员自制。在实验室里，加工玻璃的热源用煤气灯最方便。没有煤气的实验室，可以用酒精喷灯。普通酒精灯的火焰温度较低，如果加粗灯芯，装上防风罩，也能完成一般的弯曲和拉管等简单加工。不同的玻璃，加工时温度要求不同。因此，识别玻璃的种类是必要的。玻璃按质料不同，可以分为硬质玻璃（如GG-17玻璃、95料玻璃等）和软质玻璃（普通钙钠玻璃、钾玻璃）。前者软化温度高，后者软化温度低。可以根据质料特点鉴别玻璃，一般软质玻璃管端呈青绿色，硬质玻璃管端呈浅黄色或无色，颜色越浅，质料越硬。

玻璃管的操作

（1）玻璃管（棒）的清洗和干燥。玻璃管（棒）在加工前都要清洗和干燥，否则也可能导致实验事故。尤其制备熔点管的玻璃管，必须先用洗液浸泡半小时以上，再用自来水冲洗和蒸馏水清洗、干燥后方能进行加工。

（2）玻璃管（棒）的切割。取直径为0.5～1cm的玻璃管（棒），用锉刀（三角锉或扁锉均可）的边棱或小砂轮在需要切割的位置上朝同一个方向锉一个锉痕，锉痕深度约为玻璃管（棒）直径的1/6左右。注意不可来回乱锉，否则不但锉痕多，使锉刀和小砂轮变钝，而且容易使断口不平整，造成割伤。然后两手握住玻璃管（棒），以大拇指顶住锉痕的背后（即锉痕向前），两大拇指离锉痕均约0.5cm。然后两大拇指轻轻向前推，同时朝两边拉，玻璃管（棒）就可以平整断裂，如图2-8所示。为了安全起见，推拉时应离眼睛稍远一些，或在锉痕的两边包上布再折断。

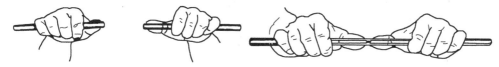

图2-8 玻璃管（棒）的折断

对于比较粗的玻璃管（棒），采取上述方法处理较难断裂。但我们可以利用玻璃骤热或骤冷容易破裂的性质，采用以下方法来完成玻璃管（棒）的折断。即将一根末端拉细的玻璃管（棒）在酒精喷灯的灯焰上加热至白炽，使成珠状，立即压触到用水滴湿的粗玻璃管（棒）的锉痕处，锉痕因骤然受强热而裂开。

裂开的玻璃管（棒）断口如果很锋利，容易割破皮肤、橡皮管或塞子，必须在灯焰上烧熔，使之光滑。方法是将玻璃管（棒）呈45°角左右，倾斜地放在酒精喷灯的灯焰边缘处灼烧，边烧边转动，直烧到平滑即可。不可烧得过久，以免管口缩小。刚烧好的玻璃管（棒）不能直接放在实验台上，而应该放在石棉网上。

（3）玻璃管（棒）的弯曲

① 酒精喷灯的使用：在玻璃管（棒）的弯曲过程中，常用到鱼尾灯、酒精喷灯等，如图2-9所示。

酒精喷灯是利用压出式原理设计的，以铜为原料制造而成，图2-9所示的是改进了的酒精喷灯。使用前，旋开酒精入口旋钮2，通过入口向底座1中加入工业酒精至体积的4/5左

图 2-9　酒精喷灯
1—底座；2—旋钮；3—酒精槽；
4—控制柄；5—喷射口

右，然后旋紧入口旋钮 2。使用时，在酒精槽 3 中加入少量工业酒精，并点燃此处的酒精。一段时间后，底座 1 中的酒精由于受热而变成蒸气，由喷射口 5 喷出，由 3 处燃烧的火苗引燃。火焰可由控制柄 4 进行上下移动来调节。当听到"呼呼……"声时，说明火焰温度已经接近 500℃，就可以旋转控制柄 4 将其固定在此处以得到稳定的喷射火焰。若要熄灭酒精喷灯，用石棉网直接盖住喷射口 5 即可。

② 玻璃管（棒）的弯曲：玻璃管（棒）受热变软变成玻璃态物质时，就可以进行弯曲操作，制成实验中所需要的配件。但在弯曲过程中，管的一面要收缩，另一面则要伸长。收缩的面易使管壁变厚，伸长处易使管壁变薄。操之过急或不得法，弯曲处会出现瘪陷或纠结现象，如图 2-10(c) 所示。

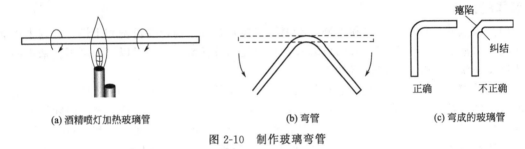

(a) 酒精喷灯加热玻璃管　　　(b) 弯管　　　(c) 弯成的玻璃管

图 2-10　制作玻璃弯管

进行弯管操作时，两手水平地拿着玻璃管，将其在酒精喷灯的火焰中加热，见图 2-10 (a)。受热长度约 1cm，边加热边缓慢转动使玻璃管受热均匀。当玻璃管加热至黄红色并开始软化时，就要马上移出火焰（切不可在灯焰上弯玻璃管），两手水平持着轻轻用力，顺势弯曲至所需要的角度，见图 2-10(b)。注意弯曲速度不要太快，否则在弯曲的位置易出现瘪陷或纠结；也不能太慢，否则玻璃管又会变硬。

大于 90°的弯导管应一次弯到位。小于 90°的则要先弯到 90°，再加热由 90°弯到所需角度。质量较好的玻璃弯导管应在同一平面上，无瘪陷或纠结出现，见图 2-10(c)。

弯玻璃管的操作中应注意以下两点：a. 两手旋转玻璃管的速度必须均匀一致，否则弯成的进璃管会出现歪扭，致使两臂不在一平面上。b. 玻璃管受热程度应掌握好，受热不够则不易弯曲，容易出现纠结和瘪陷，受热过度则在弯曲处的管壁出现厚薄不均匀和瘪陷。

对于管径不大（小于 7mm）的玻璃管，可采用重力的自然弯曲法进行弯管。其操作方法是：取一段适当长的玻璃管，一手拿着玻璃管的一端，使玻璃管要弯曲的部分放在酒精灯的最外层火焰上加热（火不宜太大！），不要转动玻璃管。开始时，玻璃管与灯焰互相垂直，随着玻璃管的慢慢自然弯曲，玻璃管手拿端与灯焰的夹角也要逐渐变小。这种自然弯法的特点是玻璃管不转动，比较容易掌握。但由于弯时与灯焰的夹角不可能很小，从而限制了可弯的最小角度，一般只能是 45°左右。用此法弯管要注意三点：a. 玻璃管受热段的长度要适当长一点；b. 火不宜太大，弯速不要太快；c. 玻璃管成角的两端与酒精灯火焰必须始终保持在同一平面。

（4）胶头滴管的拉制。实验室常用的胶头滴管（玻璃端）也可以自己拉制。其方法是：

两手拿着玻璃管，两肘部搁在实验台上，以保证玻璃管的水平。将玻璃管在酒精喷灯的火焰中加热，见图 2-11(a)。受热长度约 1cm，边加热边缓慢转动使玻璃管受热均匀。当玻璃管加热至黄红色并开始软化时，就要马上移出火焰（切不可在灯焰上拉制玻璃管），两手水平持着同时轻轻用力往外拉，拉至如图 2-11(b) 所示形状。注意拉的速度不要太快，否则中间部分会很细，也不能太慢。

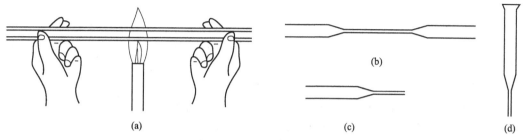

图 2-11　胶头滴管的拉制

冷却后用锉刀将其截断，即变成两个胶头滴管，如图 2-11(c) 所示。将大的一端在火焰上烧熔，用圆锉将其熨大，如图 2-11(d) 所示，就可以套住胶头了。

加工后的玻璃管（棒）均应及时进行退火处理。退火方法是：趁热在弱火焰中加热一会，然后将其慢慢移出火焰，再放在石棉网上冷却到室温。如果不进行退火处理，玻璃管（棒）内部会因骤冷而产生很大的应力，使玻璃管（棒）断裂。即使不立即断裂，过后也容易断裂。

2.6.2　塞子的加工

2.6.2.1　塞子的选择

（1）类型的选择。软木塞和橡皮塞是有机实验室最常用的两种塞子。通常根据两种塞子的特点和用塞子时的具体情况来选择合适的塞子。软木塞的优点是不易和有机化合物发生化学反应，缺点是容易漏气、容易被酸碱腐蚀；而橡皮塞的优点是不易漏气、不易被碱腐蚀，缺点是容易被有机化合物所侵蚀或溶胀。一般来说，级别较低的有机实验室多使用橡皮塞，主要考虑安全性和经济成本；级别较高的有机实验室多使用软木塞，主要考虑有机腐蚀和污染试剂、引入杂质等，因为在有机化学实验中接触的主要是有机化合物。

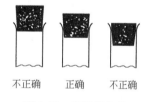

图 2-12　塞子规格的选择标准

（2）规格的选择。塞子的规格通常分为六种，即 1 号塞，2 号塞，……，6 号塞。号数越大，塞子的直径就越大。塞子规格的选择要求是塞子的大小应与仪器的口径相适合，塞子进入瓶颈或管颈部分是塞子本身高度的 1/3～2/3，否则就不合用，如图 2-12 所示。使用新的软木塞时只要能塞入 1/3～1/2 时就可以了，因为经过压塞机压软打孔后就有可能塞入 2/3 左右了。

2.6.2.2　钻孔器的选择

当有机化学实验中用到导气管、温度计、滴液漏斗等仪器时，往往需要插在塞子内，通过塞子和其他容器相连，这就需要在塞子上钻孔。

钻孔通常使用不锈钢制成的钻孔器（或打孔器）。这种钻孔器是靠手力钻孔的。也有把钻孔器固定在简单的机械上，借助机械力来钻孔的，这种机器叫打孔机。一套钻孔器一般有六支直径不同的钻嘴和一支钻杆，以供选择。

钻嘴的选择根据塞子的类型不同而不同。例如要将温度计插入软木塞，钻孔时就应选用比温度计的外径稍小或接近的钻嘴。而如果是橡皮塞，则要选用比温度计的外径稍大的钻嘴，因为橡皮塞有弹性，钻成后会收缩，使孔径变小。

总之，在塞子上所钻出的孔径的大小应该能够使欲插入的玻璃管紧密地贴合、固定。

2.6.2.3 钻孔的方法

软木塞在钻孔之前，需在压缩机上压紧，防止在钻孔时塞子破裂。

钻孔时，先在桌面放一块垫板，其作用是避免当塞子被钻穿后钻坏桌面。然后把塞子小的一端朝上，平放在垫板上。左手紧握塞子，右手持钻孔器的手柄，如图 2-13 所示。在选定的位置，使钻孔器垂直于塞子的平面，使劲地将钻孔器按顺时针方向向下转动，不能左右摇摆，更不能倾斜。否则，钻得的孔径是偏斜的。等到钻至约塞子的一半时，按逆时针旋转取出钻嘴，用钻杆捅出钻嘴中的塞芯。然后把塞子大的一端朝上，将钻嘴对准小头的孔位，以上述同样的操作钻至钻穿。拔出钻嘴，捅出钻嘴中的塞芯。为了减少钻孔时的摩擦，特别是对橡皮塞钻孔时，可以在钻嘴的刀口上搽一些甘油或者水。

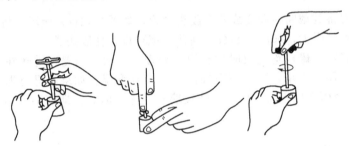

图 2-13　钻孔的方法

钻孔后，要检查孔道是否合用。如果不费力就能够把玻璃管插入，说明孔径偏大，玻璃管和塞子之间不够紧密贴合，会漏气，不合用。相反，如果很费力才能够插入，则说明孔径偏小，插入过程中容易导致玻璃管折断，造成割伤，也不合用。当孔径偏小或不光滑，可以用圆锉修整。

2.6.3　玻璃仪器装配技术

化学实验室工作人员在组装仪器时，应按照实验的要求进行组装，以保证装置的准确性，组装仪器还必须要考虑安全。要在了解反应原理的基础上，挖掘实验的不安全因素，然后有针对性地注意有关部分的组装，使实验安全进行。同时还要考虑牢固性，做到组装角度不扭曲，夹持松紧合适，以避免玻璃仪器破裂。

组装的顺序一般应从低到高，从左而右顺序进行。但当在有固定装置的实验台上组装时，应尽量避免与固定装置发生冲突，选择便于利用固定设备的顺序组装。一般可遵循：以小就大（尽量少挪动大的仪器，以较小的仪器去连接较大的部分）、以动就静（用可移动的仪器往不可移动的仪器设备上安装）、以简就繁（用较简单小巧的仪器往较繁杂粗大仪器上安装）。

仪器组装关键是确保合理、安全的原则。另外无特殊需要的仪器组装时，应尽量降低整个装置的高度，使重心下移，增加其稳定性。

2.6.3.1 一般仪器连接与安装规则

实验时常把玻璃导管、胶管、带孔的胶塞、试管、广口瓶等连接在一起组成一定的装置，连接仪器的顺序是从左到右，从下到上。玻璃管插入橡皮塞孔内的方法是：先将玻璃管的一端用水润湿，然后稍用力转动着插入。

检查装置气密性：组装完制取气体的装置时，一般先检查装置的气密性，只有气密性良好，才可装入实验用的药品。检查装置气密性的方法是：导管口入水，手贴管瓶壁；管口冒气泡，放手水回流；若无此现象，装置必漏气。夏天，当手温与室温相近时，可微热试管。

2.6.3.2 磨口仪器连接与安装规则

在进行有机制备和纯化实验时，一般用标准磨口仪器组装成各种实验装置。现以简单蒸馏装置为例说明如何安装实验装置。首先选择热源——煤气灯或电热包，依据热源高等确定烧瓶的安装位置，以此为基准装配蒸馏头、直形冷凝管、接引管和接收器，最后安装温度计。仪器用铁夹固定在铁架台上。在安装冷凝管时，先调整其高度，再调整其倾斜度使其中心线与蒸馏头支管中线重叠，然后松开铁架，使冷凝管与蒸馏头紧密连接，最后旋紧铁架。总之，连接应注意保证磨口连接处严密，尽量使各处不产生应力。装配完毕的实验装置应该是：从正面看，烧瓶和蒸馏头与桌面垂直；从侧面看，所有仪器应在同一平面上，做到横平竖直。在同一实验桌上安装两台装置时应遵从热源位置相邻和接收器位置相邻的原则，绝不允许一台装置的热源位置与另一台装置的接收器处于相邻的位置，否则容易产生火灾。

拆卸仪器装置时，按与安装的顺序相反的方向逐个拆卸仪器。应注意首先关电源或熄灭煤气灯和关闭水阀门，然后移走接收器，依次移走冷凝管、温度计、蒸馏头和烧瓶。

安装时的基本要领是从下到上，从热源到接收器；而拆卸时是从接收器到热源，从上到下。

3 无机化学实验技术

3.1 加热、干燥和冷却技术

3.1.1 常用的热源

无机化学实验中常用的加热器具有酒精灯、酒精喷灯、燃气喷灯和电加热器等。化学实验中对物质进行加热时必须根据物质的性质、实验目的、仪器的性能等正确选择加热方法。

3.1.1.1 酒精灯

酒精灯的构造如图 3-1 所示,其加热温度为 400~500℃。灯焰分为外焰、内焰和焰心三部分,如图 3-2 所示。

图 3-1 酒精灯的构造
1—灯帽;2—灯芯;3—灯壶

图 3-2 酒精灯的灯焰
1—外焰;2—内焰;3—焰心

使用酒精灯时的注意事项有以下几点。
① 要检查灯芯,将灯芯烧焦和不齐的部分修剪掉。
② 再用漏斗向灯壶内添加酒精,加入的酒精量不能超过总容量的 2/3。
③ 加热时,要用灯焰的外焰加热。
④ 熄灭时要用灯帽盖灭,不能用嘴吹灭。火焰熄灭后将灯帽开启通一下气,以免下次打不开。
⑤ 酒精灯燃着时不能添加酒精,不要用燃着的酒精灯去点燃另一盏酒精灯。

3.1.1.2 酒精喷灯

酒精喷灯有座式和挂式两种,其构造如图 3-3 和图 3-4 所示,加热温度为 800~1000℃。
(1) 使用座式酒精喷灯时的操作方法
① 用探针疏通酒精蒸气出口,再用漏斗向酒精壶内加入工业酒精,酒精量不能超过容积的 2/3。
② 然后在预热盘中注入少量酒精,点燃,以加热灯管。为使灯管充分预热,可重复进行多次。

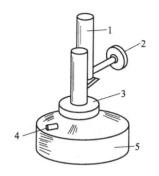

图 3-3　座式酒精喷灯的构造
1—灯管；2—空气调节器；3—预热盘；
4—铜帽；5—酒精壶

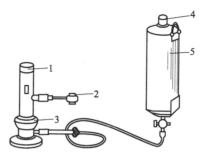

图 3-4　挂式酒精喷灯的构造
1—灯管；2—空气调节器；3—预热盘；
4—盖子；5—酒精储罐

③ 待灯管充分预热后，在灯管口上方点燃酒精蒸气，旋转空气调节器调节空气孔的大小，即可得到理想的火焰。停止使用时，用石棉网盖灭火焰，也可旋转调节器将火熄灭。

(2) 使用座式酒精喷灯时的注意事项

① 使用时，必须使灯管充分预热，否则酒精不能完全气化，会有液体酒精从灯管口喷出形成"火雨"，容易引起火灾。

② 座式酒精喷灯连续使用时间不能超过半小时，如需较长时间使用，到半小时应暂时熄灭喷灯，冷却，添加酒精后再继续使用。

3.1.1.3　常用电热源

根据需要，实验室还常用电炉、马弗炉、管式炉、电加热套等电器进行加热。管式炉的最高使用温度为 900℃ 左右，马弗炉为 900℃（镍铬丝）和 1300℃（铂丝），电炉为 900℃ 左右，电加热套为 450～500℃。使用这些电热源时，一般可以通过调节电阻来控制所需温度。

3.1.2　加热方法

加热方法的选择，取决于加热的容器、待加热物质的性质、质量和加热程度等。实验室中，烧杯、试管、蒸馏烧瓶、蒸发皿、坩埚等常作为加热的容器，它们可以承受一定的温度，但不能骤热和骤冷。因此，加热前应将仪器的外壁擦干。加热后不能突然与水或潮湿物接触。

3.1.2.1　直接加热法

(1) 加热试管中的液体。加热时，用试管夹夹在距试管口 1/3 或 1/4 处。试管略向上倾斜，不能对着自己或他人。先加热液体的中上部，受热均匀，以免造成局部过热而迸溅。试管中的液体量不得超过试管容积的 1/2。如图 3-5 所示。

(2) 加热试管中的固体。先将块状或粒状固体试剂研细，再用纸槽或角匙装入硬质试管底部，装入量不能超过试管容量的 1/3，然后铺平，管口略向下倾斜，以免凝结在管口的水珠倒流到灼热的试管底部，使试管炸裂。加热时，先来回将整个试管预热，一般灯焰从试管内固体试剂的前部缓慢向后部移动，然后在有固体物质的部位加强热。如图 3-6 所示。

(3) 加热烧杯和烧瓶中的液体。将盛有液体的烧杯或烧瓶放在石棉网上加热，以免因受热不均使玻璃仪器破裂，液体量不得超过容积的 1/2。如图 3-7 所示。

(4) 灼烧坩埚中的固体。在高温加热固体时，一般把固体放在坩埚中灼烧。开始时，火不要太大，使坩埚均匀地受热，然后加大火焰，用氧化焰将坩埚灼烧至红热。灼烧一定时间后，停止加热，在泥三角上稍冷后，用已预热的坩埚钳夹住放在干燥器内。如图 3-8 所示。

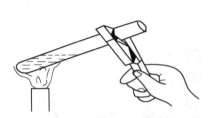 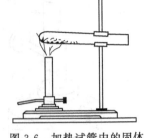

图 3-5　加热试管中的液体　　　　　　图 3-6　加热试管中的固体

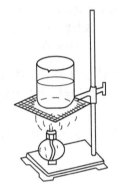 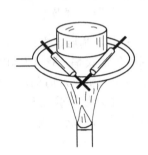

图 3-7　加热烧杯中的液体　　　　　　图 3-8　加热坩埚中的固体

3.1.2.2　间接加热法

对于受热容易分解以及需要严格控制加热温度的液体，通常采用间接加热的方法。实验室中常采用水浴、油浴、沙浴等方法加热，使被加热容器或物质受热均匀，进行恒温加热。

(1) 水浴加热。当被加热物质要求受热均匀，而温度不超过100℃时，可采用水浴加热。利用受热的水或产生的蒸汽对受热仪器和物质进行加热。常用水浴锅（水浴锅内盛水量不超过容积的 2/3），选用适当大小的水浴锅金属圈支撑被加热的仪器。也可以用大烧杯代替水浴锅。电热恒温水浴锅可根据需要自动控制恒温。使用时必须先加好水，锅内严禁水位低于电热管，然后再通电，可在37～100℃范围内选择恒定温度。图 3-9 为两孔电热恒温水浴槽。

(2) 油浴加热。当加热温度范围在100～250℃时，则可选择油浴进行加热。油浴常用的浴液有石蜡油、硅油、真空泵油、植物油（如花生油、蓖麻油、豆油等）。不同种类的油加热后可达到的最高温度有所差异。液体石蜡可加热至220℃，温度较高时也不易分解但容易燃烧，同样固体石蜡也可加热至220℃，室温下呈固态，因而加热完毕应先将反应容器取出；硅油和真空泵油在高于250℃的温度下仍具有较好的稳定性，是较为理想的浴液，但其价格较为昂贵；一般植物油可加热至220℃，可在其中加入1%的抗氧剂，以增强其受热稳定性。油浴操作时，可在油浴中插入一支温度计，用以控制油浴的温度。油浴加热中应防止水滴溅入油中，以避免加热时产生泡沫或引起水滴飞溅。此外，使用油浴时，要特别注意防止油蒸气污染环境和引起火灾，为此可用一块中间有圆孔的石棉板盖住油浴锅。

(3) 沙浴加热。当所需加热温度在250～350℃时，则应选择沙浴。将干燥的细沙装入铁盘中，并将反应容器埋入沙中，而后在铁盘下方加热。沙子的热传导能力差且散热较快，因此，反应容器的底部留有的沙要薄一些，而容器四周的沙子要铺厚一些。沙浴的温度分布不均匀，因而应将温度计的水银球尽量靠近反应容器处放置。由于沙浴的温度较难控制，因此该法较少使用。如图 3-10 所示。

图 3-9　两孔电热恒温水浴槽

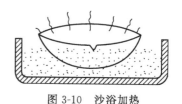

图 3-10　沙浴加热

除水浴、油浴和沙浴外，还有金属（合金）浴、空气浴等。

（4）空气浴。一般对于沸点在 80℃ 以上的液体可采取空气浴进行加热。具体操作时，可将反应容器置于一无盖且底部打有数行小孔的铁罐中，在铁罐内部底层铺一块直径略小于铁罐直径的石棉网，罐的四周用石棉布包裹，另用一块 2~4mm 的石棉板盖在罐口。操作时，将此装置放在铁三脚架上，并用酒精灯直接加热即可，须注意反应装置不能与铁罐接触。

（5）电热套。电热套加热是简便的空气浴加热，能从室温加热到 300℃ 左右，是合成实验中最常用的加热方法。安装电热套时，要使反应容器的外壁与电热套内壁保持 1cm 左右的距离，以便利用热空气传热和防止局部过热。

3.1.3　物质的干燥

干燥是除去固体、液体或气体中含有少量水分或少量有机溶剂的物理化学过程。除去化学品中的水分、在干燥条件下储存化学品、在无水条件下进行化学反应及精密仪器的防潮等，都要进行干燥处理。

具体操作时，主要是通过一些理化方法达到干燥的目的。

物理方法有烘干、晾干、吸附、分馏、共沸蒸馏和冷冻等。近年来，还常用离子交换树脂和分子筛等方法来进行干燥。离子交换树脂是一种不溶于水、酸、碱和有机溶剂的高分子聚合物。分子筛是含水硅铝酸盐的晶体。它们都能可逆地吸附水分，加热解吸除水活化后可重复使用。

化学方法主要是采用干燥剂来除水。根据除水作用原理又可将干燥剂分为两种：第一种能与水可逆的结合，生成水合物，如氯化钙、硫酸钠、硫酸镁等；第二种与水发生不可逆的化学反应，生成新的化合物，如金属钠、五氧化二磷等。第一种干燥剂在具体操作中应用更为广泛。

化学实验室中常用的干燥剂见表 3-1。

表 3-1　常用干燥剂

干燥剂	酸碱性	应用范围	备注
$CaCl_2$	中性	烷烃、卤代烃、烯烃、酮、醚、硝基化合物、中性气体、氯化氢	吸水量大，作用快，但效力不高；含有碱性杂质 CaO；不适用于对醇、胺、氨、酚、酸等的干燥
Na_2SO_4	中性	同 $CaCl_2$ 及其不能干燥的物质	吸水量大，作用慢，效力低
$MgSO_4$	中性	同 Na_2SO_4	比 Na_2SO_4 作用快，效力高
$CaSO_4$	中性	烷烃、醇、醚、醛、芳香烃等	吸水量小，作用快，效力高
K_2CO_3	碱性	醇、酮、酯、胺、杂环等碱性物质	不适用于酚、酸类化合物
KOH	强碱性	胺、杂环等碱性物质	不适用于酸性物质，作用快速有效

续表

干燥剂	酸碱性	应用范围	备注
CaO	碱性	低级醇、胺	作用慢,效力高,干燥后液体需蒸馏
金属钠	碱性	烃中痕量水、醚、三级胺	不适用于醇、卤代烃等,作用快速有效
浓硫酸	强酸性	脂肪烃、卤代烃	不适用于醇、烯、醚及碱性化合物,效力高
P_2O_5	酸性	醚、烃、卤代烃、腈中痕量水、酸	不适用于醇、酮、碱性化合物、HCl、HF等,效力高,吸收后需蒸馏分离
分子筛	酸性	各类有机物,不饱和烃气体	作用快,效力高,可再生使用
硅胶	酸性	吸潮保干	不适用于HF

实际操作中,一般用吸水容量、干燥效能、干燥速度三方面来评价干燥剂。吸水容量是指单位质量干燥剂所能吸收的水量;干燥效能是指达到平衡时液体被干燥的程度,对于第一类干燥剂,常用吸水后所形成的结晶水合物的结晶水蒸气压表示,水蒸气压较低,则表明干燥效能较高;干燥速度则是指达到干燥时所需要的时间。

理想的干燥剂应具有较大的吸水容量、较高的干燥效能及较短的干燥时间。此外,还应不会与被干燥物质发生化学反应,也不能溶解于被干燥物质中。

3.1.3.1 气体干燥

实验室制备的气体常带有酸雾、水汽和其他杂质,必须根据气体及所含杂质的种类、性质合理选择吸收剂、干燥剂,进行净化和干燥处理。气体的干燥,常用的仪器包括洗气瓶、干燥塔、干燥管、U形管等。液体处理剂(如浓硫酸等)置于洗气瓶中,固体处理剂(如无水$CaCl_2$等)则置于干燥塔内。

3.1.3.2 液体干燥

(1)恒沸脱水。对于甲醇等不与水生成共沸混合物的液体有机物,由于其沸点相差较大,用分馏即可分开。操作中,有时可在须干燥的有机物中添加另外一种有机物,在蒸馏时,形成三元恒沸混合物,而后通过蒸馏可将水逐渐带出,从而达到干燥的目的。如将足量的苯加入到95%乙醇中,苯、水及乙醇能形成三元恒沸混合物,经蒸馏可除去乙醇中的水,得到99.5%的无水乙醇。

(2)使用干燥剂脱水。将待干燥的液体放在对应体积的锥形瓶中,一般按照每10mL液体加入0.5~1g的比例分批添加干燥剂(对于块状的干燥剂,应先对其进行适当的破碎处理)。对于遇水能释放出气体的干燥剂,则需在塞子上安装无水氯化钙的干燥管,既可排出气体,又可避免空气中的水分进入,然后塞好塞子,振荡、静置,如果干燥剂附着在瓶壁并粘连在一起,说明干燥剂用量不足,应继续添加。放置30min以上,若被干燥液体由浑浊变为无色透明,干燥剂呈现松动的颗粒状,则说明水分基本已被去除,最后滤除干燥剂即可。应当注意,经干燥所得液体变得透明,并不能说明该液体已不含水分。透明与否取决于水在化合物中的溶解度。此外,干燥剂吸水形成水合物是个可逆的过程,当温度超过30℃以上时,形成水合物的干燥剂易于发生脱水反应,降低干燥效果。有时为了加快干燥速度,可适当进行加热处理,但应在冷却后再滤除干燥剂。

3.1.3.3 固体干燥

干燥固体有机化合物,主要是为了除去残留在固体中的少量低沸点溶剂,如水、乙醚、乙醇、丙酮、苯等。由于固体有机物的挥发性比溶剂小,所以可采取蒸发和吸附的方法来达到干燥的目的。

(1) 自然晾干。对于性质比较稳定、不吸潮、空气中不易分解的固体物质，可采取该法进行干燥。将被干燥的物质薄薄地摊放在表面皿、滤纸或其他器皿上，在其上覆盖一张滤纸，用以防止灰尘沾污，令其在空气中自然晾干，一般耗时较长。

(2) 烘干。对于熔点较高、热稳定性高、不易升华的化合物可以采用红外干燥箱或恒温烘箱进行干燥。具体操作时，应将待干燥物体放在表面皿或蒸发皿中，经常翻动，以防止结块，此外，加热温度应低于有机物熔点30℃，以防止温度过高而引起样品变黄、熔化甚至分解、炭化。

(3) 干燥器干燥。对于易吸潮、易升华、易分解的固体，则应放在干燥器中进行干燥。常见的干燥器主要有普通干燥器和真空干燥器两种。

普通干燥器是带有磨口盖子的玻璃缸，盖与缸身之间的接触平面经过磨砂处理，在磨砂处涂以凡士林，使之具有良好的密闭性。缸内有一多孔瓷隔板，将被干燥的有机物质装入表面皿或培养皿中，放置在多孔瓷板上。将干燥剂置于多孔瓷板下，吸收固体有机物蒸发出的溶剂成分。使用普通干燥器进行干燥操作一般耗时较长，干燥效率较低，因此更多的用其存放较易吸潮的样品。

对普通干燥器加以改进，制成真空干燥器。真空干燥器的磨口盖子上有玻璃活塞，可连接水泵或油泵，用以抽真空，活塞下端为钩状玻璃管，管口向上，以避免通大气时由于空气快速进入真空干燥器而将固体吹散。其他操作同普通干燥器。在减压条件下，溶剂沸点会降低，易于蒸发，从而被干燥剂吸收，使干燥效率大大提高。有时也可将两种干燥剂同时放入干燥器中，如在多孔瓷板下放置浓硫酸，其上放置装有氢氧化钠的培养皿，可同时吸收水和酸，提高干燥效率。具体操作时，应根据溶剂的性质选择对应的干燥剂。

3.1.4 物质的冷却

有些化学反应、分离及提纯需要在低温下进行；还有一些反应放出大量的热量需要除去过剩的热量；结晶时也需要通过降温使晶体析出，这些都需要进行冷却。可根据不同的要求，选用合适的冷却方法。

(1) 自然冷却。将热的液体在空气中放置一段时间，使其自然冷却至室温。这是最简单的冷却方法。

(2) 吹风冷却和流水冷却。当进行快速冷却时，可将盛有液体的仪器放在冷水流淋或用鼓风机吹风冷却。冷却到室温可用此方法。

(3) 冷冻剂冷却。当需要使液体的温度低于室温时，可使用冷冻剂冷却。常用的冷冻剂有水、冰盐溶液（温度可降至-20℃）、液氮（温度可降至-190℃）等。注意：温度低于-38℃时，不能用水银温度计，应改用内装有机液体的低温温度计。

(4) 回流冷凝。许多有机化学反应需要使反应物在较长时间内保持沸腾才能完成。为了防止反应物以蒸气逸出，常用回流冷凝装置，使蒸气不断地在冷凝管中冷凝成液体，返回反应器中。

3.2 溶解与搅拌技术

3.2.1 溶解

在化学实验中，为使反应物混合均匀，以便充分接触、迅速反应，或为提纯某些固体物质，常需将固体溶解，制成溶液。溶解固体的操作步骤如下。

（1）选择溶剂。溶解前，需根据固体的性质，选择适当的溶剂。水通常是溶解固体的首选溶剂。它具有不易带入杂质、容易分离提纯以及价廉易得等优点。因此凡是可溶于水的物质应尽量选择水作溶剂。某些金属的氧化物、硫化物、碳酸盐以及钢铁、合金等难溶于水的物质，可选用盐酸、硝酸、硫酸或混合酸等无机酸加以溶解。大多数有机化合物需要选择极性相近的有机溶剂进行溶解。

（2）研磨固体。块状或颗粒较大的固体，需要在研钵中研细成粉末状，以便使其迅速、完全溶解。

（3）溶解固体。先将固体粉末放入烧杯中，再借助玻璃棒加入溶剂（溶剂的用量可根据固体在该溶剂中的溶解度或实验的具体需要来决定），然后轻轻搅拌，直到固体全部溶解并成为均相溶液为止。通常情况下，大多数固体物质的溶解度随温度的升高而增大，即加热能使固体的溶解速度加快。必要时可根据物质的热稳定性，选择适当方法进行加热，促其溶解。

3.2.2 搅拌器的种类及使用

搅拌可以加快溶解速度，也可以使加热、冷却或化学反应体系中溶液的温度均匀。实验室中常用的搅拌器有磁力搅拌器、玻璃棒和电动搅拌器等。

3.2.2.1 磁力搅拌器

磁力搅拌器又叫电磁搅拌器，使用时，在盛有溶液的容器中放入转子（密封在玻璃或合成树脂内的强磁性铁条），将容器放在磁力搅拌器上。通电后，底座中的电动机使磁铁转动，所形成的磁场使置于容器中的转子跟着转动，转子又带动了溶液的转动，从而起到搅拌作用。带有加热装置的磁力搅拌器，可在搅拌的同时进行加热，使用十分方便。

使用磁力搅拌器时应注意以下几点：

① 转子要沿器壁缓慢放入容器中。

② 搅拌时应逐渐调节调速旋钮，速度过快会使转子脱离磁铁的吸引。如出现转子不停跳动的情况时，应迅速将旋钮调到停位，待转子停止跳动后再逐步加大转速。

③ 实验结束后，应及时清洗转子。

磁力搅拌适用于溶液量较小、黏度较低的情况。如果溶液量较大或黏度较高，可采用电动搅拌器进行搅拌。

3.2.2.2 玻璃棒及其使用

玻璃棒是化学实验中最常用的搅拌器具。使用时，手持玻璃棒上部，轻轻转动手腕用微力使其在容器中的液体内均匀搅动。搅拌液体时，应注意不能将玻璃棒沿容器壁滑动，也不能朝不同方向乱搅使液体溅出容器外，更不能用力过猛以致击破容器。

3.2.2.3 电动搅拌器

快速或长时间的搅拌可使用电动搅拌器。其结构如图 3-11 所示。

搅拌器夹头与搅拌叶相连接，所用的搅拌叶由金属或玻璃棒加工而成，搅拌叶有各种形状，可供搅拌不同物质或在不同容器中搅拌时选择使用。不同搅拌叶形状如图 3-12 所示。

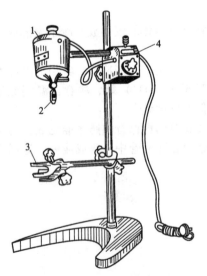

图 3-11 电动搅拌器结构
1—搅拌头；2—搅拌夹头；3—试管夹；4—电机

图 3-12　各种形状的搅拌叶

使用电动搅拌器时应注意：

① 搅拌叶要装正，装牢固，不能与容器壁接触。可在启动前，用手转动搅拌叶，检查是否符合要求。

② 使用时先缓慢启动，再调整到正常转速；停止时也要逐步减速。搅拌速度不要太快，以免液体溅出。

③ 搅拌器长时间使用对电机不利，中间可停一段时间后再用。

3.3　固液分离技术

过滤是在推动力或者其他外力作用下使悬浮液中的液体透过介质，固体颗粒及其他物质被过滤介质截留，从而使固体及其他物质与液体分离的操作。过滤的方法有倾注法、常压过滤法、减压过滤法和离心分离法。

3.3.1　倾注法

当沉淀的密度较大或结晶的颗粒较大，静置后能沉降至容器底部时，可用倾注法进行沉淀的分离和洗涤。

具体作法是把沉淀上部的溶液倾入另一容器内，然后往盛着沉淀的容器内加入少量洗涤液，充分搅拌后，沉降，倾去洗涤液。如此重复操作三遍以上，即可把沉淀洗净，使沉淀与溶液分离。

3.3.2　离心分离法

当被分离的沉淀的量很小时，可把沉淀和溶液放在离心管内，放入电动离心机中进行离心分离。使用离心机时，将盛有沉淀的离心试管放入离心机的试管套内，在与之相对称的另一试管套内也放入盛有相等体积水的试管，然后缓慢起动离心机，逐渐加速。停止离心时，应让离心机自然停止。

3.3.3　常压过滤法

分离溶液与沉淀最常用的操作方法是常压过滤。过滤时沉淀留在过滤器上，溶液通过过滤器进入容器中，所得溶液叫作滤液。常压过滤方法有普通过滤和热过滤。

普通过滤最为简便和常用，使用玻璃漏斗和滤纸进行过滤。按照孔隙的大小，滤纸可分为快速、中速和慢速三种。快速滤纸孔隙最大。所用的滤纸根据实验要求选择，一般固液分离选用定性滤纸，定量分析选用定量滤纸，如果过滤强氧化剂，则应选用玻璃纤维等。过滤时，把圆形滤纸或四方滤纸折叠成四层，滤纸的边缘应略低于漏斗的边缘（图 3-13）。用水润湿滤纸，并使它紧贴在玻璃漏斗的内壁上。这时如果滤纸和漏斗壁之间仍有气泡，应轻压滤纸，把气泡赶掉，然后向漏斗中加蒸馏水至几乎达到滤纸边。这时漏斗颈应全部被水充满，而且当滤纸上的水已全部流尽后，漏斗颈中的水柱仍能保留。如不能形成水柱，可以用手指堵住漏斗下口，稍稍掀起滤纸的一边，向滤纸和漏斗间加水，直到漏斗颈及锥体被水充满，并且颈内气泡完全排出。然后把纸边按紧，再放开下面堵住出口的手指，此时水柱即可形成。在全部过滤过程中，漏斗颈必须一直被液体所充满，这样过滤才能迅速。

图 3-13　滤纸四折法的制作及安放

图 3-14 为滤纸多折法的制作过程。这种滤纸的折叠方式较四折法的过滤速度快。适用于重结晶中除去不溶性杂质而保留滤液的过滤。

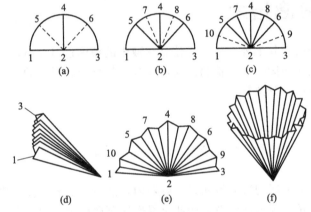

图 3-14　滤纸多折法的制作过程

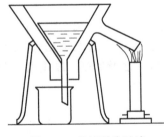

图 3-15　热滤漏斗过滤

过滤时应注意以下几点：调整漏斗架的高度，使漏斗末端紧靠接收器内壁。先倾倒溶液，后转移沉淀，转移时应使用搅拌棒。倾倒溶液时，应使搅棒指向三层滤纸处。漏斗中的液面高度应低于滤纸高度的 2/3。

如果沉淀需要洗涤，应待溶液转移完毕，用少量洗涤剂倒入沉淀，然后用搅拌棒充分搅动，静止放置一段时间，待沉淀下沉后，将上方清液倒入漏斗，如此重复洗涤两三遍，最后把沉淀转移到滤纸上。

某些物质在溶液温度降低时，易成结晶析出，为了滤除这类溶液中所含的其他难溶性杂质，通常使用热滤漏斗进行过滤，防止溶质结晶析出。过滤时，把玻璃漏斗放在铜质的热滤漏斗内，热滤漏斗内装有热水以维持溶液的温度。热滤漏斗过滤如图 3-15 所示。

3.3.4　减压过滤法

减压过滤也称吸滤或抽滤，其装置如图 3-16 所示。水泵带走空气让吸滤瓶中压力低于大气压，使布氏漏斗的液面上与瓶内形成压力差，从而提高过滤速度。在水泵和吸滤瓶之间往往安装安全瓶，以防止因关闭水阀或水流量突然变小时自来水倒吸入吸滤瓶，如果滤液有用，则被污染。

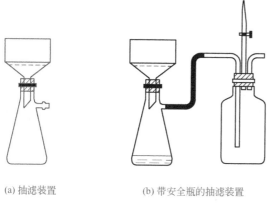

(a) 抽滤装置　　(b) 带安全瓶的抽滤装置　　(c) 真空抽滤机

图 3-16　减压过滤装置

布氏漏斗通过橡皮塞与吸滤瓶相连接，橡皮塞与瓶口间必须紧密不漏气。吸滤瓶的侧管用橡皮管与安全瓶相连，安全瓶与水泵的侧管相连。停止抽滤或需用溶剂洗涤晶体时，先将吸滤瓶侧管上的橡皮管拔开，或将安全瓶的活塞打开与大气相通，再关闭水泵，以免 H_2O 倒流入吸滤瓶内。布氏漏斗的下端斜口应正对吸滤瓶的侧管。滤纸要比布氏漏斗内径略小，但必须全部覆盖漏斗的小孔；滤纸也不能太大，否则边缘会贴到漏斗壁上，使部分溶液不经过过滤，沿壁直接漏入吸滤瓶中。抽滤前用同一溶剂将滤纸润湿后抽滤，使其紧贴于漏斗的底部，然后再向漏斗内转移溶液。

3.4　结晶和重结晶技术

晶体在溶液中形成的过程称为结晶。结晶方法一般有两种：一种是蒸发结晶，另一种是降温结晶。

蒸发溶剂，使溶液由不饱和变为饱和，继续蒸发，过剩的溶质就会呈晶体析出，叫蒸发结晶。例如：当 NaCl 和 KNO_3 的混合物中 NaCl 多而 KNO_3 少时，即可采用此法，先分离出 NaCl，再分离出 KNO_3。

可以观察溶解度曲线，溶解度随温度升高且升高得很明显时，这个溶质叫陡升型，反之叫缓升型。当陡升型溶液中混有缓升型时，若要分离出陡升型，可以用降温结晶的方法分离，若要分离出缓升型的溶质，可以用蒸发结晶的方法，也就是说，蒸发结晶适合溶解度随温度变化不大的物质，如氯化钠。硝酸钾就属于陡升型，氯化钠属于缓升型，所以可以用蒸发结晶分离出氯化钠，也可以用降温结晶分离出硝酸钾。

3.4.1　溶液的蒸发

溶液的蒸发是在液体表面发生的气化现象。通过加热使溶液中一部分溶剂气化，以提高溶液中非挥发性组分的浓度或使其从溶液中析出。蒸发可在常压或减压下进行。

（1）常压蒸发。常压蒸发装置简单，操作容易。一般是将溶液放在蒸发皿中进行，蒸发皿放于铁架台的铁圈上，倒入液体不超过蒸发皿容积的 2/3，蒸发过程中不断用玻璃棒搅拌液体，防止受热不均，液体飞溅。看到有大量固体析出，或者仅余少量液体时，停止加热，利用余热将液体蒸干过滤。

（2）减压蒸发（真空蒸发）。若被浓缩的物质在 100℃ 左右不稳定或被蒸发的溶剂为有机试剂，量大且有毒时，可采用减压蒸馏方式进行浓缩。用水泵或油泵抽出液体表面的蒸汽。也可采用旋转蒸发器进行蒸发浓缩，这种仪器的特点是：蒸发速度快，液体受热均匀。

(3) 热浴的选择

① 在常压蒸发中，当水溶液很稀时，可在泥三角、石棉网上用煤气灯或电炉直接加热，浓缩到一定程度后，改在水浴上加热蒸发。

② 对于遇热易分解的溶质，应采用控温水浴。

③ 有机溶剂属易燃物，不可用明火加热。有机溶剂的蒸发应在通风橱中进行，蒸发器皿应选用锥形瓶，并加入沸石，以免暴沸。

3.4.2 结晶

结晶是指物质从液态（溶液或熔融体）或蒸汽形成晶体的过程。是获得纯净固态物质的重要方法之一。结晶可分为溶液结晶、熔融结晶、升华结晶和沉淀。

3.4.2.1 结晶特点

① 能从杂质含量很高的溶液或多组分熔融状态混合物中获得非常纯净的晶体产品。

② 对于许多其他方法难以分离的混合物系，同分异构体物系和热敏性物系等，结晶分离方法更为有效。

③ 结晶操作能耗低，对设备材质要求不高。

3.4.2.2 结晶影响因素

(1) 过饱和度的影响。过饱和度是结晶过程的推动力，是产生结晶产品的先决条件，也是影响结晶操作的最主要因素。过饱和度增高，一般使结晶生长速率增大，但同时会引起溶液黏度增加，结晶速率受阻。

(2) 冷却（蒸发）速度的影响。实现溶液过饱和的方法一般有三种：冷却、蒸发和化学反应。快速的冷却或蒸发将使溶液很快地达到过饱和状态，甚至直接穿过介稳区，能达到较高的过饱和度而得到大量的细小晶体；反之，缓慢冷却或蒸发，常得到很大的晶体。

(3) 晶种的影响。晶核的形成有两种情况，即初级成核和二次成核。初次成核的速率要比二次成核速率大得多，对过饱和度的变化非常敏感，成核速率很难控制，一般尽量避免发生初级成核。加入晶种，主要是控制晶核的数量以得到粒度大而均匀的结晶产品。注意控制温度，如果溶液温度过高，加入的晶种有可能部分或全部被溶化，而不能起到诱导成核的作用，温度较低，溶液中已自发产生大量细小晶体时，再加入晶种已不能起作用，通常在加入晶种时要轻微地搅动，使其均匀地分布在溶液中，得到高质量的结晶产品。

(4) 杂质的影响。存在某些微量杂质可影响结晶产品的质量。溶液中存在的杂质一般对晶核的形成有控制作用，对晶体的成长速率的影响较为复杂，有的杂质能抑制晶体的成长，有的能促进成长。

(5) 搅拌的影响。大多数结晶设备中配有搅拌装置，搅拌能促进扩散和加速晶体生成，应注意搅拌的形式和搅拌的速度。如转速太快，会导致对晶体的机械破损加剧，影响产品的质量，转速太慢，则可能起不到搅拌的作用。

3.4.3 重结晶

重结晶是将晶体溶于溶剂或熔融以后，又重新从溶液或熔体中结晶的过程。又称再结晶。重结晶可以使不纯净的物质获得纯化，或使混合在一起的盐类彼此分离。重结晶的效果与溶剂选择大有关系，最好选择对主要化合物是可溶性的，对杂质是微溶或不溶的溶剂，滤去杂质后，将溶液浓缩、冷却，即得纯制的物质。

重结晶一般适用于杂质含量小于5%的固体物质的提纯。杂质含量过多，提纯分离比较困难，这时应采用其他方法进行初步提纯，然后进行重结晶。

3.4.3.1 重结晶的一般过程

（1）选择适宜的溶剂。在选择溶剂时应根据"相似相溶"的一般原理。溶质往往溶于结构与其相似的溶剂中。还可查阅有关的文献和手册，了解某化合物在各种溶剂中不同温度的溶解度。也可通过实验来确定化合物的溶解度。即可取少量的重结晶物质在试管中，加入不同种类的溶剂进行预试。

重结晶所用的溶剂必须符合以下条件：
① 与被提纯的物质不发生化学反应；
② 被提纯的物质在溶剂中的溶解度随温度变化较大，即温度高时溶解度较大，在室温或更低温度时溶解度很小。而杂质的溶解度应很小或很大，即杂质不溶于热的溶剂中，或者是杂质在低温时极易溶于溶剂中，不随被提纯的物质析出而保留在母液中；
③ 易挥发，易于和重结晶物质分离；
④ 能析出较好的结晶；
⑤ 无毒或毒性小。

（2）用已选好的溶剂中所提纯的固体物质在溶剂沸点或接近沸点的温度下制成接近饱和的溶液。

（3）如果溶液中存在有色杂质，则加入适量活性炭。

（4）热过滤以除去活性炭或不溶性杂质。

（5）冷却，析出结晶。

（6）抽滤，使结晶和母液分离，洗涤结晶表面所吸附的母液。

（7）取出晶体，进行干燥，以除去挥发性溶剂。

3.4.3.2 重结晶操作的方法

（1）将待重结晶物质制成热的饱和溶液。制饱和溶液时，溶剂可分批加入，边加热边搅拌，至固体完全溶解后，再多加20%左右（这样可避免热过滤时，晶体在漏斗上或漏斗颈中析出造成损失）。切不可再多加溶剂，否则冷后析不出晶体。

如需脱色，待溶液稍冷后，加入活性炭，用量为固体的1%~5%，煮沸5~10min，不可在沸腾的溶液中加入活性炭，那样会有暴沸的危险。

（2）趁热过滤除去不溶性杂质。趁热过滤时，先熟悉热水漏斗的构造，放入菊花滤纸，要使菊花滤纸向外突出的棱角，紧贴于漏斗壁上。为了避免干滤纸吸收溶液中的溶剂，使结晶析出而堵塞滤纸孔，先用少量热的溶剂润湿滤纸，将溶液沿玻璃棒倒入，过滤时，漏斗上可盖上表面皿（凹面向下）减少溶剂的挥发，盛溶液的器皿一般用锥形瓶。

（3）抽滤。抽滤前先熟悉布氏漏斗的构造及连接方式，将剪好的滤纸放入，滤纸的直径切不可大于漏斗底边缘，否则滤纸会折过，滤液会从折边处流过造成损失。将滤纸润湿后，可先倒入部分滤液（不要将溶液一次倒入）启动水循环泵，通过安全瓶上二通活塞调节真空度，开始真空度可低些，这样不致将滤纸抽破，待滤饼已结一层后，再将余下溶液倒入，此时真空度可逐渐升高些，直至抽"干"为止。停泵时，要先打开放空阀，再停泵，可避免倒吸。

（4）结晶的洗涤和干燥。用溶剂冲洗结晶再抽滤，除去附着的母液。抽滤和洗涤后的结晶，表面上吸附有少量溶剂，因此尚需用适当的方法进行干燥。固体的干燥方法很多，可根据重结晶所用的溶剂及结晶的性质来选择，常用的方法有以下几种：空气晾干、烘干、用滤纸吸干、置于干燥器中干燥。

3.4.4 升华

3.4.4.1 升华原理

应用物质升华再结晶的原理可制备单晶。物质通过热的作用，在熔点以下由固态不经过液态直接转变为气态，而后在一定温度条件下重新再结晶，称升华再结晶。

物质在升华过程中，外界要对固态物质作功，使其内能增加，温度升高。为使物质的分子气化，单位物质所吸收的热量必须大于升华热，以克服固态物质的分子与周围分子的亲和力和环境的压强等作用。获得足够能量的分子，其热力学自由能大大增加。当密闭容器的热环境在升华温度以上时，该分子将在容器的自由空间内按布朗运动规律扩散。如果在该容器的另一端创造一个可以释放相变潜热的环境，则将发生凝华作用而生成凝华核即晶核。在生长单晶的情况下，释放相变潜热，一般采用使带冷指的锥形体或带冷指的平面处于一定的温度梯度内，并使尖端或平面的一点温度最低，此处形成晶核的概率最大。

升华再结晶法可用于熔点下分解压力大的材料，如制备 CdS、ZnS、CdSe 等单晶。其缺点是生成速率慢，生长条件难以控制。

综上可知，能用升华的方法提纯固体，必须具备以下条件：
① 固体应具有相当高的蒸气压；
② 杂质的蒸气压与被提纯物的蒸气压有显著的差别。

3.4.4.2 升华操作方法

升华操作分为常压升华和减压升华。由于升华发生在物质的表面，所以待升华物质应预先粉碎。最简单的常压升华装置如图 3-17(a) 所示。

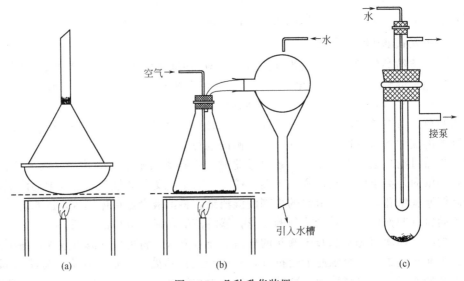

图 3-17 几种升华装置

蒸发皿中放入待升华的物质，上面覆盖一张穿有许多小孔的滤纸，滤纸上倒扣一口径比蒸发皿略小的玻璃漏斗，漏斗颈部塞一些疏松的脱脂棉或玻璃毛以防蒸气逸出，在热浴上缓慢加热蒸发皿，使温度控制在被提纯物的熔点以下，使其慢慢升华。蒸气通过滤纸孔上升，冷却后凝结在滤纸及漏斗壁上。必要时漏斗外壁可用湿布冷却。升华完毕，用刮刀将产品从滤纸及漏斗上轻轻刮下，放在干净的表面皿中即得纯净产品。

在常压下除上述装置外，还可以使用图 3-17(b) 所示的装置。

常用的减压升华装置如图 3-17(c) 所示。

在吸滤管中放入待升华物质,用装有"冷凝指"的橡皮塞严密地塞住管口,接通冷凝水,把吸滤管放入油浴或水浴中加热,利用水泵或油泵抽气减压,使其升华。升华物质被冷凝水冷却而凝结在"冷凝指"的底部。

技能训练 3-1　粗食盐的提纯

训练目标

1. 掌握氯化钠的提纯方法和基本原理。
2. 练习溶解、过滤、蒸发、结晶等基本操作。
3. 了解 Ca^{2+}、Mg^{2+}、SO_4^{2-} 的定性检验方法。

实验原理

粗食盐中含有不溶性杂质,如泥沙等和可溶性杂质主要是 Ca^{2+}、Mg^{2+}、Ba^{2+}、SO_4^{2-} 等,不溶性杂质粗食盐溶解后可过滤除去,可溶性杂质则要用化学沉淀方法除去。处理的方法是在粗食盐溶液中加入稍过量的 $BaCl_2$ 溶液,溶液中的 SO_4^{2-} 便转化为难溶解的 $BaSO_4$ 沉淀而除去。

$$Ba^{2+} + SO_4^{2-} =\!\!=\!\!= BaSO_4 \downarrow$$

将溶液过滤,除去 $BaSO_4$ 沉淀。再在溶液中加入 NaOH 和 Na_2CO_3 的混合溶液,Ca^{2+}、Mg^{2+} 及过量的 Ba^{2+} 便生成沉淀。

$$Ca^{2+} + CO_3^{2-} =\!\!=\!\!= CaCO_3 \downarrow$$
$$Ba^{2+} + CO_3^{2-} =\!\!=\!\!= BaCO_3 \downarrow$$
$$2Mg^{2+} + 2OH^- + CO_3^{2-} =\!\!=\!\!= Mg_2(OH)_2CO_3 \downarrow$$

过滤后 Ba^{2+} 和 Ca^{2+}、Mg^{2+} 都已除去,然后用 HCl 将溶液调至微酸性以中和 OH^- 和除去 CO_3^{2-}。

$$OH^- + H^+ =\!\!=\!\!= H_2O$$
$$CO_3^{2-} + 2H^+ =\!\!=\!\!= CO_2 \uparrow + H_2O$$

少量的可溶性杂质如 KCl,由于含量少,溶解度又很大,在最后的浓缩结晶过程中,绝大部分仍留在母液中而与氯化钠分离。

仪器及试剂

仪器:烧杯(100mL)、量筒(100mL)、吸滤瓶、布氏漏斗、三脚架、石棉网、台秤、表面皿、蒸发皿、普通漏斗。

试剂:HCl(3mol/L)、$BaCl_2$(1mol/L)、NaOH(2mol/L)、Na_2CO_3(1mol/L)、$(NH_4)_2C_2O_4$(饱和溶液)、镁试剂、粗食盐。

训练操作

1. 除去泥沙及 SO_4^{2-}

称取 7.5g 粗食盐放入 100mL 的烧杯中,加入 30mL 水,加热、搅拌使其溶解,继续加热近沸腾,一边搅拌一边滴加 1.5~2mL 1mol/L 的 $BaCl_2$ 溶液,直至 SO_4^{2-} 沉淀完全为止。

为了检验沉淀是否完全,可将酒精灯移去,停止搅拌,待沉淀沉降后,沿烧杯壁滴加 1 或 2 滴 $BaCl_2$ 溶液,观察是否有沉淀生成。如无浑浊,说明 SO_4^{2-} 已沉淀完全;如有浑浊,则继续滴 1mol/L 的 $BaCl_2$ 溶液,直到沉淀完全为止。沉淀完全后再继续加热几分钟,过滤,保留溶液,弃去 $BaSO_4$ 及原来的不溶性杂质。

2. 除去 Ca^{2+}、Mg^{2+} 和过量的 Ba^{2+}

将滤液转移至另一干净的烧杯中,在加热至接近沸腾的情况下,边搅拌边滴加 1mL 2mol/L NaOH 溶液,并滴加 4~5mL 1mol/L Na_2CO_3 溶液至沉淀完全为止,过滤,弃去沉淀。

3. 除去剩余的 CO_3^{2-} 和 K^+

将滤液转移至蒸发皿中,用 3mol/L 的 HCl 将溶液 pH 值调至 4~5,用小火加热浓缩蒸发,同时不断搅拌,直至溶液呈稠粥状,减压过滤,将晶体尽量抽干。将晶体转移至蒸发皿中,在石棉网上用小火烘炒,用玻璃棒不断翻动,防止结块。在无水蒸气逸出后,改用大火烘炒几分钟,即得到洁白而松散的 NaCl 晶体。冷却,称重,计算产率。

操作思考

1. 沉淀完全后,为什么要继续加热?
2. 最后为什么要采用减压过滤?
3. 提纯食盐时,为什么不制成饱和溶液?

技能训练 3-2　柠檬酸的提纯

训练目标

1. 了解柠檬酸的提纯方法。
2. 巩固沉淀、过滤、蒸发、结晶等操作方法。
3. 了解活性炭、沸石的用途。

仪器及试剂

仪器:托盘天平、烧杯、漏斗、漏斗架、布氏漏斗、磁力搅拌器、滤纸、玻璃漏斗、蒸发皿、石棉网、玻璃棒、量筒(杯)、酒精灯(或电炉)。

试剂:粗柠檬酸、活性炭、沸石。

训练操作

1. 称取 25.0g 粗柠檬酸于 100mL 烧杯中,加入 30mL 去离子水。
2. 将烧杯放在磁力搅拌器的磁盘上,放入搅拌磁子,开启磁力搅拌器电源,将磁力搅拌器调至适当转速,搅拌至柠檬酸全部溶解。
3. 取出搅拌磁子,称取约 1.5g 活性炭,放入烧杯中,加热微沸 5min,冷却后用玻璃漏斗、滤纸、漏斗架组成的常压过滤装置用倾注法进行过滤(活性炭不可在溶液沸腾时加入,这样会引起暴沸)。
4. 将滤液转入蒸发皿中,加几粒沸石(防止溶液喷溅),将蒸发皿放在石棉网上用小火进行蒸发浓缩,待浓缩至 10mL 左右时,停止加热,让其自然冷却结晶。
5. 待结晶完全析出后,可将晶体转入准备好的布氏漏斗中进行抽滤,抽滤后结晶转入已知质量的表面皿上。
6. 将装有柠檬酸的表面皿放入真空干燥箱于 40℃ 以下干燥 20min。解除真空,取出放入干燥器中冷却至室温，然后称重并计算产率。

操作思考

活性炭应在何时加入？

技能训练 3-3 苯甲酸的重结晶

训练目标

1. 了解重结晶原理，初步学会用重结晶方法提纯固体有机化合物。
2. 掌握热过滤和抽滤操作。

实验原理

重结晶的原理是利用固体混合物中各组分在某种溶剂中的溶解度不同，使它们相互分离，达到提纯精制的目的。把固体有机物溶解在热的溶剂中使之饱和，冷却时由于溶解度降低，有机物又重新析出晶体。利用溶剂对被提纯物质及杂质的溶解度不同，使被提纯物质从过饱和溶液中析出。让杂质全部或大部分留在溶液中，从而达到提纯的目的。

仪器及试剂

仪器：烧杯、玻璃棒、吸滤瓶、布氏漏斗、滤纸、加热器。
试剂：苯甲酸、活性炭。

训练操作

1. 热溶解
① 取约 2g 粗苯甲酸晶体置于烧杯中，加入在微沸状态下刚好溶解剂量的蒸馏水。
② 在三脚架上垫一石棉网，将烧杯放在石棉网上，点燃酒精灯加热，不时用玻璃棒搅拌。
③ 待粗苯甲酸全部溶解，停止加热。
④ 冷却两分钟后，加入质量为粗苯甲酸 2%～5% 的活性炭，再加热沸腾 5min。
2. 热过滤
① 将准备好的过滤器放在铁架台的铁圈上，过滤器下放一小烧杯。
② 将烧杯中的混合液在保温漏斗里趁热过滤。过滤时可用坩埚钳夹住烧杯，避免烫手，使滤液沿玻璃棒缓缓注入过滤器中。
3. 冷却结晶
将滤液静置室温冷却，观察烧杯中晶体的析出。
4. 抽滤洗涤
① 将析出苯甲酸晶体置于安装好的布氏漏斗进行减压过滤。
② 冷水洗涤 2～3 次，少量多次，最终形成滤饼。
5. 室温干燥

注意事项

1. 加热后的烧杯不要直接放在实验台上，以免损坏实验台。
2. 进行趁热过滤时，注意使烧杯保持适当的倾斜角度，同时注意安全，防止烫伤。

3. 不要用手直接接触刚加热过的烧杯、铁架台。
4. 注意活性炭的加入时间和热过滤时的速度。
5. 抽滤时注意先接橡皮管，抽滤后先拔橡皮管。

操作思考

1. 固体未完全溶解时加入活性炭，会有什么影响？
2. 沸石的作用是什么？

技能训练 3-4　硫酸铜的提纯

训练目标

1. 了解用重结晶法提纯物质的基本原理。
2. 练习托盘天平的使用。
3. 掌握加热、溶解、蒸发浓缩、结晶、常压过滤、减压过滤等基本操作技术。

实验原理

硫酸铜为可溶性晶体物质。根据物质的溶解度的不同，可溶性晶体物质中的杂质包括难溶于水的杂质和易溶于水的杂质。一般可先用溶解、过滤的方法，除去可溶性晶体物质中所含的难溶于水的杂质；然后再用重结晶法使可溶性晶体物质中的易溶于水的杂质分离。

重结晶的原理是由于晶体物质的溶解度一般随温度的降低而减小，当热的饱和溶液冷却时，待提纯的物质首先结晶析出而少量杂质由于尚未达到饱和，仍留在母液中。

粗硫酸铜晶体中的杂质通常以硫酸亚铁（$FeSO_4$）、硫酸铁［$Fe_2(SO_4)_3$］为最多。当蒸发浓缩硫酸铜溶液时，亚铁盐易氧化为铁盐，而铁盐易水解，有可能生成$Fe(OH)_3$沉淀，混杂于析出的硫酸铜晶体中，所以在蒸发浓缩的过程中，溶液应保持酸性。

若亚铁盐或铁盐含量较多，可先用过氧化氢（H_2O_2）将Fe^{2+}氧化为Fe^{3+}，再调节溶液的pH值约至4，使Fe^{3+}水解为$Fe(OH)_3$沉淀过滤而除去。

$$2Fe^{2+} + H_2O_2 + 2H^+ =\!=\!= 2Fe^{3+} + 2H_2O$$

$$Fe^{3+} + 3H_2O =\!=\!= Fe(OH)_3 + 3H^+$$

仪器及试剂

仪器：台秤、烧杯（100mL）、量筒、石棉网、玻璃棒、酒精灯、漏斗、滤纸、漏斗架、表面皿、蒸发皿、三脚架、洗瓶、布氏漏斗、油滤装置、硫酸铜回收瓶。

试剂：$CuSO_4 \cdot 5H_2O$（粗）、H_2SO_4（1mol/L）、H_2O_2（3%）、pH试纸、NaOH（0.5mol/L）。

训练操作

1. 称量和溶解

用台秤称取粗硫酸铜4g，放入洁净的100mL烧杯中，加入纯水20mL。然后将烧杯置于石棉网上加热，并用玻璃棒搅拌。当硫酸铜完全溶解时，立即停止加热。大块的硫酸铜晶体应先在研钵中研细。每次研磨的量不宜过多。研磨时，不得用研棒敲击，应慢慢转动研棒，轻压晶体成细粉末。

2. 沉淀

往溶液中加入 3% H_2O_2 溶液 10 滴，加热，逐滴加入 0.5mol/L NaOH 溶液直到 pH＝4（用 pH 试纸检验），再加热片刻，放置，使红棕色 $Fe(OH)_3$ 沉降。用 pH 试纸（或石蕊试纸）检验溶液的酸碱性时，应将小块试纸放入干燥清洁的表面皿上，然后用玻璃棒蘸取待检验溶液点在试纸上，切忌将试纸投入溶液中检验。

3. 过滤

将折好的滤纸放入漏斗中，用洗瓶挤出少量水润湿滤纸，使之紧贴在漏斗壁上。将漏斗放在漏斗架上，趁热过滤硫酸铜溶液，滤液盛放在清洁的蒸发皿中。从洗瓶中挤出少量水洗涤烧杯及玻璃棒，洗涤水也应全部滤入蒸发皿中。过滤后的滤纸及残渣投入废液缸中。

4. 蒸发和结晶

在滤液中滴入 2 滴 1mol/L H_2SO_4 溶液，使溶液酸化，然后放在石棉网上加热，蒸发浓缩（切勿加热过猛以免液体溅失）。当溶液表面刚出现一层极薄的晶膜时，停止加热。静置冷却至室温，使 $CuSO_4 \cdot 5H_2O$ 充分结晶析出。

5. 减压过滤

将蒸发皿中 $CuSO_4 \cdot 5H_2O$ 晶体用玻璃棒全部转移到布氏漏斗中，抽气减压过滤，尽量抽干，并用干净的玻璃棒轻轻挤压布氏漏斗上的晶体，尽可能除去晶体间夹的母液。停止抽气过滤，将晶体转到已备好的干净滤纸上，再用滤纸尽量吸干母液，然后将晶体用台秤称量，计算产率。晶体倒入硫酸铜回收瓶中。

数据记录

粗硫酸铜的质量 W_1＝＿＿＿＿g　　　　精制硫酸铜的质量 W_2＝＿＿＿＿g。

操作思考

重结晶提纯产品过程中，要注意哪些问题？

3.5 无机物质的制备

在目前已知的 700 万种以上无机物质中，绝大多数是通过人工方法合成的，无机物的合成不仅能制造许多一般化学物质，而且能为新技术和高科技合成种种新材料，如新的配合物、金属有机化合物和原子簇化合物等，并渗透到国民经济、国防建设、资源开发、新技术发展以及人们衣食住行的各个领域。

无机合成或称为无机物制备，是利用化学反应通过某些实验方法，从一种或几种物质得到一种或几种无机化合物的过程。

种类繁多的无机化合物造成了各类化合物制备方法的差别也很大，即使是同一种化合物，往往还有多种制备方法，因此，全面的介绍各类无机物质的制备内容是困难的。这里仅介绍常见的无机化合物的制备原理和方法。

3.5.1 离子反应制备无机化合物

这类制备方法是利用两种不同化合物在水溶液中正、负离子发生互换反应，若生成物是气体或沉淀，则通过收集气体或分离沉淀，即获得产品；如果生成物也可溶于水，就用结晶法获得产品，并通过重结晶来提纯产品。这种制备方法的主要操作包括溶液的蒸发浓缩、结晶、重结晶、过滤和沉淀洗涤等。下面以葡萄糖酸锌和硝酸钾的制备为例介绍如何运用这类方法进行制备的原理，由此触类旁通。

3.5.1.1 葡萄糖酸锌的制备

锌是人体内必需的微量元素之一，人体中有 6 种酶含有锌元素。人体缺少锌会出现厌食、反应迟钝、智力低下等症状，尤其是儿童最为突出。若发现缺锌，必须给予补充。过去用的 $ZnSO_4$ 对肠胃有刺激作用，而葡萄糖酸锌副作用小，易于吸收。

葡萄糖酸锌就是利用葡萄糖酸钙和硫酸锌在水溶液中反应，由于生成硫酸钙沉淀，在 40℃时趁热滤去 $CaSO_4$ 沉淀，再将滤液浓缩至原来体积的 1/4，冷却后即得葡萄糖酸锌的白色晶体，反应方程式如下：

$$Ca(C_6H_{11}O_7)_2 + ZnSO_4 \Longrightarrow Zn(C_6H_{11}O_7)_2 + CaSO_4$$

3.5.1.2 硝酸钾的制备

制备硝酸钾的原料是 KCl 和 $NaNO_3$，其反应为：

$$NaNO_3 + KCl \Longrightarrow KNO_3 + NaCl$$

由于生成的产物均是可溶性盐，则需要根据温度对反应中几种盐类溶解度的不同影响来处理。

当两种溶液混合后，在混合液中同时存在 Na^+、K^+、Cl^- 和 NO_3^- 四种离子，由这四种离子组成的四种盐在不同的温度时的溶解度有所不同，由表 3-2 中数据可看出，氯化钠的溶解度随温度变化极小，KCl 和 $NaNO_3$ 的溶解度也改变不大，只有 KNO_3 的溶解度却随着温度的升高而加快。

表 3-2　四种盐在水中的溶解度　　　　　　单位：g/100g H_2O

温度/℃	0	10	20	30	40	50	60	70	80	90	100
KNO_3	13.3	20.9	31.6	45.8	63.9	85.5	110.0	138.0	169.0	202.0	246.0
KCl	27.6	31.0	34.0	37.0	40.0	42.6	45.5	48.3	51.1	54.0	56.7
$NaNO_3$	73.0	80.0	88.0	96.0	104.0	114.0	124.0	136.0	148.0	—	180.0
NaCl	35.7	35.8	36.0	36.3	36.6	37.0	37.3	37.8	38.4	39.0	39.8

由于四种盐的溶解度随温度升高的变化规律不同，因此，只要把一定量的 $NaNO_3$ 和 KCl 混合溶液加热浓缩，当浓缩到 NaCl 过饱和时，溶液中就有 NaCl 析出。随着溶液的继续蒸发浓缩，析出 NaCl 量也越来越多，上述反应也就不断朝右方进行，溶液中 KNO_3 与 NaCl 含量的比值不断增大。当溶液浓缩到一定程度后，停止浓缩，将溶液趁热过滤，分离去除所析出的 NaCl 晶体，滤液冷却至室温，溶液中便有大量 KNO_3 晶体析出。其中共析出的少量 NaCl 等杂质可在重结晶中与 KNO_3 晶体分离除去。

产物 KNO_3 中杂质 NaCl 的含量可利用 $AgNO_3$ 溶液与氯化物生成 AgCl 白色沉淀的反应来检验。

3.5.2　分子间化合物的制备

分子间化合物范围十分广泛，有水合物，如胆矾 $CuSO_4 \cdot 5H_2O$；氨合物，如 $CaCl_2 \cdot 8NH_3$；复盐，如光卤石 $KCl \cdot MgCl_2 \cdot 6H_2O$ 和明矾 $K_2SO_4 \cdot Al_2(SO_4)_3 \cdot 24H_2O$；配位化合物，如 $K_4[Fe(CN)_6]$；有机分子加合物，如 $CaCl_2 \cdot 4C_2H_5OH$，等等，它们是简单化合物按一定化学计量比结合而成的。

制备分子间化合物操作比较简单。先是由简单化合物在水溶液中相互作用，经过蒸发浓缩溶液，冷却，结晶，最后过滤、洗涤、烘干结晶便得到产品，但为了得到合格的产品还要注意以下几点。

3.5.2.1 原料的纯度

用于合成分子间化合物的各原料必须经过提纯,因为一旦分子间化合物形成后,杂质离子就不易除去。如明矾 $K_2SO_4 \cdot Al_2(SO_4)_3 \cdot 24H_2O$,一般由 K_2SO_4 与 $Al_2(SO_4)_3$ 溶液相互混合而制得,如果原料中有杂质 NH_4^+,就可能形成与 $K_2SO_4 \cdot Al_2(SO_4)_3 \cdot 24H_2O$ 同晶的 $(NH_4)_2SO_4 \cdot Al_2(SO_4)_3 \cdot 24H_2O$,后者将很难除去。

3.5.2.2 投料量

一般都是按进行反应的理论量配料,但在实际操作中,往往有意让某一种组分过量。如合成 $[Cu(NH_3)_4]SO_4$,为了保持其在溶液中的稳定性,配位剂 $NH_3 \cdot H_2O$ 必须过量;又如合成 $(NH_4)_2SO_4 \cdot Al_2(SO_4)_3 \cdot 24H_2O$ 时,为防止组分 $Al_2(SO_4)_3$ 水解,合成反应需在酸性介质中进行。为此,应加过量 $(NH_4)_2SO_4$,这样也有利于充分利用价格较高的 $Al_2(SO_4)_3$,以降低成本。

3.5.2.3 溶液的浓度

在合成分子间化合物时,还必须考虑各物料的投料浓度。如在 $(NH_4)_2SO_4 \cdot Al_2(SO_4)_3 \cdot 24H_2O$ 的合成中,由于 $(NH_4)_2SO_4$ 为过量,可按其溶解度配制成饱和溶液,而 $Al_2(SO_4)_3$ 则应稍稀些为宜。如果两者的浓度都很高,容易形成过饱和,不易析出结晶。即使析出,颗粒也较小。大量的小晶体,由于表面积比较大而吸附杂质较多,影响产品纯度;如果两者浓度都很小,这样不仅蒸发浓缩耗能多,时间较长,而且也影响产率。

3.5.2.4 严格控制结晶操作

由简单化合物相互作用合成分子间化合物后,一般要经过蒸发、浓缩、冷却、过滤、洗涤、干燥等工序后,才能得到产品。但由于分子间化合物的范围十分广泛,性质各异,所以在合成时还应考虑它们在水中以及对热的稳定性大小。对一些稳定的复盐,如 $K_2SO_4 \cdot Al_2(SO_4)_3 \cdot 24H_2O$、$(NH_4)_2SO_4 \cdot Al_2(SO_4)_3 \cdot 24H_2O$ 等可按上述操作进行。如 $[Cu(NH_3)_4]SO_4 \cdot H_2O$、$Na_3[Co(NO_2)_6]$ 等配合物,热稳定性较差,欲使其从溶液中析出晶体,必须更换溶剂,一般是在水溶液中加入乙醇,以降低溶解度,使结晶析出。对某些能形成不止一种水合晶体的水合物,如 $NiSO_4$,在水溶液中结晶时,温度低于 31.5℃ 析出结晶为 $NiSO_4 \cdot 7H_2O$;31.5~53.3℃ 时为 $NiSO_4 \cdot 6H_2O$;103.3℃ 时为 $NiSO_4$。为此,在蒸发过程中不仅要严格控制浓缩程度,而且还要严格控制结晶温度,不然就得不到合乎要求的产品。

3.5.3 非水溶剂制备化合物

以上讨论的两类化合物都是在水溶液中制备的,对大多数化合物而言,水是最好的溶剂,因为它价廉易得并易纯化,无毒且易操作。但有些化合物具有强烈的吸水性,如 PCl_3、$SiCl_4$、$SnCl_4$、$FeCl_3$ 等,它们一遇到水或潮湿空气就迅速反应而生成水合物,所以不能从水溶液中制得;还有强还原剂参与的反应(水要被还原),高温(>100℃)和低温下进行的反应都不能使用水作溶剂,因此需要在非水溶剂中制备。

常用的无机非水溶剂有氨、硫酸、氟化氢、某些液体氧化物如液态 N_2O_4、冰醋酸等。有机非水溶剂有四氯化碳、乙醚、丙酮、汽油、石油醚等。

使用非水溶剂制备化合物时需要特殊的条件,即从反应物到生成物都不能与水或水汽接触,整个装置必须密封,而且对物料和整个制备装置要进行彻底的除水处理。

例如 SnI_4 遇水即水解,在空气中也会缓慢水解,所以不能在水溶液中制备。将一定量的锡和碘,用冰醋酸和醋酸酐作溶剂,加热使之反应,而后冷却就可得到橙红色的 SnI_4 晶体。反应方程式为：

$$Sn + 2I_2 \xrightarrow[\text{加热}]{\text{冰醋酸}+\text{醋酸酐}} SnI_4$$
$$\text{（橙红色）}$$

3.5.4 由矿石制备无机化合物

矿石是指在现代技术条件下，具有开采价值的矿物。根据金属的存在状态及与金属结合的非金属元素或酸根，金属矿物主要有以下几类。

（1）天然金属矿。如铜矿、金矿和银矿等。

（2）氧化物矿。如赤铜矿 Cu_2O、矾土矿 $Al_2O_3 \cdot xH_2O$、锡石 SnO_2、金红石 TiO_2、赤铁矿 Fe_2O_3、磁铁矿 Fe_3O_4、软锰矿 MnO_2 和铬铁矿 $FeO \cdot Cr_2O_3$ 等。

（3）硫化物矿。如辉铜矿 Cu_2S、辉银矿 Ag_2S、闪锌矿 ZnS、辰砂矿 HgS、方铅矿 PbS、辉锑矿 Sb_2S_3 和辉钼矿 MoS_2 等。

（4）卤化物矿。如萤石（CaF_2）、光卤石（$KCl \cdot MgCl_2 \cdot 6H_2O$）和冰晶石（$Na_3AlF_6$）等。

（5）含氧酸盐矿。如方解石（$CaCO_3$）、菱镁矿（$MgCO_3$）、重晶石（$BaSO_4$）、绿柱石（$3BeO \cdot Al_2O_3 \cdot 6SiO_2$）、钨锰铁矿[$(MnFe)WO_4$]等。

由矿石制备无机化合物时，首先必须精选矿石，即把矿石的有用部分与废矿渣分开。精选是利用矿石中各组分之间物理及化学性质上的差别使有用成分富集，其方法可根据矿石的物理性质如颜色、光泽和形状等进行简单的手选；也可根据矿石与矿渣的比重不同，用水流洗去矿渣，或用电磁法将磁性铁矿与无磁性的矿渣分开。无机盐工业中用得最多的是手选。精选后的矿石通过酸（碱）溶、浸取、氧化或还原、灼烧等处理，就可制得所需的化合物。

3.5.5 无机物制备的其他方法

3.5.5.1 高温合成

用于高温反应的电炉主要有三种：马弗炉、坩埚炉和管式炉。马弗炉用于不需控制气氛，只需加热坩埚里的物料的情况。坩埚炉和管式炉通常用在控制气氛下（如在氢气流或氮气流中）加热物质。

3.5.5.2 电解合成

利用通电发生氧化还原反应进行制备的方法。用于制备氧化性或还原性较强的物质。如 Na 和 K 等活泼金属、过硫酸盐、高锰酸盐、氟、钛和钒的低价化合物等。

由 K_2MnO_4 制备 $KMnO_4$ 可用电解法完成。阳极为镍片，阴极为铁丝，其总面积约为阳极的 1/25。在 60℃时电解 K_2MnO_4 溶液，控制阳极电流密度为 $10mA/cm^2$，阴极电流密度为 $250mA/cm^2$，槽电压为 2.5～3.0V。阴极有气体放出，$KMnO_4$ 在阳极逐渐析出沉于槽底。两极反应：

阳极：$MnO_4^{2-} - e^- \longrightarrow MnO_4^-$

阴极：$2H_2O + 2e^- \longrightarrow 2OH^- + H_2 \uparrow$

3.5.5.3 静电放电合成

利用气体在外界强电场影响下产生等离子体的方法制备热力学上不稳定的物质，放电合成可在放电管中进行。臭氧发生器便是一种放电管，主要用处是用氧制备臭氧。

3.5.5.4 光化学合成

有时化学反应只有在反应物受到光照射时才能进行。光子使反应物活化，反应物吸收光子后，成键或非键轨道上的电子被激发到反键轨道上，导致键的削弱甚至断裂，使反应活化。本法用于合成羰基化合物、硼化物等。如将五羰基铁的冰醋酸溶液暴露在日光或紫外灯下，发生下面的反应：

$$2Fe(CO)_5 \Longrightarrow Fe_2(CO)_9 + CO$$

3.5.5.5 化学传输合成

此方法是利用化学反应将难挥发物质从某一个温度区域传输到另一个温度区域的方法。常用的传输剂有氢、氧、氯、碘、一氧化碳、氯化氢等。化学传输反应在反应炉中两个不同的温区进行，先将所需要的物质（固体）与适当的气体介质在源区温度（T_2）反应，形成一种气态化合物，然后借助载气把这种气态化合物传输到不同温度（T_1）的沉积区发生逆向反应，使得所需物质重新沉积出来，如：

$$ZnS(s) + I_2(g) \underset{T_1}{\overset{T_2}{\rightleftharpoons}} ZnI_2(g) + \frac{1}{2}S_2(g)$$

技能训练 3-5　硝酸钾的制备和提纯

训练目标

1. 掌握无机制备中常用的过滤法，着重介绍减压过滤和热过滤。
2. 练习加热溶解、蒸发浓缩、结晶等基本操作。

实验原理

$$KCl + NaNO_3 \Longrightarrow KNO_3 + NaCl$$

当 KCl 和 $NaNO_3$ 溶液混合时，混合液中同时存在由这四种离子两两组合的四种盐，在不同的温度下有不同的溶解度（表 3-2），利用 NaCl、KNO_3 的溶解度随温度变化而变化的差别，高温除去 NaCl，滤液冷却得到 KNO_3。

仪器及试剂

仪器：烧杯、量筒、热过滤漏斗、减压过滤装置、电子天平。
试剂：$NaNO_3$（固）、KCl（固）。

训练操作

1. KNO_3 的制备

① 称取 10.0g 硝酸钠和 8.0g 氯化钾固体，倒入 50mL 烧杯中，加入 20.0mL 蒸馏水。
② 将盛有原料的烧杯放在石棉网上用酒精灯加热，并不断搅拌，至杯内固体全溶，记下烧杯中液面的位置。
③ 继续加热并不断搅拌溶液，当加热至杯内溶液剩下原有体积 2/3 时，已有氯化钠析出，趁热快速减压抽滤（布氏漏斗在沸水中或烘箱中预热）。
④ 将滤液转移至烧杯中，并用 5mL 热的蒸馏水分数次洗涤吸滤瓶，洗涤液转入盛滤液的烧杯中，记下此时烧杯中液面的位置。加热至滤液体积只剩原有体积的 3/4 时，冷却至室温，观察晶体状态。抽干，得到粗产品，称量。

2. 粗产品的重结晶

① 除留下绿豆粒（0.1g）大小的 KNO_3 晶体供纯度检验外，按粗产品：水＝2∶1（质量比）将粗产品溶于蒸馏水中。

② 加热，搅拌，待晶体全部溶解后停止加热，若溶液沸腾时，晶体还未全部溶解，可再加极少量蒸馏水使其溶解。

③ 待溶液冷却至室温后抽滤，水浴烘干。得到纯度较高的硝酸钾晶体，称量，计算理论产量和产率。

操作思考

1. 实验中为何要趁热过滤出去氯化钠晶体？为何要小火加热？
2. 应如何提高硝酸钾的产率？
3. 用氯离子能否被检测出来作为衡量产品纯度的依据是什么？

技能训练 3-6　硫酸铝钾的制备

训练目标

1. 了解从铝制备硫酸铝钾的原理及过程。
2. 了解从水溶液中培养大晶体的方法，制备硫酸铝钾大晶体。
3. 熟练掌握溶解、结晶、抽滤等基本操作。

实验原理

$$2Al + 2NaOH + 6H_2O \longrightarrow 2NaAl(OH)_4 + 3H_2 \uparrow$$

金属铝中其他杂质不溶于 NaOH 溶液，生成可溶性的四羟基铝酸钠。用 H_2SO_4 调节此溶液的 pH 为 8～9，即有 $Al(OH)_3$ 沉淀产生，分离后在沉淀中加入 H_2SO_4 使 $Al(OH)_3$ 溶解，反应式如下：

$$3H_2SO_4 + 2Al(OH)_3 \longrightarrow Al_2(SO_4)_3 + 6H_2O$$

在 $Al_2(SO_4)_3$ 中加入等量的 K_2SO_4 固体，即可得硫酸铝钾：

$$Al_2(SO_4)_3 + K_2SO_4 + 24H_2O \longrightarrow 2KAl(SO_4)_2 \cdot 12H_2O \downarrow$$

仪器及试剂

仪器：托盘天平、水浴锅、抽滤瓶、布氏漏斗、烧杯、量筒、丝线。

试剂：K_2SO_4（固）、浓 H_2SO_4、3mol/L H_2SO_4、NaOH（固）。

训练操作

1. $Al(OH)_3$ 的制备

称取 4.5g NaOH 固体，置于 250mL 烧杯中，加入 60mL 蒸馏水。称取 2g 剪好的铝条，分批加入 NaOH 溶液。反应至不再有气泡，说明反应已完全。然后加蒸馏水，使体积约为 80mL，趁热过滤。将滤液转入 250mL 烧杯，加热沸腾，在不断搅拌下，滴加 3mol/L H_2SO_4，使溶液 pH 为 8～9。继续搅拌，水浴加热数分钟，然后抽滤，并用沸水洗涤沉淀，直至洗涤液的 pH 降到 7 左右，抽滤。

2. $Al_2(SO_4)_3$ 的制备

将制得的 $Al(OH)_3$ 沉淀转入烧杯，加入约 20mL 1∶1 H_2SO_4，并不断搅拌，水浴加热使沉淀溶解，得到 $Al_2(SO_4)_3$ 溶液。

3. 铝钾矾的制备

将 $Al_2(SO_4)_3$ 溶液与 6.5g K_2SO_4 配成的饱和溶液相混合，搅拌均匀，充分冷却后，减压抽滤，尽量抽干，称量，计算产率。

4. 籽晶的制备

① 把制得的盐倒入烧杯中，加水并加热至沸腾，然后把一根尼龙线悬于溶液中间。
② 把溶液置于不易振荡，易蒸发，没有灰尘的地方，静置1~2天。
③ 把线上较小、不规则的晶种去掉，留下较大的、八面体形状的晶种。

5. 铝钾矾大晶体的制备

① 把取出晶种后的溶液加热，使烧杯底部的小晶体溶解，并持续加热。
② 将溶液冷却至30℃，若溶液析出晶体，过滤晶体，再重新加热，没有饱和则需加入 $KAl(SO_4)_2 \cdot 12H_2O$ 再加热，直至把溶液配成30℃的饱和溶液。
③ 把晶种轻轻吊在饱和液并处于溶液中间。
④ 多次重复步骤①、②、③，直至得到无色、透明、八面体形状的硫酸铝钾大晶体。

操作思考

1. 为什么用碱溶解 Al？
2. 铝屑中的杂质是如何出去的？

技能训练 3-7 硫酸亚铁铵的制备

训练目标

1. 了解复盐的一般特征和制备方法。
2. 练习水浴加热、蒸发浓缩、结晶、减压过滤等基本操作。

实验原理

硫酸亚铁铵又称摩尔盐，是浅绿色透明晶体，易溶于水但不溶于乙醇。它在空气中比一般的亚铁铵盐稳定，不易被氧化。在定量分析中常用来配制亚铁离子的标准溶液。

在 0~60℃ 的温度范围内，硫酸亚铁在水中的溶解度比组成中的任一组分的溶解度都小，因此很容易从浓的 $FeSO_4$ 和 $(NH_4)_2SO_4$ 的混合溶液结晶制得。

通常先用铁屑与稀硫酸反应生成硫酸亚铁，反应方程式为：

$$Fe + H_2SO_4 == FeSO_4 + H_2 \uparrow$$

然后加入等物质的量的 $(NH_4)_2SO_4$ 溶液，充分混合后，加热浓缩，冷却，结晶，便可析出硫酸亚铁铵复盐，反应方程式为：

$$FeSO_4 + (NH_4)_2SO_4 + 6H_2O == (NH_4)_2Fe(SO_4)_2 \cdot 6H_2O$$

仪器及试剂

仪器：电子台秤、循环水泵、抽滤瓶、布氏漏斗、蒸发皿、水浴锅、表面皿。
试剂：铁屑、$(NH_4)_2SO_4$（固）、10% Na_2CO_3、H_2SO_4（3mol/L）、乙醇。

训练操作

1. 铁屑的净化

称取 4.2g 铁屑放在锥形瓶中，加入 20mL 质量分数为 10% 的 Na_2CO_3 溶液，小火加热并适当搅拌约 5~10min，以除去铁屑上的油污。用倾注法将碱液倒出，用纯水把铁屑反复冲洗干净。

2. **硫酸亚铁的制备**

将 25mL 3mol/L H_2SO_4 倒入盛有铁屑的锥形瓶中，水浴上加热，经常取出锥形瓶摇荡，并适当补充水分，直至反应完全为止。再加入几滴 3mol/L H_2SO_4。趁热减压过滤，滤液转移到蒸发皿内，若滤液稍有浑浊，可滴入硫酸酸化。过滤后的残渣用滤纸吸干后称重，算出已反应铁屑的质量，并根据反应方程式算出 $FeSO_4$ 的理论量。

3. **硫酸亚铁铵的制备**

称取 9.5g 硫酸铵固体，加入到盛有硫酸亚铁溶液的蒸发皿中。水浴加热，搅拌至硫酸铵完全溶解。继续蒸发浓缩至表面出现晶膜为止。静置冷却结晶，抽滤。用少量乙醇洗涤晶体两次。取出晶体放在表面皿上晾干，观察产品的颜色和晶形。称重，计算产率。

操作思考

1. 如何制备不含氧的蒸馏水？为什么配制样品溶液时一定要用不含氧的蒸馏水？
2. 为什么在蒸发浓缩时要使溶液呈酸性？

3.6 基本理论方面的实验

技能训练 3-8　化学反应速率

训练目标

1. 了解浓度、温度和催化剂对反应速率的影响。
2. 测定过二硫酸铵与碘化钾反应的平均反应速率，并计算不同温度下的反应速率常数。

实验原理

在水溶液中，过二硫酸铵与碘化钾发生如下反应：
$$(NH_4)_2S_2O_8 + 3KI = (NH_4)_2SO_4 + K_2SO_4 + KI_3 \tag{1}$$

它的离子反应方程式为：
$$S_2O_8^{2-} + 3I^- = 2SO_4^{2-} + I_3^-$$

因为化学反应速率是以单位时间内反应物或生成物浓度的改变值来表示的，所以上述反应的平均速率为：
$$v = \frac{c(S_2O_8^{2-})_1 - c(S_2O_8^{2-})_2}{t_2 - t_1} = \frac{\Delta c(S_2O_8^{2-})}{\Delta t}$$

式中，$\Delta c(S_2O_8^{2-})$ 为 $S_2O_8^{2-}$ 在 Δt 时间内浓度的改变值。为了测定出 $\Delta c(S_2O_8^{2-})$，在混合 $(NH_4)_2S_2O_8$ 和 KI 溶液时，用淀粉溶液作指示剂，同时加入一定体积的已知浓度的 $Na_2S_2O_3$，这样溶液在反应（1）进行的同时，也进行着如下反应：

$$2S_2O_3^{2-} + I_3^- = S_4O_6^{2-} + 3I^- \tag{2}$$

反应（2）进行得非常快，几乎瞬间完成，而反应（1）却慢得多，于是由反应（1）生成的碘立刻与 $S_2O_3^{2-}$ 反应，生成了无色的 $S_4O_6^{2-}$ 和 I^-，因此在开始一段时间内，看不到碘与淀粉作用而显示出来的特有的蓝色，但是，一旦 $Na_2S_2O_3$ 耗尽，则继续游离出来的碘即使是微量的，也能使淀粉指示剂变蓝。所以蓝色的出现就标志着反应（2）的完成。

从反应方程式（1）和式（2）的关系可以看出，$S_2O_8^{2-}$ 浓度的减少量等于 $S_2O_3^{2-}$ 减少量的一半，即：

$$\Delta c(S_2O_8^{2-}) = \frac{\Delta c(S_2O_3^{2-})}{2}$$

因为 $S_2O_3^{2-}$ 在溶液显蓝色时几乎完全耗掉，故 $\Delta c(S_2O_3^{2-})$ 实际上就等于反应开始时 $Na_2S_2O_3$ 的浓度，由于本实验中的每份混合溶液只改变 $(NH_4)_2S_2O_8$ 和 KI 的浓度，而使用的 $Na_2S_2O_3$ 的起始浓度都是相同的，因此到蓝色出现时已耗去的 $S_2O_8^{2-}$ 即 $\Delta c(S_2O_8^{2-})$ 也都是相同的。这样只要记下从反应开始到溶液出现蓝色所需要的时间（Δt），就可以求算在各种不同浓度下的平均反应速率 $\frac{\Delta c(S_2O_8^{2-})}{\Delta t}$。

实验证明：过二硫酸铵与碘化钾的反应速率和反应浓度的关系如下：

$$\frac{\Delta c(S_2O_8^{2-})}{\Delta t} = kc(S_2O_8^{2-})c(I^-) \tag{3}$$

式中，k 为反应速率常数；$c(S_2O_8^{2-})$ 和 $c(I^-)$ 分别为两种离子的初始浓度（mol/L），利用式（3）即可求算出反应速率常数 k 值。

仪器及试剂

仪器：量筒（10mL）、烧杯（50mL）、秒表、温度计（0～100℃）。

试剂：KI(0.20mol/L)、$Na_2S_2O_3$(0.010mol/L)、淀粉溶液（2g/L）、$(NH_4)_2S_2O_8$(0.20mol/L)、KNO_3(0.20mol/L)、$(NH_4)_2SO_4$(0.20mol/L)、$Cu(NO_3)_2$(0.020mol/L)、冰。

训练操作

1. 浓度对反应速率的影响

① 用量筒准确量取 10.0mL 0.20mol/L KI 溶液、2.0mL 2g/L 的淀粉溶液与 4.0mL 0.010mol/L $Na_2S_2O_3$ 溶液于 50mL 烧杯中混合均匀。

② 用量筒准确量取 10.0mL 0.20mol/L $(NH_4)_2S_2O_8$ 溶液迅速加入烧杯中，同时按动秒表并将溶液搅拌均匀。观察溶液，刚一出现蓝色，即迅速停止计时，将反应时间计入表 3-4 中。

用上述方法参照表 3-3 重复进行实验编号 2～5，为了使溶液的离子强度和总体积保持不变，在 2～5 实验编号中所减少的 $(NH_4)_2S_2O_8$ 或 KI 的用量可分别用 0.20mol/L $(NH_4)_2SO_4$ 和 0.20mol/L KNO_3 来补充。[注意：在进行实验 2、3、4、5 时，为避免因有一部分溶液残留在量筒而影响实验结果，可将 $(NH_4)_2SO_4$ 溶液先加入 $(NH_4)_2S_2O_8$ 溶液中，或将 KNO_3 溶液先加入 KI 溶液中进行稀释，然后再一起加进烧杯中。]

根据表 3-3 中各种试剂的用量，计算实验中参加反应的试剂的起始浓度及反应速率常数，逐一填入表 3-3 的空格内。

2. 温度对反应速率的影响

① 在 50mL 烧杯中加入 5.0mL 0.20mol/L KI 溶液、2.0mL 2g/L 淀粉溶液、4.0mL 0.010mol/L $Na_2S_2O_3$ 溶液和 5.0mL 0.20mol/L KNO_3 溶液。

② 在另一个 50mL 烧杯中加入 10.0mL 0.20mol/L $(NH_4)_2S_2O_8$ 溶液。

③ 将烧杯放在冰水浴中冷却，待两种试液均冷却到室温下 10℃时，把 $(NH_4)_2S_2O_8$ 试液迅速倒入盛混合液的烧杯中，立即按动秒表并用玻璃棒将溶液搅拌均匀，观察到溶液刚出

现蓝色即停止计时,将反应时间和温度记录在 3-4 中(编号为 6)。

④ 室温下重复上述实验(与实验编号 4 相同),将反应时间和温度记录在表 3-4 中(编号为 7)。

⑤ 在高于室温 10℃ 条件下重复上述实验,将盛有试液的烧杯放入温水浴中升温,温水浴采取冷水与热水相混的办法制成,待温水浴温度高于室温 12~13℃ 时,让其自然降温,指示液温度高于室温 10℃ 时,将 $(NH_4)_2S_2O_8$ 溶液加入混合液中,计时,搅拌,将时间和温度记录在表 3-4 中(编号为 8)。

根据反应时间计算三个温度下的速率常数,并填入表 3-4 中。

3. 催化剂对反应速率的影响

① 在 50mL 烧杯中加入 5.0mL 0.20mol/L KI 溶液、2.0mL 2g/L 淀粉溶液、4.0mL 0.010mol/L $Na_2S_2O_3$ 溶液和 5.0mL 0.20mol/L KNO_3 溶液。

② 将 10.0mL 0.20mol/L $(NH_4)_2S_2O_8$ 溶液迅速加入上述烧杯中,同时计时并搅拌,至溶液出现蓝色时为止。

将以上实验时的反应时间以及前面实验 7 的结果一起记入表 3-5 中进行比较。

表 3-3 $(NH_4)_2S_2O_8$ 和 KI 的浓度对反应速率的影响

项目	实验编号	1	2	3	4	5
试剂用量/mL	0.20mol/L KI	10.0	10.0	10.0	5.0	2.5
	2g/L 淀粉溶液	2.0	2.0	2.0	2.0	2.0
	0.010mol/L $Na_2S_2O_3$	4.0	4.0	4.0	4.0	4.0
	0.20mol/L KNO_3	—	—	—	5.0	7.5
	0.20mol/L $(NH_4)_2SO_4$	—	5.0	7.5	—	—
	0.20mol/L $(NH_4)_2S_2O_8$	10.0	5.0	2.5	10.0	10.0
试剂起始浓度	$(NH_4)_2S_2O_8$					
	KI					
	$Na_2S_2O_3$					
反应时间 Δt/s						
速率常数 k						

表 3-4 温度对反应速率的影响

实验编号	反应温度/℃	反应时间 t/s	反应速率常数 k
6			
7			
8			

表 3-5 催化剂对反应速率的影响

实验编号	加入 0.020mol/L $Cu(NO_3)_2$	反应时间 t/s
7	0	
9	2	

数据记录

总结以上三部分的实验结果，说明各种因素（浓度、温度、催化剂）如何影响反应速率。

操作思考

1. 何为化学反应速率？
2. 影响化学反应速率的因素有哪些？
3. 本实验如何试验浓度、温度，催化剂对反应的影响？

技能训练 3-9　氧化还原反应

训练目标

1. 加深理解电极电势与氧化还原反应的关系。
2. 加深理解温度、反应物浓度对氧化还原反应的影响。
3. 了解介质的酸碱性对氧化还原反应产物的影响。
4. 掌握物质浓度对电极电势的影响。
5. 学会用 pHS-25 型酸度计的 mV 部分，粗略测量原电池电动势的方法。

实验原理

本实验采用 pHS-25 型 pH 计的 mV 部分测量原电池的电动势。原电池电动势的精确测量常用电位差计，而不能用一般的伏特计。因为伏特计与原电池接通后，有电流通过伏特计引起原电池发生氧化还原反应。另外，由于原电池本身有内阻，放电时产生内压降，伏特计所测得的端电压，仅是外电路的电压，而不是原电池的电动势。当用 pH 计与原电池接通后，由于 pH 计的 mV 部分具有高阻抗，使测量回路中通过的电流很小，原电池的内压降近似为零，所测得的外电路的电压降可近似地作为原电池的电动势。因此，可用 pH 计的 mV 部分粗略地测量原电池的电动势。

仪器及试剂

仪器：pHS-25 型酸度计、盐桥、Cu 电极、Zn 电极、温度计。

试剂：H_2SO_4(3.0mol/L)、$H_2C_2O_4$(0.1mol/L)、HAc(1.0mol/L)、NaOH(2.0mol/L)、KSCN(0.1mol/L)、$Pb(NO)_3$(0.1mol/L、0.5mol/L)、Na_2SO_3(0.1mol/L)、$KMnO_4$(0.1mol/L)、$FeSO_4$(0.1mol/L)、$CuSO_4$(1mol/L、0.1mol/L)、KBr(0.1mol/L)、KI(0.1mol/L)、$NaNO_2$(0.1mol/L)、KIO_3(0.1mol/L)、$SnCl_2$(0.1mol/L)、Na_2S(0.1mol/L)、$ZnSO_4$(1mol/L、0.1mol/L)、$FeCl_3$(0.1mol/L)、CCl_4、I_2 水、Br_2 水、Na_2SiO_3(d=1.06)、H_2O_2(3%)、淀粉溶液、蓝色石蕊试纸。

训练操作

1. 电极电势与氧化还原反应的关系

① 在试管中加入 0.1mol/L KI 溶液 0.5mL 和 0.1mol/L $FeCl_3$ 溶液 2~3 滴，观察现象。再加入 0.5mL CCl_4，充分振荡后观察 CCl_4 层的颜色。写出离子反应方程式。

② 用 0.1mol/L KBr 溶液代替 0.1mol/L KI 溶液，进行同样的实验，观察现象。

根据步骤①、②的实验结果，定性比较 Br_2/Br^-、I_2/I^-、Fe^{3+}/Fe^{2+} 三个电对电极电势的大小，并指出哪个电对的氧化型物质是最强的氧化剂，哪个电对的还原型物质是最强的还原剂。

③ 在两支试管中分别加入 I_2 水和 Br_2 水各 0.5mL，再加入 0.1mol/L $FeSO_4$ 溶液少许及 0.5mL CCl_4，摇匀后观察现象。写出有关反应的离子方程式。

根据步骤①、②、③的实验结果，说明电极电势与氧化还原反应方向的关系。

④ 在试管中加入 0.1mol/L $FeCl_3$ 溶液 4 滴和 0.01mol/L $KMnO_4$ 溶液 2 滴，摇匀后往试管中逐滴加入 0.1mol/L $SnCl_2$ 溶液，并不断摇动试管。待 $KMnO_4$ 溶液褪色后，加入 0.1mol/L KSCN 溶液 1 滴，观察现象，继续滴加 0.1mol/L $SnCl_2$ 溶液，观察溶液颜色的变化。解释实验现象，并写出离子反应方程式。

2. 浓度、温度、酸度对电极电势及氧化还原反应的影响

① 浓度对电极电势的影响 在两只 50mL 烧杯中，分别加入 30mL 1.0mol/L $ZnSO_4$ 溶液和 1.0mol/L $CuSO_4$ 溶液。在 $CuSO_4$ 溶液中插入 Cu 电极，在 $ZnSO_4$ 溶液中插入 Zn 电极，并分别与 pH 计的"+"、"−"接线柱相接，溶液以盐桥相连。测量两极之间的电动势。

用 0.1mol/L $ZnSO_4$ 代替 1.0mol/L $ZnSO_4$，观察电动势有何变化，解释实验现象，说明浓度的改变对电极电势的影响。

② 温度对氧化还原反应的影响 A、B 两支试管中都加入 0.01mol/L $KMnO_4$ 溶液 3 滴和 3.0mol/L H_2SO_4 溶液 5 滴，C、D 两支试管都加入 0.1mol/L $H_2C_2O_4$ 溶液 5 滴。将 A、C 试管放在水浴中加热几分钟后混合，同时，将 B、D 试管中的溶液混合。比较两组混合溶液颜色的变化，并做出解释。

③ 浓度、酸度对氧化还原反应的影响 在两支试管中，分别盛有 0.5mol/L 和 0.1mol/L 的 $Pb(NO_3)_2$ 溶液各 3 滴，各加入 1.0mol/L HAc 溶液 30 滴，混匀后，再逐滴加入约 26～28 滴 Na_2SiO_3 (d=1.06) 溶液，摇匀，用蓝色石蕊试纸检查，溶液仍呈酸性，在 90℃水浴中加热（切记：温度不可超过 90℃），此时，两试管中均出现胶冻。从水浴中取出两支试管，冷却后，同时往两支试管中插入表面积相同的锌片，观察两支试管中"铅树"生长的速度，并作出解释。

3. 介质酸碱度对 $KMnO_4$ 还原产物的影响

① 在试管中加入 0.1mol/L KI 溶液 10 滴和 0.1mol/L KIO_3 溶液 2～3 滴，观察有无变化。再加入几滴 3.0mol/L H_2SO_4 溶液，观察现象。再逐滴加入 2.0mol/L NaOH 溶液，观察反应的现象，并作出解释。

② 取三支试管，各加入 0.01mol/L $KMnO_4$ 溶液 2 滴；第一支试管加入 5 滴 3.0mol/L H_2SO_4 溶液，第二支试管中加入 5 滴 H_2O，第三支试管中加入 5 滴 6mol/L NaOH 溶液，然后往三支试管中各加入 0.1mol/L 的 Na_2SO_3 溶液 5 滴。观察实验现象，并写出离子反应方程式。

4. H_2O_2 的氧化还原性

① 在离心试管中加入 0.1mol/L $Pb(NO_3)_2$ 溶液 1mL，滴加 0.1mol/L Na_2S 溶液 1～2 滴，观察 PbS 沉淀的颜色。离心分离，弃去清液，用水洗涤沉淀 1～2 次，在沉淀中加入 3% H_2O_2，并不断搅拌，观察沉淀颜色的变化。说明 H_2O_2 在此反应中起什么作用？写出离子反应方程式。

② 用 0.01mol/L $KMnO_4$、3mol/L H_2SO_4、3% H_2O_2，设计一个实验，证明在酸性介质中 $KMnO_4$ 能氧化 H_2O_2 的事实。

5. 设计实验

用 0.01mol/L $KMnO_4$、0.1mol/L $NaNO_2$、3.0mol/L H_2SO_4、0.1mol/L KI 及淀粉

溶液设计实验,验证 $NaNO_2$ 既有氧化性又有还原性。

操作思考

1. 如何判断氧化还原反应进行的方向?
2. 浓度是如何影响氧化还原反应的?
3. 在不同的介质中,$KMnO_4$ 的还原产物各是什么?

技能训练 3-10　电解质溶液

训练目标

1. 了解强弱电解质电离的差别及同离子效应。
2. 学习缓冲溶液的配制方法及其性质。
3. 熟悉难溶电解质的沉淀溶解平衡及溶度积原理的应用。
4. 学习离心机、酸度计、pH试纸的使用等基本操作。

实验原理

1. 弱电解质的电离平衡及同离子效应

对于弱酸或弱碱 AB,在水溶液中存在下列平衡:$AB \rightleftharpoons A^+ + B^-$,各物质浓度关系满足 $K^{\ominus}=[A^+] \cdot [B^-]/[AB]$,$K^{\ominus}$ 为电离平衡常数。在此平衡体系中,若加入含有相同离子的强电解质,即增加 A^+ 或 B^- 的浓度,则平衡向生成 AB 分子的方向移动,使弱电解质的电离度降低,这种效应叫作同离子效应。

2. 缓冲溶液

由弱酸及其盐(如 HAc-NaAc)或弱碱及其盐(如 $NH_3 \cdot H_2O-NH_4Cl$)组成的混合溶液,能在一定程度上对抗外加的少量酸、碱或水的稀释作用,而本身的 pH 值变化不大,这种溶液叫作缓冲溶液。

3. 盐类的水解反应

盐类的水解反应是由组成盐的离子和水电离出来的 H^+ 或 OH^- 作用,生成弱酸或弱碱的过程。水解反应往往使溶液显酸性或碱性。如弱酸强碱盐(碱性)、强酸弱碱盐(酸性)、弱酸弱碱盐(由生成弱酸弱碱的相对强弱而定)。通常加热能促进水解,浓度、酸度、稀释等也会影响水解。

4. 沉淀平衡

(1) 溶度积。在难溶电解质的饱和溶液中,未溶解的固体及溶解的离子间存在着多相平衡,即沉淀平衡。$K_{sp}^{\ominus}$ 表示在难溶电解质的饱和溶液中,难溶电解质的离子浓度(以其化学计量数为幂指数)的乘积,叫作溶度积常数,简称溶度积。根据溶度积规则可以判断沉淀的生成和溶解。若以 Q 表示溶液中难溶电解质的离子浓度(以其系数为指数)的乘积,那么,溶液中 $Q > K_{sp}^{\ominus}$ 有沉淀析出或溶液过饱和;$Q = K_{sp}^{\ominus}$ 溶液恰好饱和或达到沉淀平衡;$Q < K_{sp}^{\ominus}$ 溶液无沉淀析出或沉淀溶解。

(2) 分步沉淀。有两种或两种以上的离子都能与加入的某种试剂(沉淀剂)反应生成难溶电解质时,沉淀的先后顺序决定于所需沉淀剂离子浓度的大小,需要沉淀剂离子浓度较小的先沉淀,需要沉淀剂离子浓度较大的后沉淀,这种现象叫作分步沉淀。

(3) 沉淀的转化。把一种难溶电解质转化为另一种难溶电解质,即把一种沉淀转化为另一种沉淀的过程叫沉淀的转化。一般来说,溶度积较大的难溶电解质容易转化为溶度积较小的难溶电解质。

仪器及试剂

仪器：试管、烧杯、量筒、洗瓶、玻璃棒、酒精灯（或水浴锅）、pH 计。

试剂：HCl（0.1mol/L、1mol/L、6mol/L）、HAc（0.1mol/L、1mol/L）、NaOH（0.1mol/L、1mol/L）、$NH_3 \cdot H_2O$（2mol/L）、NaCl（0.1mol/L）、Na_2CO_3（0.1mol/L）、NaAc（1mol/L、固体）、Na_2S（0.1mol/L）、KI（0.001mol/L、0.1mol/L）、K_2CrO_4（0.1mol/L）、$MgCl_2$（0.1mol/L）、$Al_2(SO_4)_3$（0.1mol/L）、$ZnSO_4$（0.1mol/L）、$CuSO_4$（0.1mol/L）、$MnSO_4$（0.1mol/L）、$Pb(NO_3)_2$（0.001mol/L、0.1mol/L）、$AgNO_3$（0.1mol/L）、NH_4Cl（0.1mol/L、饱和溶液、固体）、Na_3PO_4（0.1mol/L）、Na_2HPO_4（0.1mol/L）、NaH_2PO_4（0.1mol/L）、$SbCl_3$（固体）、$FeCl_3$（固体）、标准缓冲溶液（pH＝6.86、4.00）、锌粒(固体)、酚酞溶液(1%)、甲基橙(0.1%)、pH 试纸。

训练操作

1. 强弱电解质溶液的比较

用 pH 试纸分别测定 HAc(0.1mol/L)、HCl(0.1mol/L) 溶液的 pH 值。然后在两支试管中分别加入 1mL 上述溶液，再各加入一小颗锌粒并加热，观察哪支试管中产生氢气的反应比较剧烈。

2. 同离子效应

① 在两支试管中，各加 1mL 0.1mol/L HAc 溶液和 1 滴甲基橙指示剂，摇匀，观察溶液颜色；在一支试管中加入少量 NaAc 固体，振荡使之溶解，观察溶液颜色有何变化，与另一支试管溶液进行比较，指出同离子效应对电离度的影响。

② 在两支小试管中，各加 5 滴 0.1mol/L $MgCl_2$ 溶液，在其中一支试管中再加入 5 滴饱和 NH_4Cl 溶液，然后在两支试管各加入 5 滴 2mol/L $NH_3 \cdot H_2O$ 溶液，观察两支试管中发生的现象，写出有关反应方程式并说明原因。

3. 缓冲溶液的配制和性质测定

① 按说明书配制标准缓冲溶液（pH＝6.86，4.00），并学习 pH 计的使用方法。

② 在两个小烧杯中各加入 30mL 蒸馏水，用 pH 试纸和 pH 计测定其 pH 值，再分别加入 5 滴 1mol/L HCl 和 5 滴 1mol/L NaOH 溶液，搅拌均匀，分别用 pH 试纸和 pH 计测定溶液的 pH 值。

③ 在一个烧杯中，加入 1mol/L HAc 及 1mol/L NaAc 溶液各 50mL（用量筒），玻璃棒搅匀，配制成 HAc-NaAc 缓冲溶液。用 pH 试纸和 pH 计分别测定溶液的 pH 值，并与计算值比较。

④ 取 3 个烧杯，各加入 30mL 该缓冲溶液，先用 pH 计分别测定在一个烧杯中加入 1 滴、10 滴 1mol/L HCl 后各溶液的 pH 值，用同法测定在另一个烧杯中加入 1 滴、10 滴 1mol/L NaOH 溶液后各溶液的 pH 值，在第三个烧杯中加入 1 滴、10 滴蒸馏水后各溶液的 pH 值，将测得结果与原来缓冲溶液的 pH 值比较，总结缓冲溶液的性质。

4. 盐类水解反应及其影响因素

（1）盐的水解与溶液的酸碱性

① 取 3 支小试管，分别加入 5 滴 0.1mol/L NaCl、Na_2CO_3 及 $Al_2(SO_4)_3$ 溶液，用玻璃棒蘸取少许溶液在 pH 试纸上测定溶液的酸碱性。写出水解的离子方程式，并解释之。

② 用 pH 试纸分别测定 0.1mol/L Na_3PO_4、Na_2HPO_4、NaH_2PO_4 溶液的酸碱性，并说明原因。

(2) 影响盐类水解反应的因素

① 温度：取两支试管，分别加入 5 滴 1mol/L NaAc 溶液和 5 滴蒸馏水，并各加入 1 滴酚酞溶液，将其中一支试管用酒精灯（或水浴）加热，观察颜色变化，冷却后颜色又如何？解释原因。

② 酸度：将少量 $FeCl_3$、$SbCl_3$ 固体（火柴头大小即可）置于一个小试管中，加入 1mL 蒸馏水，有何现象产生？用 pH 试纸测定溶液的酸碱性。再向试管中加入几滴 6mol/L HCl，观察沉淀是否溶解？最后将所得溶液再加入 2mL 蒸馏水稀释，又有什么变化？解释现象并写出有关反应方程式。

③ 相互水解：在 2 支试管中，分别加入 1mL 0.1mol/L Na_2CO_3 及 1mL 0.1mol/L $Al_2(SO_4)_3$ 溶液，先用 pH 试纸分别测定溶液的 pH 值，然后将二者混合，观察现象并写出有关反应的离子方程式。

5. 溶度积规则的应用

(1) 沉淀的生成

① 取一支试管，加入 10 滴 0.1mol/L $Pb(NO_3)_2$ 溶液，再缓慢加入 10 滴 0.1mol/L KI 溶液，观察沉淀的生成和颜色。

② 取另一支试管，加入 10 滴 0.001mol/L $Pb(NO_3)_2$ 溶液，再缓慢加入 10 滴 0.001mol/L KI 溶液，观察有无沉淀的生成？试以溶度积规则解释上述现象。

③ 试设计实验，比较 ZnS、CuS、MnS 几种硫化物难溶盐溶解度的大小。

(2) 沉淀的溶解。在一支离心试管中，加入 5 滴 0.1mol/L $AgNO_3$ 溶液和 2 滴 0.1mol/L NaCl 溶液混合，观察现象，离心沉降，弃去上层清液，向沉淀中滴加 2mol/L $NH_3·H_2O$ 溶液，观察原有沉淀是否溶解？解释上述现象。

(3) 分步沉淀。在离心试管中，加入 5 滴 0.1mol/L NaCl 和 2 滴 0.1mol/L K_2CrO_4 溶液，用蒸馏水稀释至 1mL，摇匀，逐滴加入 0.1mol/L $AgNO_3$ 溶液，边加边振摇，当砖红色沉淀转化为白色沉淀转化较慢时，离心沉降，观察生成沉淀的颜色。再向清液中滴加 0.1mol/L $AgNO_3$ 溶液，又有何现象？解释现象，写出相应方程式。

(4) 沉淀的转化。在一支离心试管中，加入 5 滴 0.1mol/L $AgNO_3$ 溶液和 2 滴 0.1mol/L NaCl 溶液混合，观察现，离心沉降，弃去上层清液，向沉淀中滴加 0.1mol/L KI 溶液并搅拌，观察沉淀的颜色变化并写出有关反应方程式。

💡 注意事项

1. 用 pH 试纸测定溶液的 pH 值时，不可将 pH 试纸投入待测溶液中测试。
2. 使用离心机时要注意保持平衡，转速调整不要过猛，停止时不要马上打开机盖。
3. 实验时要注意试剂用量，否则可能观察不到现象。
4. 注意固体、液体取用的正确操作，以免试剂弄混和交叉污染。
5. 试管加热时要注意管内液体体积不可过大，试管受热要均匀，试管口不要对人。

💡 操作思考

1. 如何计算弱电解质溶液的 pH？
2. 何谓同离子效应？在氨水中加入 NH_4Cl 将产生什么效应？
3. 盐类水解是怎样产生的？怎样可使水解平衡移动？如何防止盐类水解？
4. 何谓缓冲溶液？缓冲溶液能起到缓冲作用吗？
5. 沉淀生成的条件是什么？
6. 沉淀转化的条件是什么？

7. 使沉淀溶解有哪些方法？

技能训练 3-11　高锰酸钾的还原产物及原电池设计

训练目标

1. 本实验由学生自行设计实验方法，通过实验掌握在不同介质中 $KMnO_4$ 的还原产物。
2. 利用本实验所给仪器及药品设计一原电池，并检验该电池是否能使 NaCl 溶液电解。

仪器及试剂

仪器：试管、烧杯（250mL）、铜丝、盐桥、表面皿。

试剂：

① 酸：HCl(2mol/L)、H_2SO_4(2mol/L)、HNO_3(2mol/L)。

② 碱：NaOH(2mol/L)、NaOH(6mol/L)、$NH_3 \cdot H_2O$(2mol/L)、$NH_3 \cdot H_2O$(6mol/L)。

③ 氧化剂：$KMnO_4$。

④ 还原剂：H_2O_2(3%)、Na_2SO_3(0.1mol/L)。

⑤ 盐：$CuSO_4$(0.5mol/L)、$ZnSO_4$(0.5mol/L)、NaCl(1mol/L)。

⑥ 其他：铜片、锌片、滤纸、酚酞试液。

训练操作

1. 设计实验方法、找出在酸性、碱性及中性介质中、$KMnO_4$ 的还原产物。
2. 设计原电池，用自行设计的原电池电解 NaCl 溶液。

操作思考

1. 在不同介质中的还原产物应该是什么？
2. 如何确定要使用的介质？
3. 所给的还原剂是否都能使用？
4. 怎样检验 NaCl 溶液是否电解？

技能训练 3-12　配位化合物的形成和性质

训练目标

1. 了解配合物的生成和组成。
2. 了解配合物与简单化合物及复盐的区别。
3. 了解配位平衡及其影响因素。
4. 了解螯合物的形成条件及稳定性。
5. 熟悉过滤盒试管的使用等基本操作。

实验原理

由中心离子（或原子）与配体按一定组成和空间构型以配位键结合所形成的化合物称配合物。配位反应是分步进行的可逆反应，每一步反应都存在着配位平衡。

$$M + nR \rightleftharpoons MR_n \qquad K_s = \frac{[MR_n]}{[M][R]^n}$$

配合物的稳定性可由 K 稳（即 K_s）表示，数值越大配合物越稳定。增加配体（R）或金属离子（M）浓度有利于配合物（MR_n）的形成，而降低配体和金属离子的浓度则有利于配合物的解离。如溶液酸碱性的改变，可能引起配体的酸效应或金属离子的水解等，就会导致配合物的解离；若有沉淀剂能与中心离子形成沉淀的反应发生，引起中心离子浓度的减少，也会使配位平衡朝解离的方向移动；若加入另一种配体，能与中心离子形成稳定性更好的配合物，则同样导致配合物的稳定性降低。若沉淀平衡中有配位反应发生，则有利于沉淀溶解。配位平衡与沉淀平衡的关系总是朝着生成更难解离或更难溶解物质的方向移动。

配位反应应用广泛，如利用金属离子生成配离子后的颜色、溶解度、氧化还原性等一系列性质的改变，进行离子鉴定、干扰离子的掩蔽反应等。

仪器及试剂

仪器：试管、离心试管、漏斗、离心机、酒精灯、白瓷点滴板。

试剂：H_2SO_4（2mol/L）、HCl（1mol/L）、$NH_3 \cdot H_2O$（2mol/L、6mol/L）、NaOH（0.1mol/L、2mol/L）、$CuSO_4$（0.1mol/L、固体）、$HgCl_2$（0.1mol/L）、KI（0.1mol/L）、$BaCl_2$（0.1mol/L）、$K_3Fe(CN)_6$（0.1mol/L）、$NH_4Fe(SO_4)_2$（0.1mol/L）、$FeCl_3$（0.1mol/L）、KSCN（0.1mol/L）、NH_4F（2mol/L）、$(NH_4)_2C_2O_4$（饱和）、$AgNO_3$（0.1mol/L）、NaCl（0.1mol/L）、KBr（0.1mol/L）、$Na_2S_2O_3$（0.1mol/L、饱和）、Na_2S（0.1mol/L）、$FeSO_4$（0.1mol/L）、$NiSO_4$（0.1mol/L）、$CoCl_2$（0.1mol/L）、$CrCl_3$（0.1mol/L）、EDTA（0.1mol/L）、乙醇（95%）、CCl_4、邻菲罗啉（0.25%）、二乙酰二肟（1%）、乙醚、丙酮。

训练操作

1. 配合物的生成和组成

（1）配合物的生成。在试管中加入 0.5g $CuSO_4 \cdot 5H_2O$(s)，加少许蒸馏水搅拌溶解，再逐滴加入 2mol/L 的氨水溶液，观察现象，继续滴加氨水至沉淀溶解而形成深蓝色溶液，然后加入 2mL 95% 乙醇，振荡试管，有何现象？静置 2min，过滤，分出晶体。在滤纸上逐滴加入 2mol/L $NH_3 \cdot H_2O$ 溶液使晶体溶解，在漏斗下端放一支试管承接此溶液，保留备用。写出相应离子方程式。

（2）配合物的组成。将上述溶液分成 2 份，在一支试管中滴入 2 滴 0.1mol/L $BaCl_2$ 溶液，另一支试管滴入 2 滴 0.1mol/L NaOH 溶液，观察现象，写出离子方程式。

另取两支试管，各加入 5 滴 0.1mol/L $CuSO_4$ 溶液，然后分别向试管中滴入 2 滴 0.1mol/L $BaCl_2$ 溶液和 2 滴 0.1mol/L NaOH 溶液，观察现象，写出离子方程式。

2. 配合物与简单化合物、复盐的区别

① 在一支试管中加入 10 滴 0.1mol/L $FeCl_3$ 溶液，再滴 2 滴 0.1mol/L KSCN 溶液，观察溶液呈何颜色？

② 用 0.1mol/L $K_3Fe(CN)_6$ 溶液代替 $FeCl_3$ 溶液，同法进行实验，观察现象是否相同。

③ 如何用实验证明硫酸铁铵是复盐，请设计步骤并实验之。

3. 配位平衡及其移动

(1) 配合物的取代反应。在一支试管中，加入 10 滴 0.1mol/L $FeCl_3$ 溶液和 1 滴 0.1mol/L KSCN 溶液，观察溶液颜色。向其中滴加 2mol/L NH_4F 溶液，溶液颜色又如何？再滴入饱和 $(NH_4)_2C_2O_4$ 溶液，溶液颜色又怎样变化？简单解释上述现象，并写出离子方程式。

(2) 配位平衡与沉淀平衡。在一支离心试管中加入 2 滴 0.1mol/L $AgNO_3$ 溶液，按下列步骤进行实验：

① 逐滴加入 0.1mol/L NaCl 溶液至沉淀刚生成；
② 逐滴加入 6mol/L 氨水至沉淀恰好溶解；
③ 逐滴加入 0.1mol/L KBr 溶液至刚有沉淀生成；
④ 逐滴加入 0.1mol/L $Na_2S_2O_3$ 溶液，边滴边剧烈振摇至沉淀恰好溶解；
⑤ 逐滴加入 0.1mol/L KI 溶液至沉淀刚生成；
⑥ 逐滴加入饱和 $Na_2S_2O_3$ 溶液，至沉淀恰好溶解；
⑦ 逐滴加入 0.1mol/L Na_2S 溶液至沉淀刚生成。

写出每一步有关的离子方程式，比较几种沉淀的溶度积大小和几种配离子稳定常数大小，讨论配位平衡与沉淀平衡的关系。

(3) 配位平衡与氧化还原反应。取两支试管各加 5 滴 0.1mol/L 的 $FeCl_3$ 溶液及 10 滴 CCl_4，然后往一支试管滴入 2mol/L NH_4F 溶液至溶液变为无色，另一支试管中滴入几滴蒸馏水，摇匀后在两支试管中分别再滴入 5 滴 0.1mol/L KI 溶液，振荡后比较两试管中 CCl_4 层颜色，解释现象并写出离子方程式。

(4) 配位平衡与酸碱平衡

① 取 2 支试管，各加入少量自制的硫酸四氨合铜溶液，一支逐滴加入 1mol/L HCl 溶液，另一支滴加 2mol/L NaOH 溶液，观察现象，说明配离子 $[Cu(NH_3)_4]^{2+}$ 在酸性和碱性溶液中的稳定性，写出有关的离子方程式。

② 在一支试管中，先加入 10 滴 0.1mol/L $FeCl_3$ 溶液，再逐滴滴加 2mol/L NH_4F 溶液至溶液颜色呈无色，将此溶液分成两份，分别逐滴加入 1mol/L HCl 和 2mol/L NaOH 溶液，观察现象，说明配合物离子 $[FeF_6]^{3-}$ 在酸性和碱性溶液中的稳定性，写出有关的离子方程式。

4. 配合物的应用

① 取两支试管各加 10 滴自制的 $[Fe(SCN)_6]^{3-}$、$[Cu(NH_3)_4]^{2+}$，然后分别滴加 0.1mol/L EDTA 溶液，观察现象并解释。在小试管中（或白瓷点滴板上），滴加一滴 0.1mol/L $FeSO_4$ 溶液及 3 滴 0.25% 邻菲罗啉溶液，观察现象。

② 在试管中加入 2 滴 0.1mol/L $NiSO_4$ 溶液及一滴 2mol/L $NH_3 \cdot H_2O$ 和 2 滴二乙酰二肟溶液，观察现象。

在白色点滴板上滴 1 滴 0.2mol/L 硫酸镍溶液，1 滴 0.1mol/L 氨水和 1 滴 1‰ 二乙酰二肟溶液，观察有什么现象。

> **操作思考**

1. 配合物与简单化合物及复盐在组成、结构、性质上有什么不同？
2. 怎样根据实验来说明 $[Cu(NH_3)_4]^{2+}$ 的生成、组成和离解？
3. 如何利用配合物的性质来分离 Ba^{2+}、Cu^{2+}、Fe^{3+} 的混合溶液？
4. 影响配位平衡的因素有哪些？

3.7 元素部分的实验

技能训练 3-13　碱金属、碱土金属及其重要化合物

训练目标

1. 比较碱金属、碱土金属的活泼性。
2. 试验并比较碱土金属氢氧化物和盐类的溶解性。
3. 练习焰色反应并熟悉使用金属钾、钠的安全措施。

仪器及试剂

仪器：烧杯、试管、小刀、镊子、坩埚、坩埚钳、离心机。

试剂：钠、钾、镁条、醋酸钠、汞、NaCl(1mol/L)、KCl(1mol/L)、$MgCl_2$(0.5mol/L)、$CaCl_2$(0.5mol/L)、$BaCl_2$(0.5mol/L)、新配制的 NaOH(2mol/L)、氨水(6mol/L)、NH_4Cl(饱和)、Na_2CO_3(0.5mol/L、饱和)、HCl(2mol/L)、HAc(2mol/L、6mol/L)、HNO_3(浓)、Na_2SO_4(0.5mol/L)、$CaSO_4$(饱和)、K_2CrO_4(0.5mol/L)、$KSb(OH)_6$(饱和)、$(NH_4)_2C_2O_4$(饱和)、$NaHC_4H_4O_6$(饱和)、$AlCl_3$(0.5mol/L)，铂丝(或镍铬丝)、pH 试纸、钴玻璃、滤纸。

训练操作

1. 钠与空气中氧的作用

用镊子取一小块金属钠（绿豆大），用滤纸吸干其表面的煤油，切去表面的氧化膜，立即置于坩埚中加热。当钠开始燃烧时，停止加热。观察反应情况和产物的颜色、状态。冷却后，往坩埚中加入 2mL 蒸馏水使产物溶解，然后把溶液转移到一支试管中，用 pH 试纸测定溶液的酸碱性。再用 2mol/L H_2SO_4 酸化，滴加 1～2 滴 0.01mol/L $KMnO_4$ 溶液。观察紫色是否褪去。由此说明水溶液是有 H_2O_2，从而推知钠在空气中燃烧是否有 Na_2O_2 生成。写出以上有关反应方程式。

2. 钠、钾、镁与水的作用

用镊子取一小块金属钾和金属钠，用滤纸吸干其表面的煤油，切去表面的氧化膜，立即将它们分别放入盛水的烧杯中。可事先准备好的合适漏斗倒扣在烧杯上，以确保安全。观察两者与水反应的情况，并进行比较。反应终止后，滴入 1～2 滴酚酞试剂，检验溶液的酸碱性。根据反应进行的剧烈程度，说明钠、钾的金属活泼性。写出反应式。

取一小段镁条，用砂纸擦去表面的氧化物，放入一支试管中，加入少量冷水。观察有无反应。然后将试管加热，观察反应情况。加入几滴酚酞检验水溶液的酸碱性，观察现象并解释之。写出反应式。

3. 镁、钙、钡的氢氧化物的溶解性

① 在三支试管中，分别加入 0.5mL 0.5mol/L $MgCl_2$、$CaCl_2$、$BaCl_2$ 氯化镁溶液，再各加入 0.5mL 2mol/L 新配制的 NaOH 溶液。观察沉淀的生成。然后把沉淀分成两份，分别加入 6mol/L 盐酸溶液和 6mol/L 氢氧化钠溶液，观察沉淀是否溶解，写出反应方程式。

② 在试管中加入 0.5mL 0.5mol/L 氯化镁溶液，再加入等体积 0.5mol/L $NH_3 \cdot H_2O$，观察沉淀的颜色和状态。往有沉淀的试管中加入饱和 NH_4Cl 溶液，又有何现象？为什么？

写出反应方程式。

4. 碱金属、碱土金属元素的焰色反应

取一支铂丝（或镍铬丝），铂丝的尖端弯成小环状，蘸以 6mol/L 盐酸溶液在氧化焰中烧片刻，再浸入盐酸中，再灼烧，如此重复直至火焰无色。依照此法，分别蘸取 1mol/L 氯化钠、氯化钾、氯化钙、氯化锶、氯化钡溶液在氧化焰中灼烧，观察火焰的颜色。每进行完一种溶液的焰色反应后，均需蘸浓盐酸溶液灼烧铂丝（或镍铬丝），烧至火焰无色后，再进行新的溶液的焰色反应。观察钾盐的焰色时，为消除钠对钾焰色的干扰，一般需用蓝色钴玻璃片滤光后观察。

操作思考

1. 钠、钾如不慎失火，应如何扑灭？
2. 过氧化钠与水作用的实验，为什么必须在冷却条件下进行？
3. 卤素单质的氧化性和离子的还原性有何递变规律？

技能训练 3-14 卤素及氧族重要化合物的性质

训练目标

1. 了解卤素及其含氧酸盐的氧化性和卤离子还原性强弱的变化规律。
2. 了解卤素的歧化反应。
3. 了解过氧化氢的制备、性质及不同氧化态硫的化合物的性质。

仪器及试剂

仪器：离心机、离心管、坩埚、滴管、玻璃棒。

试剂：H_2SO_4（3mol/L、浓）、$NH_3 \cdot H_2O$（浓）、NaOH（2mol/L）、HCl（2mol/L、浓）、KBr（0.1mol/L、固体）、KI（0.1mol/L、固体）、$KClO_3$（固体）、KIO_3（0.1mol/L）、$KBrO_3$（固体）、K_2CrO_4（0.1mol/L）、$Na_2S_2O_3$（0.1mol/L）、$AgNO_3$（0.1mol/L）、$Pb(NO_3)_2$（0.1mol/L）、Na_2SO_3（0.1mol/L）、H_2O_2（3%）、$SnCl_2$（0.5mol/L）、Mn^{2+} 试液（10mg/mL）、硫代乙酰胺（5%）、氨水、溴水、碘水、CCl_4、NaCl（固体）、I_2（固体）、Na_2O_2（固体）、MnO_2（固体）、硫粉、$K_2S_2O_8$（固体）、淀粉碘化钾试纸、醋酸铅试纸、pH 试纸。

训练操作

1. 卤族氧化性的比较

(1) 氯和溴的氧化性比较。在 1mL 1mol/L KBr 溶液中，逐滴加入氯水，振荡，有何现象？再加入 0.5mL CCl_4，充分振荡，又有何现象？氯和溴的氧化性哪个较强？

(2) 溴和碘的氧化性比较。在 1mol/L KI 溶液中，逐滴加入溴水，振荡，有何现象？再加入 0.5mL CCl_4，充分振荡，又有何现象？

比较上面两个实验，总结氯、溴和碘的氧化性的变化规律，并用电对的电极电势予以说明。

2. 卤素离子还原性的比较

① 往盛有少量（近似绿豆大小）氯化钠固体的试管中加入 1mL 浓 H_2SO_4，有何现象？用玻璃棒蘸一些浓 $NH_3 \cdot H_2O$ 移近管口以检验气体产物。

② 往盛有少量溴化钾固体的试管中加入 1mL 浓 H_2SO_4，又有何现象？用湿的淀粉碘化钾试纸检验气体产物。

③ 往盛有少量碘化钾固体的试管中加入 1mL 浓 H_2SO_4，又有何现象？用湿的醋酸铅试纸检验产物。

写出以上三个实验反应式并加以解释。说明氯、溴和碘离子的还原性强弱的变化规律。

3. 卤素的歧化反应

① 在一支小试管中加入 5 滴溴水，观察颜色，然后滴加数滴 2mol/L NaOH 溶液，振荡，观察现象。待溶液褪色后再滴加 2mol/L HCl 溶液至酸性，溶液颜色有何变化？

② 另取一支试管，用碘水代替溴水，重复上述实验，观察并解释所看到的实验现象。

4. 卤酸盐的氧化性

(1) 氯酸盐的氧化性

① 取少量 $KClO_3$ 晶体于试管中，加入少许浓盐酸（可稍微加热），注意逸出气体的气味，检验气体产物，写出反应式，并作出解释。

② 分别试验饱和 $KClO_3$ 溶液与 $0.1mol/L$ Na_2SO_3 溶液在中性及酸性条件下的反应，用 $AgNO_3$ 验证反应产物，该实验如何验证 $KClO_3$ 的氧化性与介质酸碱性的关系？

③ 取少量 $KClO_3$ 晶体，用 2mL 水溶解后，加入少量 CCl_4 及 $0.1mol/L$ KI 溶液数滴，振荡试管，观察试管内水相及有机相的变化。再加入 $6mol/L$ H_2SO_4 酸化溶液，又有何变化？写出反应式。

(2) 碘酸盐的氧化性。将 $0.1mol/L$ KIO_3 溶液用 $3mol/L$ H_2SO_4 酸化后，加入几滴淀粉溶液，再滴加 $0.1mol/L$ Na_2SO_3 溶液，有什么现象？若体系不酸化，又有什么现象？改变加入试剂顺序（先加 Na_2SO_3，最后滴加 KIO_3），又会有什么现象？

(3) 溴酸盐与碘酸盐的氧化性比较。往少量饱和 $KBrO_3$ 溶液中加入少量酸酸化后，再加入少量碘片，振荡试管，观察现象，写出反应式。

通过以上实验总结氯酸盐、碘酸盐和溴酸盐的氧化性的强弱。

5. 过氧化氢的制备及性质

(1) 过氧化氢的制备。在试管中加入少量 Na_2O_2 固体和 2mL 蒸馏水，置于冰水中冷却并不断搅拌，用 pH 试纸检验溶液的酸碱性，再往试管中滴加 $3mol/L$ H_2SO_4 至溶液呈酸性，保留溶液供下面实验使用。

(2) 过氧化氢的鉴定。取上面实验制得的溶液 2mL 于一试管中，加入 0.5mL 乙醚和 1mL $3mol/L$ H_2SO_4 溶液，然后加入 3~5 滴 $0.1mol/L$ K_2CrO_4 溶液，观察水层和乙醚层中的颜色变化。根据实验现象证明上述实验制得的是过氧化氢溶液。

(3) 过氧化氢的性质

① 过氧化氢的氧化性：在试管中加入几滴 $0.1mol/L$ $Pb(NO_3)_2$ 溶液和 5% 硫代乙酰胺溶液，在水浴上加热，观察沉淀的生成。离心分离，弃去溶液，并用少量蒸馏水洗涤沉淀 2~3 次，然后往沉淀中加入 3% H_2O_2 溶液，沉淀有何变化？

② 过氧化氢的还原性：在试管中加入 $0.5mol/L$ $AgNO_3$ 溶液，然后滴加 $2mol/L$ NaOH 溶液至有沉淀产生，再往试管中加入少量 3% H_2O_2 溶液，有何现象？注意产物颜色有无变化，并用余烬的火柴检验有何种气体产生？

③ 过氧化氢的催化分解：取 2 支试管分别加入 2mL 3% H_2O_2 溶液，将其中一支试管置于水浴上加热，有何现象？迅速用带余烬的火柴放在管口，有何变化？在另一支试管中加入少许 MnO_2 固体，有什么现象？迅速用带余烬的火柴放在管口，又有何变化？比较以上两种情况，MnO_2 对 H_2O_2 的分解起什么作用？写出反应式。

6. 多硫化钠的制备和性质

(1) 多硫化钠的制备。取 1g 研细的硫粉，与 1.5g 无水 Na_2CO_3 置于同一坩埚中，混合均匀，加热。先用小火，待反应物熔融后改用大火加热 15min。冷却后，加 5mL 热水溶解，将溶液转移到一试管中，观察产物的颜色，写出反应式。保留溶液供后续实验使用。

(2) 多硫化钠与酸反应。取 0.5mL 0.5mol/L $SnCl_2$ 溶液，加入 1mL 5% 硫代乙酰胺溶液，水浴加热，有何变化？离心分离，弃去溶液，往沉淀中加入步骤（1）制得的溶液 2mL，水浴加热，有何变化？如何解释？

(3) 取 1mL 步骤（1）制得的溶液，加 6mol/L HCl 溶液至呈酸性，观察现象。有无气体放出？如何检验？

7. 硫代硫酸盐的性质

(1) 硫代硫酸钠与 Cl_2 的反应。取 1mL 0.1mol/L $Na_2S_2O_3$ 溶液于一试管中，加入 2 滴 2mol/L NaOH 溶液，再加入 2mL 氯水，充分振荡，检验溶液中有无 SO_4^{2-} 生成。

(2) 硫代硫酸钠与 I_2 的反应。取 1mL 0.1mol/L $Na_2S_2O_3$ 溶液于一试管中，滴加碘水，边滴边振荡，有何现象？此溶液中能否检出 SO_4^{2-}？

(3) 硫代硫酸钠的配位反应。在一支试管中加入 0.5mL 0.1mol/L $AgNO_3$ 溶液，然后连续滴加 0.1mol/L $Na_2S_2O_3$ 溶液，边滴边振荡，直至生成的沉淀完全溶解，观察现象，并解释之。

8. 过二硫酸盐的氧化性

取 2 滴 Mn^{2+} 试液，加入 5mL 3mol/L H_2SO_4 和 5mL 蒸馏水，混匀后，把该溶液分成两份装入两支试管中。在两支试管中均加入等量的少许 $K_2S_2O_8$ 固体，且在其中一支试管中加入 1 滴 0.1mol/L $AgNO_3$ 溶液，然后把两支试管都放在水浴中加热，观察溶液颜色有何变化？

操作思考

1. 过氧化氢具有一定的腐蚀性，应如何做好防护？
2. 硫化氢的制备为何要在通风橱内进行？

4 有机化学实验技术

4.1 蒸馏和分馏技术

4.1.1 常压蒸馏

4.1.1.1 实验原理

蒸馏是分离和纯化液体有机物质最常用的方法之一,液体在一定的温度下具有一定的蒸汽压。将液体加热,它的蒸汽压就随着温度升高而增大。当液体的蒸汽压增加到与大气压力相等时,就有大量气泡从液体内部逸出,即液体沸腾。这时的温度称为液体的沸点。将液体加热至沸使液体变成蒸气,然后再使蒸汽冷凝并收集于另一容器的过程称为蒸馏。由于低沸点化合物较易挥发,因此,通过蒸馏我们就能把沸点差别较大的两种以上的混合液体分离开来,也可将易挥发物质和不挥发物质分开,从而达到分离和纯化的目的。同时,利用蒸馏方法可测定液体有机物的沸程(沸点范围),纯粹液体有机化合物在一定的压力下具有一定的沸点,它的沸点范围很小(1~2℃),但是具有固定沸点的液体不一定都是纯粹的化合物。液体化合物中如有杂质存在,则不仅沸点会有变化,而且沸点的范围也会加大。所以测定沸点也是鉴定有机化合物及其纯度的一种方法。

在实验室中进行蒸馏操作,所用仪器主要包括以下三部分:

① 蒸馏烧瓶:最常用的容器。液体在瓶内受热汽化,蒸汽经支管进入冷凝管,根据所蒸馏的液体的体积来选择蒸馏烧瓶,通常所蒸馏的液体体积不超过瓶体积 2/3,也不少于 1/3。

② 冷凝管:蒸汽在此处冷凝。液体的沸点高于 130℃者用空气冷凝管;低于 130℃者用水冷冷凝管。

③ 接收器:收集冷凝后的液体。

4.1.1.2 蒸馏装置的装配方法

选一个适用于蒸馏烧瓶口的塞子,钻孔,插入温度计。把此配有温度计的塞子塞入瓶口,调整温度计的位置,使在蒸馏时它的水银球能完全为蒸汽所包围,这样才能正确地测量出蒸汽的温度。通常水银球上端应恰好位于蒸馏烧瓶支管的下沿所在的水平线上。再选一个适用于冷凝管管口的塞子,钻孔,然后把它套在蒸馏烧瓶的支管上。支管口应伸出塞子 2~3cm 左右。在铁架台上,首先用铁夹固定好蒸馏烧瓶的位置(铁夹应夹在蒸馏烧瓶支管以上的瓶颈处),以后在装其他仪器时,不宜再调整蒸馏烧瓶的位置。

选一适用于接液管的塞子,钻孔,把冷凝管下端插入塞孔内。在另一铁架台上,用铁夹夹住冷凝管的中上部分。调整铁架台和铁夹的位置,使冷凝管和蒸馏烧瓶的支管尽可能在同一直线上。随后松开冷凝管上的铁夹,使冷凝管在此直线上移动与蒸馏烧瓶相连,这时,铁夹应正好夹在冷凝管的近中央部分。再装上接液管和接收器。

各个塞子必须大小合适,装配紧密,以防止在蒸馏过程中蒸汽漏出,使产品受损失或者发生着火事故。但应注意常压下的蒸馏装置必须与大气相通。

装配蒸馏装置时,必须顺序(由上而下、由左而右)安装,做到仪器装置正确稳妥。

在同一实验桌上装置几套蒸馏装置且相互间的距离较近时,每两套装置的相对位置必须是蒸馏烧瓶对蒸馏烧瓶,或是接收器对接收器;避免使一套装置的蒸馏烧瓶与另一套的接收器紧密相邻,这样有着火的危险。

图 4-1 是几种常用的蒸馏装置,可根据具体情况来选用。例如图 4-1(a) 是最简单的蒸馏装置,由于这种装置,接收器出口处可能逸出馏液蒸汽,故不能用于易挥发低沸点液体的蒸馏。图 4-1(b) 是可防潮的蒸馏装置,其接收装置可用于接收易挥发的低沸点易燃液体。

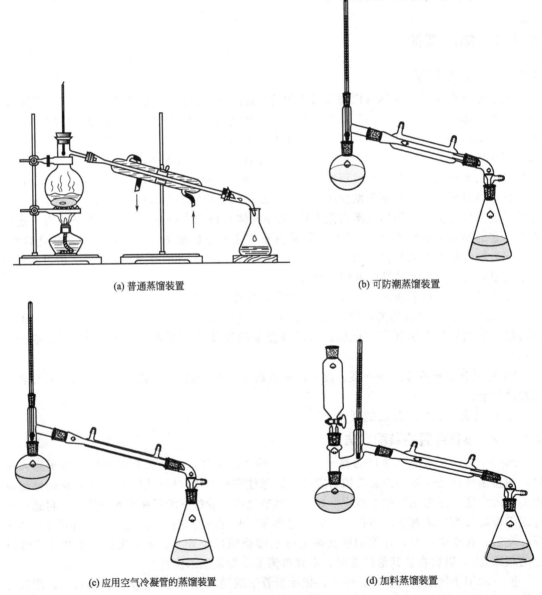

(a) 普通蒸馏装置　　(b) 可防潮蒸馏装置

(c) 应用空气冷凝管的蒸馏装置　　(d) 加料蒸馏装置

图 4-1　蒸馏操作装置

图 4-1(c) 是应用空气冷凝管的蒸馏装置，常用于蒸馏沸点在 130℃ 以上的液体，因为若使用直形水冷凝管，由于液体蒸汽温度较高会使冷凝管炸裂。图 4-1(d) 在圆底烧瓶上设置滴液漏斗进行蒸馏，适用于在蒸馏过程中需要进行加料的反应。

如果蒸馏出的物质易受潮，同时还放出刺激性和水溶性气体，则尚需装配气体吸收装置。

4.1.1.3 蒸馏操作与沸点的测定

样品经长颈漏斗加至蒸馏烧瓶中（如用短颈漏斗或不用漏斗时，必须沿瓶颈支管口对面的瓶壁慢慢倾入，以免液体流入支管），加入 2～3 粒沸石[1]，全部连接处紧密不漏气。

加热前，先向冷凝管缓缓通入冷水。然后将蒸馏烧瓶加热[2]。最初宜用小火，使液体沸腾，并调节火焰，使蒸馏速度以每秒钟自接液管滴下 1～2 滴馏液为宜[3]。记下第一滴馏液落入接收器时的温度，当温度计读数稳定时（此恒定温度即为沸点），另换事先称量过的接收器收集。继续加热，直至所有样品近于全部蒸完为止，记下接收器内馏分的温度范围和重量，馏分的温度范围越窄，则馏分的纯度越高。若收集馏分的温度范围已有规定，可收集规定温度范围的馏液[4]。

4.1.1.4 操作注释

[1] 为了消除液体在加热过程中的过热现象和保证沸腾的平稳状态，常用沸石（或无釉小瓷片），因为它们受热后能产生细小的空气泡，成为液体分子汽化的中心。从而可避免蒸馏过程中的跳动暴沸现象。

沸石必须在蒸馏前预先加入。倘若原有的沸石已失效，也应使液体冷至其沸点以下，再重新添加。当液体超过或达到其沸点时，投入沸石，将引起猛烈的暴沸，部分液体将冲出瓶外。若系易燃性物质，将引起火灾。

对于中途停止蒸馏的液体，在继续重新蒸馏前，应补加新的沸石。亦可用一端封闭、开口的一端朝下的毛细管代替沸石。毛细管的长度应能使其上端靠在烧瓶的颈部。

[2] 加热时可视液体沸点的高低而选用适当的热源，例如沸点在 80℃ 以下的易燃性液体，宜用沸水浴作为热源。高沸点的液体一般可用直接火焰加热，蒸馏烧瓶下应该放置石棉网，使受热均匀，并扩大受热面，但应注意加热时勿使火焰露出石棉网外，这样会使未被液体浸盖的烧瓶壁受热，沸腾的液体将产生过热的蒸汽，温度计将指示较高的温度。

[3] 蒸馏的速度不应太慢，太慢时易使水银球周围的蒸汽短时间中断，致使温度计上的读数有不规则的变动。在蒸馏过程中，温度计的水银球上应该始终附有冷凝的液滴，以保持液体两相的平衡。

[4] 即使样品很纯，也不可蒸干。

4.1.2 分馏

分馏又称精馏，是液体有机化合物分离提纯的一种方法，主要用于分离和提纯沸点很接近的有机液体混合物。在工业生产上，安装分馏塔（或精馏塔）实现分馏操作，而在实验室中，则使用分馏柱，进行分馏操作。

4.1.2.1 技术原理

如图 4-2 所示，加热使沸腾的混合物蒸气通过分馏柱，由于柱外空气的冷却，蒸气中的高沸点的组分

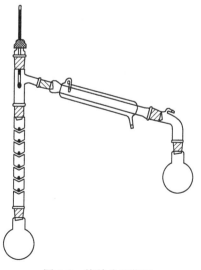

图 4-2 简单分馏装置

冷却为液体，回流入烧瓶中，故上升的蒸气含易挥发组分的相对量增加，而冷凝的液体含不易挥发组分的相对量也增加。当冷凝液回流过程中，与上升的蒸气相遇，二者进行热交换，上升蒸气中的高沸点组分又被冷凝，而易挥发组分继续上升。这样，在分馏柱内反复进行无数次的气化、冷凝、回流的循环过程；当分馏柱的效率高、操作正确时，在分馏柱上部逸出的蒸气接近于纯的易挥发组分；而向下回流入烧瓶的液体，则接近难挥发的组分。再继续升高温度，可将难挥发的组分也蒸馏出来，从而达到分馏的目的。

分馏柱有多种类型，能适用于不同的分离要求。但对于任何分馏系统，要得到满意的分馏效果，必须具备以下条件：

① 在分馏柱内蒸气与液体之间可以相互充分接触；
② 分馏柱内，自下而上，保持一定的温度梯度；
③ 分馏柱要有一定的高度；
④ 混合液内各组分的沸点有一定的差距。

为此，在分馏柱内，装入具有大表面积的填充物，填充物之间要保留一定的空隙，可以增加回流液体和上升蒸气的接触面。分馏柱的底部往往放一些玻璃丝，以防止填充物坠入蒸馏瓶中。分馏柱效率的高低与柱的高度、绝热性能和填充物的类型等均有关系。

4.1.2.2 装置与操作

（1）装置。分馏装置由蒸馏部分、冷凝部分与接收部分组成。分馏装置的蒸馏部分由蒸馏烧瓶、分馏柱与分馏头组成，比蒸馏装置多一根分馏柱。分馏装置的冷凝与接收部分，与蒸馏装置的相应部位相比，并无差异。

分馏装置的安装方法与安装顺序与蒸馏装置的相同。在安装时，要注意保持烧瓶与分馏柱的中心轴线上下对齐，使"上下一条线"，不要出现倾斜状态。同时，将分馏柱用石棉绳、玻璃布或其他保温材料进行包扎，外面可用铝箔覆盖以减少柱内热量的散发，削弱风与室温的影响，保持柱内适宜的温度梯度，提高分馏效率。要准备 3~4 个干燥、清洁的、已知重量的接收瓶，以收集不同温度馏分的馏液。

（2）操作。将待分馏的混合物加入圆底烧瓶中，加入沸石数粒。采用适宜的热浴加热，烧瓶内的液体沸腾后要注意调节浴温，使蒸气慢慢上升，并升至柱顶。在开始有馏出液滴出后，记下时间与记录温度，调节浴温使蒸出液体的速率控制在每 2~3s 流出 1 滴为宜。待低沸点组分蒸完后，更换接收器，此时温度可能有回落。逐渐升高温度，直至温度稳定，此时所得的馏分称为中间馏分。再换第三个接收器，在第二个组分蒸出时有大量馏液蒸馏出来，温度已恒定，直至大部分蒸出后，柱温又会下降。注意不要蒸干以免发生危险。这样的分馏体系，有可能将混合物的组分进行严格的分馏。如果分馏柱的效率不高，则会使中间馏分大大增加，馏出的温度是连续的，没有明显的阶段性与区分。对于出现这样问题的实验，要重新选择分馏效率高的分馏柱，重新进行分馏。进行分馏操作，一定要控制好分馏的速度，维持恒定的馏速。要使有相当数量的液体自分馏柱流回烧瓶。即选择合适的回流比，尽量减少分馏柱的热量散发及柱温的波动。

技能训练 4-1　沸点的测定及液体混合物的分离

训练目标

1. 熟悉利用蒸馏法测定沸点的操作。

2. 初步掌握蒸馏与分馏装置的安装与操作。
3. 比较蒸馏与分馏操作分离液体混合物的效率。

仪器及试剂

仪器：圆底烧瓶（100mL）、蒸馏头、刺形分馏柱、量筒（10mL、25mL、100mL）、直形冷凝管、接液管、锥形瓶（100mL）、温度计（分度值 0.1℃、100℃）、长颈漏斗。

试剂：丙酮、1,2-二氯乙烷。

训练操作

1. 沸点的测定

(1) 安装仪器。按图 4-1(a) 所示安装普通蒸馏装置，用 25mL 量筒作接收器，水浴加热。

(2) 添加物料。用量筒量取 35mL 丙酮，经长颈玻璃漏斗，由蒸馏头上口倒入圆底烧瓶中，加几粒沸石，安装好温度计。

(3) 测定沸点。检查装置严密性后，接通冷却水，用小火缓慢加热。当烧瓶内液体沸腾，蒸气环到达温度计汞球部位时，应适当降低加热强度，保持汞球底端时常挂有凝结的液珠。注意观察温度变化，并记录第一滴馏出液滴入接收器时的温度。调节水浴温度，控制蒸馏速度为 1~2 滴/s。当馏出液体积达 10mL 时，记录温度并停止蒸馏。

丙酮的沸程_____℃。

2. 蒸馏

稍冷却后，向圆底烧瓶中加入 15mL 1,2-二氯乙烷，并补加几粒沸石。继续加热蒸馏，用量筒收集下列温度范围的各馏分，并进行记录。当温度升至 83℃时，停止蒸馏。

温度范围/℃	体积/mL	温度范围/℃	体积/mL
56	_____	70~80	_____
56~60	_____	80~83	_____
60~70	_____	剩余液	_____

将各馏分及剩余液分别倒入指定的回收容器中。

3. 分馏

冷却后，将烧瓶内剩余液体倒出，重新装入 25mL 丙酮和 15mL 1,2-二氯乙烷，加几粒沸石，按图 4-2 所示改装成分馏装置。缓慢加热，使蒸气环约 15min 到达柱顶，记录第一滴馏出液滴入接收器时的温度。调节浴温，控制分馏速度为 1 滴/(2~3)s。用量筒收集下列温度范围的馏分，并记录。

温度范围/℃	体积/mL	温度范围/℃	体积/mL
56	_____	70~80	_____
56~60	_____	80~83	_____
60~70	_____	剩余液	_____

当温度升至 83℃时，停止分馏。冷却后，将各馏分及剩余液倒入指定的回收容器中。

4. 比较分离效果

在同一张坐标纸上，以温度为纵坐标，体积为横坐标，将蒸馏和分馏的实验结果分别绘制成曲线。比较蒸馏与分馏的分离效果，做出结论。

操作思考

1. 沸点测定时，什么时候的温度是待测样品的沸点？
2. 测定沸点时，温度计水银球能否插入液体中，为什么？

3. 加热太快或太慢对沸点有何影响？

4.1.3 水蒸气蒸馏

4.1.3.1 实验原理

水蒸气蒸馏是制备实验中常用的一种分离、提纯有机化合物的方法。当水与不溶于水的有机物一起受热时，若两者的饱和蒸气压之和等于外压，就会发生沸腾。

当与水不相混溶的有机物与水一起加热时，整个系统的蒸气压应为各组分蒸气压之和：

$$P_{总} = P_{水} + P_A$$

式中，$P_{总}$ 为体系总蒸气压；$P_{水}$ 为水蒸气压；P_A 为被提纯物质蒸气压。当 $P_{总}$ 与外界压力相等时，混合物即开始沸腾，被提纯物与水同时被蒸馏出来。所以混合物的沸点比其中任一组分的沸点都要低。蒸馏时混合物的沸点不变，蒸出液体的组成不变。我们知道，混合蒸气中各组分的物质的量之比等于各组分气体分压之比：

$$\frac{n_A}{n_{H_2O}} = \frac{P_A}{P_{H_2O}}$$

把 $n = W/M$ 代入上式后可得：

$$\frac{W_A}{W_{H_2O}} = \frac{P_A M_A}{P_{H_2O} M_{H_2O}}$$

式中，W_A、W_{H_2O} 为被提纯物和水在一定容积中蒸气的质量；M_A、$M_{水}$ 为它们的摩尔质量。我们可以根据混合物的沸腾温度从手册中查出该温度下纯水的蒸气压，再通过外界压力（$P_{总}$）求出被提纯物分压 P_A，从而计算出水蒸气蒸馏出来的有机物与水二者质量比（两种组分在馏液中的相对质量就是它们在蒸气中的相对质量）。

水蒸气蒸馏适用于下列场合：

① 混合物中有大量固体或树脂状物，不适合用通常的方法分离。
② 混合物中含有焦油状物，难以用通常方法分离。
③ 有机物的沸点较高，常压蒸馏时易分解。

4.1.3.2 水蒸气蒸馏装置安装

水蒸气蒸馏装置包括：水蒸气发生器、蒸馏部分、冷凝部分和接收器。按所用仪器的不同，可分成标准磨口仪器 [图 4-3(a)] 和普通仪器 [图 4-3(b)] 两种。

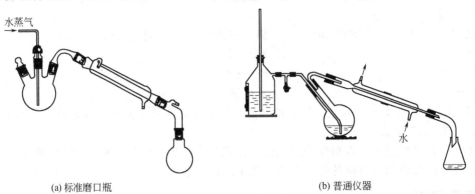

(a) 标准磨口瓶　　　　　　　　　　(b) 普通仪器

图 4-3　水蒸气蒸馏装置

水蒸气发生器通常是铁制或铜制的，发生器中要插入一长玻璃管作为安全管，管下端接近器底。上端伸出 20cm 左右。当内部压力太大时，水可沿着玻璃管上升，以调节内压。如果系统发生阻塞，水便会从管的上口喷出。发生器的侧面装有液面计，指示水量。器内盛水量以其容量的 1/2 为宜。实验中，也可用圆底烧瓶代替铁制或铜制水蒸气发生器。

水蒸气导出管与 T 形管相连，T 形管下端接一橡皮管，并用螺旋夹夹住，便于及时除去冷凝下来的水滴。在操作中如系统发生阻塞，安全管水位迅速升高时应立即打 T 形管的螺旋夹，使与大气相通。

用磨口烧瓶作蒸馏瓶，装置比较简单，只要注意水蒸气导入管离烧瓶底部约 1cm 便可。用普通仪器时，蒸馏部分用长颈圆底烧瓶。为了防止瓶中液体因跳溅而冲入冷凝管内污染馏液，故将烧瓶倾斜 45°，瓶内液体不得超过其容积的 1/3。水蒸气导出管要正对烧瓶底中央，距瓶底 0.8~1cm，蒸馏液出口与冷凝管相连。

水蒸气冷凝时吸热较多，应选用长式冷凝管，冷却水流速要大些。

水蒸气蒸馏操作时，先将要蒸馏的物料倒入蒸馏瓶，再安装好装置，并检查系统是否漏气，最后将 T 形管上的螺旋夹松开，便可开始蒸馏。用直接火加热水蒸气发生器，当有蒸气从 T 形管冒出时，旋紧螺旋夹，使水蒸气通入烧瓶。水蒸气起加热物料、搅拌和带出被蒸馏物蒸汽的作用。蒸馏时，应随时注意安全管上液柱的高度，防止系统堵塞。当冷凝管出现浑浊的液滴时，调节火焰，使流出的速度控制在 2~3 滴/s。为避免水蒸气在蒸馏瓶中过多冷凝，可以用小火加热蒸馏瓶。

当馏出液无明显油珠，澄清透明时便可停止蒸馏。蒸馏完毕后，一定要先打开螺旋夹使之通大气，然后方可停止加热，以免物料倒吸。

技能训练 4-2　八角茴香的水蒸气蒸馏

训练目标

1. 了解水蒸气蒸馏的原理和意义。
2. 初步掌握水蒸气蒸馏装置的安装与操作。
3. 学会从八角茴香中分离茴油的方法。

实验原理

八角茴香，俗称大料，常用作调味剂。八角茴香中含有一种精油，叫作茴油，其主要成分为茴香脑，为无色或淡黄色液体，不溶于水，易溶于乙醇和乙醚。工业上用作食品、饮料、烟草等的增香剂，也用于医药方面。由于其具有挥发性，可通过水蒸气蒸馏从八角茴香中分离出来。

仪器及试剂

仪器：水蒸气发生器、三口烧瓶（250mL）、锥形瓶（250mL）、直形冷凝管、蒸馏弯头、接液管、长玻璃管（50cm）、T 形管、螺旋夹。

试剂：八角茴香。

训练操作

1. 安装仪器

按图 4-3(b) 所示安装水蒸气蒸馏装置，用锥形瓶作接收器。水蒸气发生器中装入约占其容积 2/3 的水。

2. 加料

称取 5g 八角茴香，捣碎后放入 250mL 三口烧瓶中，加入 15mL 水。连接好仪器。

3. 加热

检查装置气密性后，接通冷却水，打开 T 形管上的螺旋夹，开始加热。

4. 蒸馏

当 T 形管处有大量蒸气逸出时，立即旋紧螺旋夹，使蒸气进入烧瓶，开始蒸馏，调节蒸气量，使馏出速度控制在 2~3 滴/s。

5. 停止蒸馏

当馏出液体积达 150mL 时，打开螺旋夹，停止加热，稍冷后，停通冷却水，拆除装置。记录馏出液体积，并倒入指定容器中。

> **操作思考**
>
> 1. 水蒸气蒸馏的原理是什么？
> 2. 在水蒸气蒸馏装置中，T 形管下端螺旋夹的作用是什么？
> 3. 为什么蒸馏完毕后，必须首先打开螺旋使之通大气？

4.1.4 减压蒸馏

4.1.4.1 减压蒸馏及其适用范围

液体物质的沸点是随外界压力的降低而降低的。利用这一性质，降低系统压力，可使液体在低于正常沸点的温度下被蒸馏出来。这种在较低压力下进行的蒸馏叫作减压蒸馏（又称真空蒸馏）。

一般的有机化合物，当外界压力降至 2.7kPa 时，其沸点可比常压下降低 100~120℃。因此，减压蒸馏特别适用于分离和提纯沸点较高、稳定性较差，在常压下蒸馏容易发生氧化、分解或聚合的有机化合物。

4.1.4.2 减压蒸馏装置

减压蒸馏装置如图 4-4 所示，由蒸馏部分、减压部分、测压和保护部分等组成。

(1) 蒸馏部分。蒸馏部分与普通蒸馏装置相似。所不同的是需要使用克氏蒸馏头。将一根末端拉成毛细管的厚壁玻璃管由克氏蒸馏头的直管口插入烧瓶中，毛细管末端距瓶底约 1~2mm。玻璃管的上端套上一段附有螺旋夹的橡胶管，用以调节空气进入量，在液体中形成沸腾中心，防止暴沸，使蒸馏能够平稳进行。温度计安装在克氏蒸馏头的侧管中，其位置要求与普通蒸馏相同。常用耐压的圆底烧瓶作接收器。当需要分段接收馏分而又不中断蒸馏时，可使用多尾接液管。转动多尾接液管，可使不同馏分进入指定接收器中。

(2) 减压部分。实验室中常用水泵或油泵对体系抽真空来进行减压。

水泵所能达到的最低压力为室温下水的蒸气压。例如在 25℃ 时为 3.16kPa，10℃ 时为 1.228kPa。这样的真空度已可满足一般减压蒸馏的需要。使用水泵的减压蒸馏装置较为简便。

使用油泵能达到较高的真空度（如性能好的油泵可使压力减至 0.13kPa 以下）。但油泵结构精密，使用条件严格。蒸馏时，挥发性的有机溶剂、水或酸雾等都会使其受到损坏。因此，使用油泵减压时，需设置防止有害物质侵入的保护系统，其装置较为复杂。

(3) 测压、保护部分。测量减压系统的压力常用水银压力计。水银压力计分开口式和封闭式两种（见图 4-5）。

图 4-5(a) 为开口式压力计。其两臂汞柱高度之差，就是大气压力与系统中压力之差。

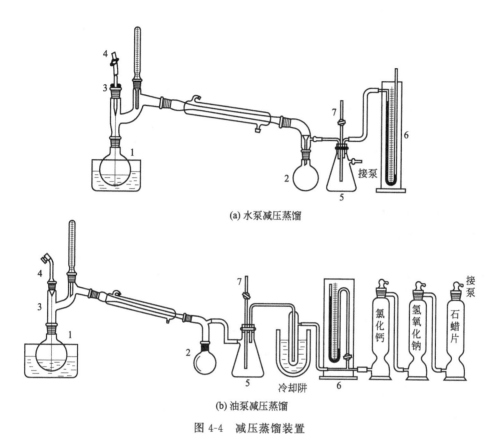

(a) 水泵减压蒸馏

(b) 油泵减压蒸馏

图 4-4 减压蒸馏装置

1—圆底烧瓶；2—接收器；3—克氏蒸馏头；4—毛细管；5—安全瓶；6—压力计；7—二通活塞

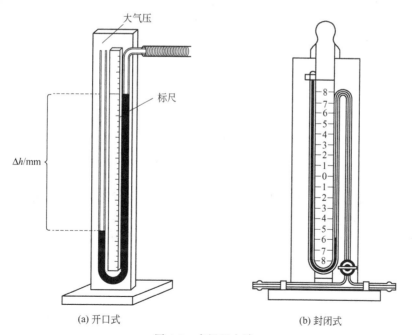

(a) 开口式　　(b) 封闭式

图 4-5 水银压力计

因此蒸馏系统内的实际压力（真空度）等于大气压减去汞柱差值。这种压力计准确度较高、容易装汞。但操作不当，汞易冲出，安全性较差。

图 4-5(b) 为封闭式压力计。其两臂汞柱高度之差即为蒸馏系统内的真空度。这种压力计读数方便，操作安全，但有时会因空气等杂质混入而影响其准确性。

使用不同的减压设备，其保护装置也不相同。利用水泵进行减压时，只需在接收器、水泵和压力计之间连接一个安全瓶（防止水倒吸），瓶上装配二通活塞，以供调节系统压力及放入空气解除系统真空用。

利用油泵减压时，则需在接收器、压力计和油泵之间依次连接安全瓶、冷却阱（置于盛有冷却剂的广口保温瓶中）及三个分别装有无水氯化钙、粒状氢氧化钠、片状石蜡的吸收塔，以冷却、吸收蒸馏系统产生的水汽、酸雾及有机溶剂等，防止其侵害油泵。

4.1.4.3 减压蒸馏操作

减压蒸馏的操作步骤如下。

(1) 检查装置。蒸馏前，应首先检查装置的气密性。先旋紧毛细管上的螺旋夹，再开动减压泵，然后逐渐关闭安全瓶上的活塞，观察能否达到要求的压力。若达不到需要的真空度，应检查装置各连接部位是否漏气，必要时可在塞子、胶管等连接处进行蜡封。若超过所需的真空度，可小心旋转活塞，缓慢引入少量空气，加以调节。当确认系统压力符合要求后，慢慢旋开活塞，放入空气，直到内外压力平衡，再关减压泵。

(2) 加入物料。将待蒸馏的液体加入圆底烧瓶中（液体量不得超过烧瓶容积的1/2）。关闭安全瓶上的活塞，开动减压泵，通过毛细管上的螺旋夹调节空气进入量，使烧瓶内液体能冒出一连串小气泡为宜。

(3) 加热蒸馏。当系统内压力符合要求并稳定后，开通冷却水，用适当热浴加热（一般浴液温度要高出蒸馏温度约20℃）。液体沸腾后，调节热源，控制馏出速度为1~2滴/s。记录第一滴馏出液滴入接收器及蒸馏结束时的温度和压力。

(4) 结束蒸馏。蒸馏完毕，先撤去热源，慢慢松开螺旋夹，再逐渐旋开安全瓶上的活塞，使压力计的汞柱缓慢恢复原状（注意：若活塞开得太快，汞柱快速上升，有时会冲破压力计）。待装置内外压力平衡后，关闭减压泵，停通冷却水，结束蒸馏。

4.2 萃取分离技术

萃取和洗涤是分离、提纯有机化合物常用的方法之一。萃取是溶质从一种溶剂向另一种溶剂的转移过程。萃取是从液体或固体混合物中提取所需要的物质，而洗涤是从混合物中分离除去不需要的杂质。所以洗涤也是一种萃取，两者原理是相同的，按萃取两相的不同，可分为液-液萃取、液-固萃取等。

萃取操作在有机化学中，可用于多种目的。许多天然产物存在于含水分很高的动、植物组织中，可用一种与水不相混的溶剂萃取这些组织。例如，在茶叶的水溶液加几份氯仿，便可从水溶液中提取咖啡因这一天然产物；反之，可以用水把杂质从一种有机混合物中萃取出来。

4.2.1 液体物质的萃取

4.2.1.1 实验原理

萃取是利用待萃取混合物中各组分在两种互不相溶的溶剂（两相）中的溶解度和分配系数的不同，使其中某一组分从一种溶剂转移到另一种溶剂中，从而实现混合物的分离。

萃取是以分配定律为基础的。当把萃取剂加入到混合物中，在一定的温度、压力下，一种物质（被萃取物质）在两种互不相溶的溶剂（a、b）中的平衡关系可以用分配比表示，即：

$$K = \frac{\rho_a}{\rho_b} = 常数$$

式中　ρ_a——被萃取物质在萃取剂中的质量浓度；
　　　ρ_b——被萃取物质在原溶液中的质量浓度。

对于液-液萃取，K 为分配系数。

4.2.1.2　萃取次数确定原则

萃取率为萃取液中被提取的溶质与原溶液中溶质的量之比。由上式可见，分配系数愈大，萃取的效率愈好，或萃取分离效果愈好。

影响萃取效果的主要因素是：被萃取物质在两相间的分配平衡系数以及在萃取过程中两相之间的接触情况。上述因素都与萃取次数和萃取剂的类型有关。当萃取剂与萃取溶液不互溶且分配系数 K 值不够大时，不可能用一次萃取将所有被萃取组分全部分离出来。利用分配定律可推导出最佳的萃取次数。

当用一定量溶剂萃取时，分 n 次萃取要比一次萃取好，即少量多次萃取效率高。

当萃取剂的总量不变时，少量多次萃取方式的萃取效率高。但当 $n>5$ 时，萃取次数多，手续麻烦，而且每次萃取后的分离操作还有一定的损失，所以从诸多因素考虑，对于一定体积的溶剂一般分 3 次萃取，通常不超过 5 次。

4.2.1.3　萃取剂的选择

溶剂对萃取分离效果的影响很大，在选择时应注意以下几点。

① 液-液萃取。被分离物质在萃取剂与原溶液两相间的平衡关系是选择萃取剂首先考虑的问题。萃取液对被提取物质的溶解度要大，即 K 值要大，萃取剂用量少。例如，在水中萃取有机物时，萃取剂与水应不相混溶，而被提取的物质在萃取剂中要比在水中的溶解度大。从水溶液中萃取有机物时，难溶于水的有机溶剂可选用石油醚作萃取剂，较易溶于水的有机溶剂可选用苯、乙醚作萃取剂。易溶于水的有机溶剂用乙酸乙酯作萃取剂。常用的萃取剂还有四氯化碳、氯仿、二氯甲烷、三氯甲烷等。要从有机物中除去少量酸性或碱性无机杂质时，可选用 5% 的氢氧化钠、5%~10% 碳酸钠或碳酸氢钠、稀盐酸或稀硫酸等作萃取剂。

② 萃取剂应与水的密度有明显差异，以利于两相分层。

③ 萃取剂应有一定的化学稳定性和较小的毒性。

4.2.1.4　分液漏斗的选择

液-液萃取常用的仪器是分液漏斗。分液漏斗的容积一般要比液体的体积大一倍以上。分液漏斗有圆形、梨形、长筒形等。圆形分液漏斗有利于萃取两相间密度差小的液体分层，分液漏斗的形状越长，两个液层静置分层所需的时间越长。

4.2.1.5　萃取操作方法

① 使用前应先检查分液漏斗活塞及塞子是否漏液。检查的方法是：在分液漏斗中加入一定量的水，将上口塞子盖好，上下摇动，检查上下口是否漏水。旋动活塞，检查活塞是否旋动灵活。若活塞口有漏液，可将塞心取出擦干，重新涂一薄层凡士林（与滴定管涂油方法相同），涂好后将活塞插入活塞孔，转动活塞使其均匀透明，可用橡皮圈套在活塞的凹槽处。

② 将分液漏斗放在铁圈中。铁圈用三段短橡皮管，沿其长度剪开，将其套在铁圈上。关好活塞，将被萃取溶液通过普通漏斗倒入分液漏斗中，加入萃取剂，其加入量约为被萃取液的 1/3，而溶液的总体积不超过分液漏斗的 2/3，塞上塞子。

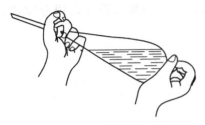

图 4-6 摇动分液漏斗的正确方法

③ 萃取振荡的方法。将分液漏斗的下口略朝上，右手的拇指和中指捏住上口瓶颈部，食指压紧上口玻璃塞，左手牢牢握住活塞，因为两种互不溶的溶剂在混合时产生的压力会将塞子从分液漏斗顶出。以左手的拇指和食指控制活塞。如图 4-6 所示。

将漏斗放平，前后摇动或作圆周运动，使两相完全接触。在振荡过程中，应注意下口应稍向上倾斜，不断打开活塞排气（注意不要对着人），如图 4-7 所示。在萃取振荡过程中，分液漏斗下口也不要对着人，以免内压太大，造成漏斗的塞子被顶开，使液体喷出伤人。特别是在使用石油醚、乙醚等低沸点的溶剂或用稀碳酸钠、碳酸氢钠等碱性萃取剂从有机相分离酸性杂质时，更应及时排气。经过几次放气后，随振荡时间的增加，可适当延长平衡气压的时间间隔。待压力减小后，再重复上述操作数次后，将漏斗置于铁架台上的铁圈上，静置。待两相界面分层清晰时，可进行分液操作。分液漏斗支架装置如图 4-8 所示。

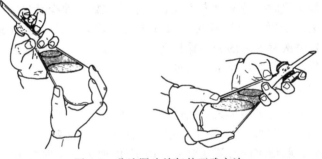

图 4-7 分液漏斗放气的正确方法

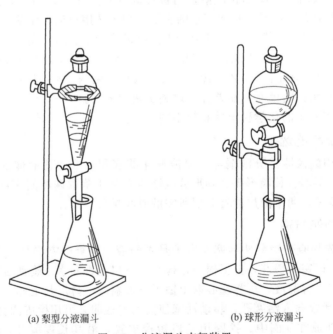

(a) 梨型分液漏斗　　　(b) 球形分液漏斗

图 4-8 分液漏斗支架装置

④ 分液时，打开漏斗上口塞子或将塞子上的小槽对准漏斗的通气孔，慢慢旋开下口活

塞，将下层液体从活塞口放入已干燥好的锥形瓶中，如两相界面有絮状物，也要一起分离掉。在萃取相（如水相）中再加入新的萃取剂继续萃取。

⑤ 萃取次数一般为3～5次，合并萃取相。于萃取液中加入合适的干燥剂进行干燥。干燥后，蒸去溶剂，再根据蒸馏物的性质，选择合适的纯化方法，再次提纯。

⑥ 上层液体由上口倒入到另一准备好的锥形瓶中，切不可将上层液由活塞放出，以免被残留在漏斗颈内的下层液体沾污。

4.2.1.6 萃取操作的注意事项

① 乙醚作萃取剂时，必须事先检查乙醚中是否有过氧化物，含有过氧化物的乙醚，使用前需做处理。

② 分液漏斗中的液体不可太多，装入量不要超过分液漏斗体积的2/3，液体太多，会影响分离效果。

③ 有时由于两相密度相差较小、溶液中存在少量轻质物，会出现部分互溶，在萃取时使分层不明显或不分层。当溶液呈碱性时，会产生乳化现象。解决的办法是：静置时间长一些，或加入少量电解质（如食盐），增加水相的相对密度，促使有机物溶于萃取液中。另外，萃取碱性水样所产生的乳油层，可滴入酸使之澄清。对于乳油层比较黏稠时，可滴加丙酮、醇等溶剂，以降低水的表面张力，促使其分层。若上述方法都不能将絮状物破坏时，应在分离操作时，将絮状物随萃取相（水相）一同放出，否则会因杂质的引入而影响萃取效果。

④ 液体分层后应正确判断有机相和水相，一般可根据密度来确定，密度大的在下面，密度小的在上面。在萃取中，上下两层液体都应该保留到实验结束，以防由于判断失误，使实验失败。

⑤ 分液漏斗与碱性物质接触后，要冲洗干净。另外，还应重视有机溶剂的回收，避免造成浪费，以及污染环境。

4.2.2 固体物质的萃取

从固体物质中提取所需物质，是利用溶剂对样品中被提取成分和杂质之间溶解度的不同，而达到分离提取的目的。常用的方法有浸取法和连续萃取方法。

浸取法是将溶剂加入被萃取的固体物质中浸泡溶解，使易溶于萃取剂的组分提取出来，再进行分离纯化。当用有机溶剂萃取时，要用回流装置。

连续萃取法是连续萃取时，在萃取过程中循环使用一定量的萃取剂，并保持萃取剂体积基本不变的萃取方法。实验室中常使用索氏提取器（图4-9）来进行萃取。

4.2.2.1 索氏提取器的工作原理

对烧瓶内溶剂加热，使其蒸气沿抽提筒侧面的蒸气通道上升至冷凝管，被冷凝为液体，滴到滤纸筒上，滤纸筒被冷凝液浸泡。当提取管中的液面超过吸管的最高处时，溶剂带着从固体中萃取出来的物质流回烧瓶，因冷凝回到提取管的是纯溶剂，所以，经过多次重复就可将要提取的物质富集于烧瓶内。提取结束后对提取液进行分离，即可得到产物。

4.2.2.2 操作方法

① 将固体物质研细，放入滤纸筒内，上下口包紧，以免固体逸出。纸筒的高度不超过索氏提取器的虹吸管。纸筒不宜包得过紧，过

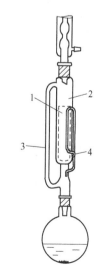

图4-9 索氏提取器
1—滤纸套；2—提取器；
3—支管；4—虹吸管

紧会缩小固-液的接触面积，但过松，滤纸筒不便取放。

② 提取装置的安装，应按由下向上的顺序安装。以热源的高度为基准，将烧瓶用万能夹固定好，烧瓶内加入数粒沸石，装上提取器，于提取器上方安装球形冷凝管，并用万能夹固定好。安装好的仪器应垂直于实验台面。

③ 于提取器上口加入有机溶剂，液体通过虹吸流入蒸馏瓶，加入溶剂量应视提取时间和溶解程度而定。

④ 通入冷凝水，加热，液体沸腾后开始回流。液体在提取筒中蓄积，使固体浸入液体中。当液面超过虹吸管顶部时，蓄积的液体带着从固体中提取出来的易溶物质流入蒸馏瓶中。如此反复，即可使固体中易溶解的物质全部提取到液体中来。在提取过程中，应注意调节温度。因在提取过程中，会因温度过高被提取的溶质会在烧瓶壁上结垢或炭化。

技能训练 4-3　茶叶中提取咖啡因

训练目标

1. 了解从茶叶中提取咖啡因的原理和方法。
2. 学习用索氏提取器萃取的操作技术。
3. 学习生化提纯的操作技术。

实验原理

茶叶里含有多种生物碱，其中以咖啡碱（又称咖啡因）为主，其含量为 3％～5％。此外，还含有丹宁酸、没食子酸及色素、纤维素、蛋白质等。含结晶水的咖啡因为无色针状结晶，味苦，置于空气中可风化，易溶于水、乙醇、氯仿、丙酮等。微溶于石油醚，难溶于苯和乙醚。在 100℃时失去结晶水并开始升华，120℃时升华相当显著，至 178℃时升华速度达到最快。无水咖啡因的熔点为 238℃。

本实验从茶叶中提取咖啡因时，用乙醇做溶剂，在索氏提取器中连续抽提，然后浓缩，即可得粗咖啡因，利用升华或结晶可作进一步提取。

仪器及试剂

仪器：索氏提取器 1 个、蒸发皿 1 个、圆底烧瓶 1 个、水浴锅、直形冷凝管、接液管、锥形瓶、玻璃漏斗、温度计、滤纸套筒。

试剂：95％乙醇、茶叶末、氧化钙。

训练操作

1. 取 10g 茶叶末，装入滤纸套筒内，筒的上口用滤纸盖好，将滤纸筒小心插入提取器中。取 80mL 95％乙醇加入圆底烧瓶中，加几粒沸石，按图 4-10 安装好装置。

2. 水浴加热至沸腾，连续提取 2～3h，当提取液颜色很淡时，待冷凝液刚刚虹吸下去时，即可停止加热抽提。

3. 待烧瓶中溶液稍冷后，将装置改为蒸馏装置，水浴加热，蒸馏回收提取液中的大部分乙醇。烧瓶中剩余 10～15mL 溶液时，停止加热，将残液倒入蒸发皿中，加入 2～3g 研细的生石灰（吸收水分、中和溶液），在蒸气浴上蒸干（注意用搅拌棒不断搅拌，以免溶液因沸腾而溅出），再用灯焰隔石棉网焙烧片刻，除去余下水分，冷却后，擦去沾在边上的粉末，以免升华时污染产物。

4. 在蒸发皿上面覆盖一张刺有许多小孔（用牙签扎）的滤纸。然后将大小合适的玻璃漏斗罩在上面，漏斗的颈部塞一点棉花，减少蒸气逃逸。如图 4-11 所示，在石棉网上用酒精灯小火加热升华。产生的蒸气会通过滤纸小孔上升，冷却后凝结在滤纸孔上或漏斗壁上。当观察到纸孔上出现白色毛状结晶时，停止加热，让其自行冷却，必要时漏斗外壁可用湿布冷却。当漏斗中观察不到蒸气时，方可揭开漏斗和滤纸，仔细地把附着在纸上及器皿周围的咖啡因刮下，残渣经拌和后用较大的火再加热片刻，使升华完全。合并两次收集的咖啡因于表面皿上，称量并测熔点。

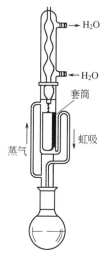

图 4-10　茶叶提取咖啡因装置

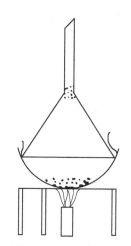

图 4-11　咖啡因干燥装置

注意事项

1. 生石灰起吸水和中和作用。
2. 在萃取回流充分的情况下，升华操作的好坏是本实验成败的关键。在升华过程中始终都须用小火加热。如温度太高，会使滤纸炭化变黑，并把一些有色物质蒸出，使产品不纯。

操作思考

1. 升华操作时，应注意哪几方面？
2. 除了升华提纯方法外，还可以采取哪种方法提纯咖啡因？
3. 若滤纸包中的茶叶末漏出，有可能出现什么情况？

技能训练 4-4　液-液萃取操作

训练目标

掌握用分液漏斗萃取的操作方法。

仪器及试剂

仪器：分液漏斗、铁架台、铁圈、锥形瓶。
试剂：二氯甲烷、5%苯酚溶液、0.1%三氯化铁。

> 💡 **训练操作**

1. 将 20mL 5%的苯酚溶液加入分液漏斗中，向漏斗内加入 20mL 二氯甲烷溶液，盖上上口玻璃塞。
2. 振动分液漏斗，开始时，每振动几下，应及时打开下口活塞放出二氯甲烷蒸气（注意下口向上倾斜，不要对着人，以免试剂喷出），重复数次。萃取完成后，将分液漏斗放入铁架台上的铁圈内，静置分层。
3. 待液体分成清晰的上下两层后，将上口玻璃塞取下或将玻璃塞上的小槽对准漏斗的通气孔，然后小心地缓慢旋开下口的活塞，将下层液收集到一个已烘干的锥形瓶中。上层溶液从上口倒入另一锥形瓶中。
4. 另取 20mL 5%的苯酚溶液，放入到已洗净的分液漏斗内，用 20mL 二氯甲烷分两次萃取，每次 10mL，将两次萃取分离出来的二氯甲烷收集到一起，并从上口将上层溶液放入一锥形瓶中。
5. 取 5%的苯酚溶液经一次萃取后和二次萃取后的水溶液各 2 滴，放入到点滴板上，各加入 1 滴 0.1%三氯化铁溶液，观察比较三个溶液的颜色，可得到什么结论？

> 💡 **操作思考**

1. 萃取液二氯甲烷应在上层还是下层？
2. 简述萃取的基本原理。

4.3 有机物质的制备

4.3.1 回流装置

4.3.1.1 回流装置

大多有机物质的制备都需要在液相中或固-液混合相中，使反应物质保持较长时间的沸腾才得以完成。为了防止长时间的加热造成反应物料的蒸发损失，以及因物料蒸发而导致火灾、爆炸、环境污染等事故的发生，因此在有机物质的制备过程中经常应用回流技术。

在反应中令加热产生的蒸气冷却并使冷却液流回反应系统的过程称为回流。凡能圆满地实现这一过程的工艺称为回流技术。

实验室中的普通回流装置如图 4-12(a) 所示。主要是由反应容器和冷凝管组成。反应容器一般选用锥形瓶、圆底烧瓶等。冷凝管一般选用球形冷凝管，当被加热的液体沸点高于 140℃时，可选用空气冷凝管。

为满足实际中不同要求的需要，通常还有以下几种回流装置：

(1) 带有气体吸收的回流装置。即在普通回流装置的冷凝管上口接上一气体吸收装置，如图 4-12(b) 所示。它适用于回流时有水溶性气体，特别是有害气体（如氯化氢、溴化氢、二氧化硫等）的产生。

(2) 带有干燥管的回流装置。水气的存在会影响物料的反应，在普通回流装置的冷凝管的上口装配有干燥管，可避免水气进入回流体系，如图 4-12(c) 所示。

(3) 带有水分离器的回流装置。即在圆底烧瓶上装一水分离器，再在分离器上装配球形冷凝管，用于分出反应中生成的水，如图 4-12(d) 所示。

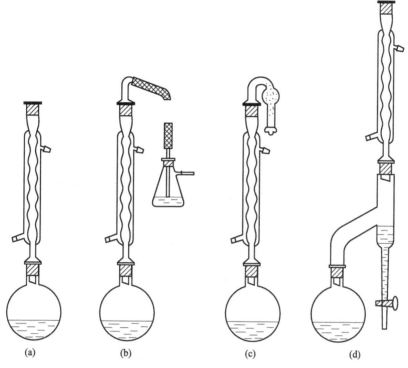

图 4-12 回流装置

4.3.1.2 回流装置装配

① 选择大小合适的圆底烧瓶或锥形瓶，物料的体积应占烧瓶容量的 1/3~2/3，并加入少量沸石。

② 选择磨塞与圆底烧瓶口匹配的冷凝管。

③ 选择合适的加热浴［一般常用的有水浴（加热温度<100℃）、油浴（加热温度100~250℃）］，与电炉（或煤气灯）组成加热源。

④ 将烧瓶用万能夹夹在瓶颈上端，以热源高度为基准，将烧瓶固定在铁架台上，以后在装配其他仪器时，不宜再调整烧瓶的位置。

⑤ 分别在冷凝管的上下侧管套上橡皮管，按由下往上的次序，将冷凝管装在烧瓶的口上，并用万能夹将其固定在同一铁架台上。冷凝管下端的橡皮管与水龙头相连，上端的橡皮管通向水槽。

⑥ 整个装置要求准确端正，上下在同一垂直线上，所有铁夹和铁架都应整齐地放在仪器的背部。

⑦ 实验完成后，应先停止加热，再拆卸装置。拆卸时则按与装配时的顺序相反的次序进行，即从上往下先拆除冷凝管，再拆下烧瓶，最后移去热源。

4.3.1.3 注意事项

① 各仪器的连接部位要紧密，以防泄漏，造成不必要的损失和事故。

② 直立的冷凝管夹套中自下至上通入冷水，使夹套充满水，水流速度不必很快，能保持充分冷凝即可。

③ 控制加热程度，使蒸气上升的高度不超过冷凝管的 1/3。

④ 回流时如发现忘记加沸石，需补加时，不能在液体沸腾时加入，一定要稍冷以后才

能补加。否则，液体将有冲出的可能而伤人。

4.3.2 有机物制备的反应装置

4.3.2.1 用于有机物制备反应装置的组件

制备有机化合物的反应装置通常由下列几种组件组成。

(1) 反应容器

① 短颈圆底烧瓶，用于反应物料一开始就可混合在一起的反应，如回流操作。

② 二口圆底烧瓶，或单口圆底烧瓶与 Y 形管组合。用于反应中有两种操作同时进行，如加料和回流冷凝。

③ 三口圆底烧瓶，用于反应中有三种操作同时进行，如加料、搅拌和冷凝。

④ 四口圆底烧瓶，用于反应中有四种操作同时进行，如回流下搅拌、滴加反应组分和反应温度测量。

(2) 冷凝器。一般选用球形冷凝器，用作反应温度下的回流冷凝，避免反应液的蒸发。

(3) 搅拌器。通常由电动搅拌机与搅拌棒组成。可使多组分充分混合，在非均相体系中可将不互溶的液体搅匀。在均相体系中，搅拌可使分次加入的物质迅速而均匀地分散在溶液中，或者为避免局部过热和局部高浓度而使用搅拌。所用的搅拌棒通常由玻璃棒制成，式样较多。

磁力搅拌器能在完全封闭的容器内进行搅拌。它是由电动机驱动磁铁旋转再使反应器中包有玻璃、聚四氟乙烯等的小铁棒转动。它用于氢化、高真空操作等。小量操作时它通常可代替其他类型的搅拌器。

(4) 密封装置。搅拌棒可伸入一搅拌套管（套管的大小与烧瓶的中口一致）中，如图 4-13所示，套管的上端与搅拌棒用一节胶管套住，达到密封的目的。胶管用甘油或蓖麻油润滑。

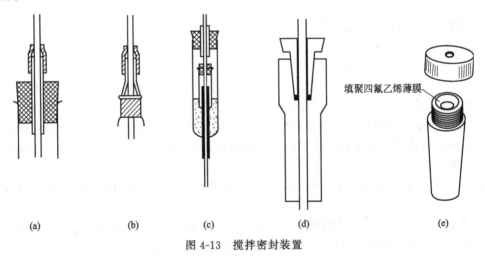

图 4-13 搅拌密封装置

密封装置也可使用由聚四氟乙烯制成的搅拌密封塞，它是由螺旋盖、硅橡胶密封填圈和标准磨口塞组成。使用时只需选用适当直径的搅拌棒插入标准磨口塞与垫圈孔中，在垫圈与搅拌棒接触处涂少许甘油润滑，旋上螺旋口至松紧合适，并把标准磨口塞紧塞在烧瓶上即可。

4.3.2.2 有机物制备反应装置类型

(1) 普通回流装置。由圆底烧瓶和冷凝器组成。如要在隔绝湿气下进行加热回流，则在冷凝器上端装一装有氯化钙或硅胶的干燥管。

(2) 带有滴加反应液的回流反应装置。由二口烧瓶[或在圆底烧瓶上装一 Y 形管, 如图 4-14(a) 所示]、冷凝器和滴液漏斗组成。用于加热回流(隔绝或不隔绝湿气)同时滴加物料。

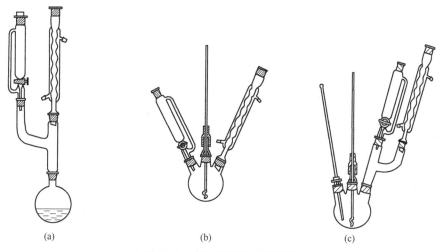

图 4-14 有机物制备反应装置

(3) 带有搅拌的反应装置。如图 4-14(b) 所示, 是由三口烧瓶、搅拌器、滴液漏斗、冷凝器组成。用于在搅拌下向反应体系滴加物料, 也可以加热回流(隔绝或不隔绝湿气), 适用于大量起始原料的合成。

(4) 带有测温、搅拌的反应装置。如图 4-14(c) 所示, 是由四口烧瓶(或三口烧瓶与 Y 形管组合)、搅拌器、滴液漏斗、温度计组成。用于在搅拌下, 一边调节内部温度, 一边向反应体系中滴加物料; 也可以加热回流(隔绝或不隔绝湿气)。

4.3.2.3 有机物制备反应装置的安装

① 将烧瓶用铁夹夹在瓶颈上端, 以热源高度为基准, 把烧瓶固定在铁架台上, 以后在装配其他仪器时, 不宜再调整烧瓶的位置。因为安装的顺序一般是先从热源处开始, 然后由下而上, 从左往右依次安装。

② 搅拌棒伸入一搅拌套管(套管的大小与烧瓶的中口一致)其上端与搅拌棒用一节胶管套住。

③ 将该导向装置放入烧瓶的中口中, 搅拌棒一端离反应容器壁 5mm。如反应容器中有温度计, 则搅拌棒不能打到温度计。将电动搅拌机与烧瓶固定在同一铁架台上, 并将搅拌棒与之相连。

④ 分别在冷凝管的上下侧管套上橡皮管, 其中下端侧管为进水口, 橡皮管连到自来水龙头上, 上端的出水口橡皮管导入水槽。直立于烧瓶的一斜口, 并用铁夹夹住, 铁夹尽量与搅拌器固定在同一铁架台上。

⑤ 然后在另一斜口上, 装上滴液漏斗。在直立的支口上装上温度计。温度计的安装与搅拌棒的安装相同。

4.3.2.4 注意事项

① 搅拌机、搅拌棒、烧瓶应在同一垂直线上。安装时要开动搅拌, 但速度不宜太大, 以免将玻璃打破。看其是否碰撞器壁或温度计, 以匀速转动没有杂声为准。

② 在安装冷凝器时, 尽量不要破坏原有的垂直线, 如被破坏则要重新调整。

③ 支撑所有仪器的夹子必须旋紧，以保证仪器不承受应力。

4.3.3 有机产物的后处理和纯化

在有机反应结束后，留在反应容器中的将是由未反应的物料、反应溶剂、产品组成的混合物，将所需的产品从混合物中分离出来，是制备有机物质最重要的一步，即反应产物的分离纯化，它是一项复杂的工作。如果不能获得较纯的产品就意味着反应的失败。

4.3.3.1 反应的后处理操作

（1）反应后处理方法的选择要求。反应后处理方法的选择必须适合所要反应的产物的化学性质。一般必须考虑以下几点。

① 如要使用蒸馏的方法除去反应溶剂时，重要的是必须考虑反应产物挥发性的大小，如产物的挥发性较大，则不能使用蒸馏的方法除去反应溶剂。

② 如想从水相中提取反应产物时，应考虑反应产物的极性及在萃取剂中的溶解情况。

③ 在反应结束时，如要通过加入水、酸或碱来处理反应混合物，则要考虑反应产物对水、酸和碱的稳定性。

④ 在空气存在下，用蒸馏的方法进行产物的分离和纯化等后处理时，则要考虑反应产物对加热、光和氧气的稳定性。

根据经验，不完善的后处理经常是导致收率低的原因之一。因此在反应开始之前，查阅有关试剂、产品的理化性质，进行周密的考虑是非常必要的一步。

（2）有机混合物后处理的一般方法。对于反应混合物的后处理一般是先在反应混合物中加入水、酸或碱的水溶液，再用一种合适的有机溶剂，如乙醚、氯仿提取有机产物。通常在提取产物为极性很大的羧酸、醇或胺等之前，为使效果更好些，水层总是先用食盐饱和。值得注意的是，在产物没有分离出来之前，不要把各液层弃去！

提取操作可以在分液漏斗中间歇地进行，也可以用提取器连续地进行。如要除去混合物中残留的酸，可以用饱和碳酸氢钠溶液（除了产物是以羧酸或磺酸的形式存在以外）洗涤有机相。如要除去碱，可以用冷的 $c(HCl)=1mol/L$ 的盐酸溶液（除了产物是碱性的，或在酸中不稳定的情况以外）洗涤。然后，一般再用饱和食盐水溶液洗涤、干燥。

就干燥剂的选用来说，对不稳定的物质，可以用中等程度干燥能力的无水硫酸钠。在其他情况时，可以用中等程度、好的干燥能力的无水硫酸镁，但它不适用于对酸不稳定的物质。也可用好的干燥能力的无水氯化钙，但不适用于对胺、醇及对碱不稳定的物质。

在反应中，当得到的化合物在水中不稳定时，可以从反应混合物中直接蒸去溶剂，然后再进行蒸馏、结晶或层析（应该在隔绝湿气下进行）。

4.3.3.2 有机产物的分离和纯化操作

有机物质的分离和纯化有几种常用方法：蒸馏、重结晶、升华、水蒸气蒸馏、色谱法。有关这些分离和纯化方法的基本原理、实施步骤等，可参阅已学过的教材内容，下面仅简述这些方法的使用场合，指出在实验中应该注意的几个方面。

（1）蒸馏。只有在要分离的混合物组分的沸点差别不小于60℃时，使用简单蒸馏才是有效的。在其他情况下，必须采用分馏操作。当混合物各组分的最小沸点差为2℃时，必须用多级蒸馏管或精馏塔进行分离。

要避免发生热分解反应。在常压下，蒸馏的沸点范围一般为50~120℃。当沸点为更高的温度时，可以进行减压蒸馏。对不稳定的物质来说，可以在尽可能低的温度下，用旋转蒸发器进行蒸馏。

（2）重结晶。重结晶是分离和纯化固体化合物的简单而行之有效的方法。重结晶时，把要纯化的化合物在溶剂沸点附近制成过饱和溶液，在室温（或更低的温度）冷却析出结晶。应注意，制过饱和溶液时的温度，至少要比物质的熔点低30℃，如果无视这一规定，物质仅以油状物的形式析出。

结晶形成的最适宜温度是在熔点下约50℃，在大多数情况下，强烈地冷却溶液并不能很快地形成结晶。

（3）升华。如果固体物质比所含的杂质有更高的蒸气压，那么可用升华来进行纯化。进行升华操作时，把物质在减压下加热，温度控制在熔点以下，使其气化，接着气体冷凝成为固体。

（4）水蒸气蒸馏。水蒸气蒸馏是一种不溶于水的挥发性有机化合物与水的共蒸馏法。这种分离方法的优点在于，不稳定的化合物可以在水的沸点（常压）以下被蒸馏出来，理论的沸腾温度在100℃以下。

（5）色谱法。分为液相色谱法（柱色谱、薄层色谱）和气相色谱法。柱色谱和薄层色谱适用于固体物质和具有高的蒸气压的油状物的分离，不适用于低沸点液体的分离。气相色谱适用于特别容易挥发物质的分离，使用玻璃毛细管柱，也可以对分子量比较高（$M \approx 1000$）的化合物进行气相色谱的研究。

色谱法在分析和合成上被广泛地使用在对反应过程的控制和跟踪、检查原料和产物的纯度、鉴定产物、进行混合物的分离。

4.3.3.3 纯度的标准和纯度的检验

对反应混合物进行分离纯化后，最后一步工作就是要对所提纯的产物进行纯度检验。一般说来，合成出来的是已知物质，要检验其纯度，可以测定该物质的沸点、熔点（尽可能用混合熔点），旋光性（如果化合物有旋光性的话）或折射率以及光谱数据（IR、UV、NMR等），将这些测得的值与文献报告的值进行比较，如相符则可认为是纯物质。

气相色谱、薄层色谱和高效液相色谱（HPLC）适用于鉴定以及少量杂质的检测。这三种方法特别适用于至今尚无记载的新合成化合物的纯度检验。另外，和理论值一致的元素分析值也是纯度标准确定的补充。

4.3.4 液态有机物的干燥技术

在对有机物进行波谱分析或定性、定量化学分析之前以及固体有机物在测定熔点之前，为保证测定结果的准确性，都必须使其完全干燥。液体有机物在蒸馏前经常要先干燥以除去水分，以便大大减少沸点以前的液体馏分；有时也是为了破坏某些液体有机物与水生成的共沸混合物。另外很多有机化学反应需要在"绝对"无水条件下进行，不但所有的原料及溶剂要干燥，而且还要防止空气中潮气侵入反应容器。因此在有机物质制备中，试剂和产品的干燥具有十分重要的意义。

4.3.4.1 液体有机物干燥的实验原理

干燥方法大致可分为物理法与化学法两种。

物理法有吸附、分馏、利用共沸蒸馏将水带走等方法。近年来还常用离子交换树脂和分子筛等来进行脱水干燥。离子交换树脂是一种不溶于水、酸、碱和有机物的细圆珠状的高分子聚合物，内有很多空隙，可以吸附水分子。分子筛是多水硅铝酸盐的晶体，晶体内部有许多孔径大小均一的孔道和占本身体积一半左右的许多孔穴，它允许小的分子"躲"进去。从而达到将不同大小的分子"筛分"的目的。

化学法是用干燥剂进行去水的，其去水作用可分为两类：第一类是能与水可逆地结合生成水合物，如氯化钙、硫酸镁等；第二类是与水发生不可逆的化学反应而生成一个新的化合物，如金属钠、五氧化二磷。目前实验室中应用最广泛的是第一类干燥剂。应用这类干燥剂的特点是在25℃时，无论加多少量的干燥剂，全部除去水分是不可能的。如加入的量过多，将会使有机液体的吸附损失增多；如加入的量不足，难以生成水化合物，则造成产物始终不能分离干净，这说明了在萃取时为什么一定要将水层尽可能分离除净，在蒸馏时为什么会有沸点前的馏分（即前馏分）。

通常这类干燥剂成为水合物需要一定的平衡时间，因此液体有机物在进行干燥时要放置较长的时间。干燥剂吸收水分是可逆的，温度升高时蒸气压亦升高。因此为了缩短生成水合物的平衡时间，干燥时常在水浴上加热，然后再在尽量低的温度放置，以提高干燥效果。这也是液体有机物在进行蒸馏以前，必须将这类干燥剂滤去的原因。

4.3.4.2 干燥剂的选择

液体有机化合物的干燥，通常是将干燥剂直接与其接触，要求所选用的干燥剂必须不与该物质发生化学反应或催化作用，不溶解于该液体中。例如，酸性物质不能用碱性干燥剂，而碱性物质则不能用酸性干燥剂。有的干燥剂能与某些被干燥的物质生成配合物，如氯化钙易与醇类、胺类形成配合物，因而不能用来干燥这些液体。强碱性干燥剂如氧化钙、氢氧化钠能催化某些醛类或酮类发生缩合、自动氧化等反应，也能使酯类或酰胺类发生水解反应，氢氧化钾（钠）还能显著地溶解于低级醇中，这些在选择干燥剂时要首先考虑到。常见干燥剂的性能与应用范围见表4-1。

表 4-1 常见干燥剂的性能与应用范围

干燥剂	吸水作用	吸水量	干燥效能	干燥速度	应用范围	禁用范围
氯化钙	形成：$CaCl_2 \cdot nH_2O$ $n=1,2,4,6$	0.97 按 $n=6$ 计算	中等	较快，吸水后表面变黏糊，放置时间宜长些	廉价的干燥剂可干燥烃、烯、某些酮、醚、中性气体	不能干燥醇、酚、胺、酰胺及某些醛、酮，工业品不能用来干燥酸类化合物
硫酸镁	形成：$MgSO_4 \cdot nH_2O$ $n=1,2,4,5,6,7$	1.05 按 $n=7$ 计算	较弱	较快	中性，应用范围广，可代替氯化钙，并可干燥酯、醛、酮、腈、酰胺	
硫酸钠	形成：$Na_2SO_4 \cdot 10H_2O$	1.25	弱	缓慢	中性，应用范围广，常用于初步干燥	
硫酸钙	$CaSO_4 \cdot \frac{1}{2}H_2O$	0.06	强	快	中性，应用范围广，常在用硫酸钠（镁）干燥后再用	
碳酸钾	$K_2CO_3 \cdot \frac{1}{2}H_2O$	0.2	较弱	慢	弱碱性，用于干燥醇、酮、酯、胺、杂环等碱性化合物	不能干燥酸、酚及其他酸性化合物；易潮解
氢氧化钠 氢氧化钾	溶于水	—	中等	快	强碱性，用于干燥醚、烃、胺及杂环等碱性化合物	不能干燥醇、酯、醛、酮、酸、酚等
钠	$Na + H_2O \longrightarrow NaOH + \frac{1}{2}H_2$	—	强	快	干燥醚、烃、叔胺的痕量水	不能用来干燥卤代烃及与它反应的化合物，如醇
氧化钙	$CaO + H_2O \longrightarrow Ca(OH)_2$	—	强	较快	干燥中性和碱性气体、胺、醇、醚	不能干燥某些醛、酮及酸性物质

续表

干燥剂	吸水作用	吸水容量	干燥效能	干燥速度	应用范围	禁用范围
五氧化二磷	$P_2O_5+3H_2O \longrightarrow 2H_3PO_4$	—	强	快,吸水后表面变黏浆状,操作不便	干燥中性和酸性气体、乙烯、二氧化碳、烃、卤代烃及腈中痕量水	不能干燥碱性物质、醇、酸、醚、胺、酮以及 HCl、HF 等
分子筛(钠铝硅型、钙铝硅型)	物理吸附	约 0.25	强	快	可干燥各类有机物,流动气体	不能干燥不饱和烃

在选择干燥剂时,还要考虑干燥剂的吸水容量和干燥效能。吸水容量是指单位质量干燥剂所吸的水量;干燥效能是指达到平衡时液体的干燥程度,对于形成水合物的无机盐干燥剂,常用吸水后结晶水的蒸气压来表示。如硫酸钠形成 10 个结晶水的水合物,其吸水容量达 1.25。氯化钙最多能形成 6 个结晶水的水合物,其吸水容量为 0.970。两者在 25℃时水蒸气压分别为 1.92mmHg(1mmHg=133.322Pa)及 0.30mmHg。因此硫酸钠的吸水量较大,但干燥效能弱;而氯化钙的吸水量较小,但干燥效能强。所以在干燥含水量较多而又不易干燥的(含有亲水性基团)化合物时,常先用吸水量较大的干燥剂除去大部分水分,然后再用干燥效能强的干燥剂干燥。通常第二类干燥剂的干燥效能较第一类为高,但吸水容量较小,所以都是用第一类干燥剂干燥后,再用第二类干燥剂除去残留的微量水分,而且只是在需要彻底干燥的情况下才使用第二类干燥剂。

此外选择干燥剂还要考虑干燥速度和价格。各类有机物常用的干燥剂见表 4-2。

表 4-2　各类有机物常用的干燥剂

化合物类型	干燥剂	化合物类型	干燥剂
烃	$CaCl_2$、Na、P_2O_5	酮	K_2CO_3、$CaCl_2$、$MgSO_4$、Na_2SO_4
卤代烃	$CaCl_2$、$MgSO_4$、Na_2SO_4、P_2O_5	酸,酚	$MgSO_4$、Na_2SO_4
醇	K_2CO_3、$MgSO_4$、CaO、Na_2SO_4	酯	K_2CO_3、$MgSO_4$、Na_2SO_4
醚	$CaCl_2$、Na、P_2O_5	胺	KOH、NaOH、K_2CO_3、CaO
醛	$MgSO_4$、Na_2SO_4	硝基化合物	$CaCl_2$、$MgSO_4$、Na_2SO_4

4.3.4.3　干燥剂的使用方法

(1) 干燥剂的用量确定。在萃取洗涤时,由于有机层中的水分不可能完全分净,其中还有悬浮的微细水滴。另外达到高水合物需要的时间很长,往往不能达到它应有的吸水容量,因而干燥剂的实际用量是大大过量的。例如,100mL 含水乙醚常需用 7~10g 无水氯化钙。

因此在确定干燥剂的用量时,可从溶解度手册中查出水在该有机物中的溶解度(若不能查到水的溶解度,则可从该有机物在水中的溶解度来推测,难溶于水者,水在它里面的溶解度亦不会大),或根据它的结构(在极性有机物中水的溶解度较大,有机分子中若含有能与氧原子配位的基团时,水的溶解度亦大)来估计干燥剂的用量。一般对于含亲水性基团的化合物(如醇、醚、胺等),所用的干燥剂过量要多些;不含亲水性基团的化合物(如烃和卤代烃等)可过量少些。

由于干燥剂也能吸附一部分液体,所以干燥剂的用量应严格控制。必要时,先加入一些干燥剂静置一段时间,过滤后再加入新的干燥剂;或先用吸水量大的干燥剂干燥,过滤后再用干燥效能强的干燥剂。一般干燥剂的用量为每 100mL 液体约需 0.5~1g。但由于液体中的水分含量不等，干燥剂的质量不同，干燥剂的颗粒大小和干燥时的温度不同以及干燥剂也可能吸收一些副产物（如氯化钙吸收醇）等，因此很难规定具体的数量。

(2) 干燥剂的使用方法。在干燥前应将被干燥液体中的水分尽可能分离干净，不应有任何可见的水层。将该液体置于干燥的锥形瓶中，用骨勺取适量的干燥剂直接放入液体中（干燥剂的颗粒大小要适宜，太大时吸水很慢，且干燥剂内部不起作用；太小时表面积太大，吸附有机物甚多），用塞子塞紧，振摇片刻。

如果发现干燥剂附着瓶壁互相黏结，通常是表示干燥剂不够，应继续添加；如果在有机液体中存在较多的水分，这时常有可能出现少量的水层（例如在用氧化钙干燥时），必须将此水层分去或用吸水管将水层吸去，再加入一些新的干燥剂。

将被干燥物放置一段时间（至少 0.5h，最好放置过夜），并时时加以振摇。有时在干燥前，液体呈浑浊经干燥后变为澄清，这可以简单地看作水分已基本除去的标志。但是液体的澄清并不一定说明已不含水分，澄清与否和水在该化合物中的溶解度有关。然后将已干燥的液体通过垫有少量棉花的漏斗直接滤入蒸馏瓶中进行蒸馏。对于某些干燥剂如金属钠、石灰、五氧化二磷等，由于它们和水反应后生成比较稳定的产物，有时可不必过滤而直接进行蒸馏。

4.3.4.4 无水操作技术要点

在有机物制备中，有时水会影响反应的正常进行，如在一些反应过程中水会使试剂或产物分解，例如格利雅试剂遇水即分解；也会导致事故的发生，例如反应中使用金属钠，遇水即会产生氢气而导致燃烧或爆炸；另外，水的存在还会影响反应速率或产率以及某些产物的分离与提纯。

鉴于此，当有机物制备需要在无水条件下进行时，必须做到以下几点。

① 原料须经过除水干燥；
② 所使用的容器及相应的组件都应事先进行干燥；
③ 在反应过程中仪器设备系统的进口或终端均要与干燥器相连；
④ 在操作中不得让水及水蒸气混入系统。

技能训练 4-5　无水乙醇的制备

训练目标

1. 通过氧化钙法制无水乙醇，熟练掌握蒸馏技术，初步掌握回流操作。
2. 掌握检测液态有机物纯度的沸点测定方法。
3. 掌握实验室中易燃有机物的一般防火知识。

仪器及试剂

仪器：圆底烧瓶、冷凝管、干燥管、蒸馏头、单尾接液管。
试剂：95%的乙醇、生石灰、氯化钙。

训练操作

1. 在 250mL 圆底烧瓶中，放置 130mL 95%的乙醇和 33g 生石灰，装上回流冷凝管，其上端接一氯化钙干燥管，在水浴上回流加热 2～3h。
2. 稍冷后取下冷凝管，改成蒸馏装置，在尾接液管支管处装一氯化钙干燥管，使与大气相通。用水浴加热，蒸去前馏分，换上一干燥烧瓶，继续蒸馏至几乎无液滴流出为止。

3. 称量无水乙醇的质量或量其体积，计算回收率。

操作思考

1. 在进行蒸馏操作与回流操作时都应注意哪些问题？
2. 蒸馏装置合乎规范要求的关键是哪些？
3. 蒸馏与回流时都要加沸石的目的是什么？素烧石片能否代替沸石？为什么？如果加热后发现未加沸石怎么办？
4. 如何避免发生有机实验时火灾、爆炸事故？

技能训练 4-6　乙酰水杨酸（阿司匹林）的制备

训练目标

1. 熟悉酚羟基乙酰化反应的原理，掌握阿司匹林的合成方法。
2. 初步掌握重结晶和抽滤操作。

实验原理

主反应：

$$\text{水杨酸} + (CH_3CO)_2O \xrightarrow[65\sim 95℃]{浓H_2SO_4} \text{乙酰水杨酸} + CH_3COOH$$

副反应：

$$\text{水杨酸} + \text{水杨酸} \xrightarrow{\Delta} \text{双水杨酸酯} + H_2O$$

$$\text{乙酰水杨酸} + \text{水杨酸} \xrightarrow{\Delta} \text{产物} + H_2O$$

水杨酸是一个具有双官能团的化合物，包含一个酚羟基和一个羧基，酚羟基能与乙酰氯、乙酸酐等发生乙酰基化反应，生成乙酰水杨酸，又名阿司匹林，是一种药物。

仪器及试剂

仪器：三口烧瓶（100mL）1 个、温度计（100℃）1 支、球形冷凝管（200mm）1 支、烧杯（150mL）1 个、锥形瓶（50mL）1 个、抽滤装置（250mL）1 套、表面皿（80mm）1 块、电热套 1 套、调压器。

试剂：水杨酸 4.2g（0.03mol）、乙酸酐 6mL（6.5g、0.06mol）、浓硫酸（96%）7 滴、乙醇（95%）15mL。

训练操作

1. 酰化反应过程操作

在三口烧瓶中，放入 4.3g 干燥的水杨酸和 6mol 乙酸酐，在振摇下滴加 7 滴浓硫酸[1]。三口烧瓶的中口与球形冷凝管相连接，一侧口插入温度计，另一侧口塞上塞子。充分振摇反应液，然后用水浴加热，注意升温要缓慢。当温度升至 40～50℃时，水杨酸晶体完全溶解，再充分振摇后，又析出大量白色结晶。但温度升至 60～70℃时，结晶又重新溶解，继续反应 15min，并充分振摇，使附着在瓶壁上的结晶全部溶解。最后将温度升至约 80℃[2]，再反应 5min，使反应进行完全。

2. 结晶抽滤操作

反应完毕，稍微冷却，在搅拌下倒入盛 100mL 冷水的烧杯中，并用冰水浴冷却，放置 15min。待结晶完全析出，进行抽滤，用少量冷水洗涤结晶两次，压紧抽干。将结晶转移至表面皿上，放置晾干后称重。粗品约 5g。可用乙醇-水进行重结晶[3]。

乙酰水杨酸为白色针状或片状结晶，熔点 135℃，溶于 20％乙醇，微溶于水（37℃时，1g/100g 水）。

操作注释

[1] 水杨酸分子内能形成氢键，阻碍酚羟基的酰基化反应。加入少量浓硫酸（或磷酸），可破坏水杨酸的氢键，使酰基化反应容易发生，故反应可在 70℃进行。

[2] 反应温度不宜过高，否则将增加副产物的生成，同时水杨酸受热易发生分解。

[3] 用乙醇-水进行重结晶，1g 干燥的乙酰水杨酸粗品加 3mL 95％乙醇和 5mL 温水。此配比相当于约 35％乙醇溶液（1g 粗品约用 8mL 35％乙醇溶液）。

采用混合溶剂法进行重结晶时，多在含样品的热浓溶液（例如乙醇溶液）中，慢慢滴加热的不溶性溶剂（例如水），并不断搅拌，至刚呈浑浊状，再滴加乙醇（或稍温热）至溶液澄清，放置冷却，即有晶体析出。

操作思考

1. 制备乙酰水杨酸时，反应物中为何加入少量浓硫酸？反应温度应控制在什么范围？为何温度不宜过高？

2. 制备乙酰水杨酸时，为什么仪器必须干燥？

3. 试设计一个实验，鉴定乙酰水杨酸的粗品、精品以及母液中是否含有水杨酸，并说明重结晶的效果。

技能训练 4-7　乙酸乙酯的制备

训练目标

了解用羧酸和醇合成酯的一般原理和方法；掌握蒸馏、分液漏斗的使用等操作。

仪器及试剂

仪器：三口烧瓶（125mL）、分液漏斗（50mL）、温度计（150℃）、直形冷凝管（20cm）、玻璃弯管（75°）、锥形瓶（50mL）、接液管、蒸馏烧瓶（50mL）、玻璃漏斗（5cm）。

试剂：乙醇（95％）24mL、冰醋酸 12mL（12.6g）、浓硫酸（相对密度 1.84）3mL、饱和碳酸钠溶液 10mL、饱和食盐水 10mL、无水硫酸钠 3～5g、pH 试纸。

训练操作

在干燥的 125mL 三口烧瓶[1]中，放入 3mL 95％乙醇，在冷水浴冷却下，边摇边缓缓加入 3mL 浓硫酸，混合均匀，加入几粒沸石。装置仪器：三口烧瓶左口装温度计；中口装分液漏斗（或滴液漏斗），分液漏斗末端及温度计水银球均匀应浸入液面以下，距离底约 0.5～1cm 处；三口烧瓶右口装玻璃弯管并与直形冷凝管连接，冷凝管末端连接一接液管，伸入 50mL 锥形瓶中（蒸馏装置必须与大气相通）。

将 21mL 95％乙醇与 12mL 冰醋酸混合均匀，放入分液漏斗中，在石棉网上用小火加热三口烧瓶，使瓶中反应液温度升至 110～120℃左右，然后将乙醇与醋酸混合液从分液漏斗中慢慢滴入三口烧瓶中，这时应有液体蒸馏出来，控制滴加速度与蒸出液体的速度大致相等，并始终维持反应液温度在 110～120℃[2]（约 1h）。滴加完毕后，继续加热数分钟，直到反应液温度升高到 130℃，并不再有液体馏出为止。

馏出液体中含有乙酸乙酯及少量乙醇、乙醚、水和醋酸等。在此馏出液体中慢慢加入饱和碳酸钠溶液（约 10mL），边加边搅，直至无二氧化碳气体生成为止。用 pH 试纸检验，此时酯层应呈中性。将此混合液移入分液漏斗中，分去下层水溶液，酯层用 10mL 饱和食盐水洗涤一次[3]，再用饱和氯化钙溶液洗涤第二次（每次 10mL）。最后分去下层液，将酯层自分液漏斗上口倒入干燥的 50mL 锥形瓶中，用无水硫酸钠干燥[4]。

将干燥后的酯滤入 50mL 蒸馏烧瓶中，加入沸石，在水浴上进行蒸馏，收集 73～78℃的馏分，产量 10.5～12.5g，产率 57％～68％。

纯乙酸乙酯的沸点为 77.06℃，相对密度 $d=0.9003$。

操作注释

[1] 如无三口烧瓶，可用 100mL 圆底烧瓶代替。按实验步骤中顺序将乙醇、硫酸混合均匀，再加入醋酸与乙醇混合液，接上直形（或球形）冷凝管，在水浴上加热回流 1h，然后将回流装置改为蒸馏装置，在石棉网上用小火蒸出乙酸乙酯，再按实验步骤中的方法纯化产品。

[2] 反应温度不宜过高，温度过高，副产物乙醚生成量增多。滴加速度不能太快，滴加太快会使醋酸和乙醇来不及作用而被蒸出。

[3] 用饱和碳酸钠洗涤的目的是除去馏出液中的酸性物质，用饱和氯化钙溶液洗涤的目的是除去未反应的醇。但在用氯化钙溶液洗涤前必须先洗去碳酸钠，否则会产生碳酸钙沉淀，造成分离的困难。用饱和食盐水代替水来进行水洗的目的是减少酯在水中的溶解度（每 17 份水溶解 1 份乙酸乙酯）。

[4] 乙酸乙酯与水或醇能形成恒沸混合物，使沸点降低而影响产率。因此充分的洗涤和干燥是提高产量的前提。

操作思考

1. 本实验采用了哪些促使酯化反应向生成酯方向进行的措施？
2. 本实验有哪些副反应？粗产品中含有哪些杂质？用什么方法除去？

技能训练 4-8 环己酮的制备

训练目标

1. 通过由环己醇制环己酮的实验，加深对氧化反应的理解。

2. 熟练掌握回流技术。
3. 熟练掌握蒸馏、液态有机物的洗涤与干燥、分液漏斗的使用等技术。
4. 熟练掌握液态有机物沸点、折射率测定技术。

仪器及试剂

仪器：三口烧瓶（250mL）、烧杯、蒸馏头、直形冷凝管、空气冷凝管、分液漏斗。
试剂：浓硫酸、环己醇、重铬酸钠、草酸、食盐、乙醚、无水硫酸镁。

训练操作

1. 在250mL三口烧瓶中放入80mL冰水，慢慢加入13.3mL浓硫酸，充分混合后，小心加入13.3g环己醇。在此混合液中放入一支温度计，将溶液冷却至30℃以下，装上回流装置。
2. 称取16g重铬酸钠于烧杯中，加入8mL水使其溶解，将此溶液分数批加入烧瓶中，并不断振荡使其充分混合。
3. 氧化反应开始后，混合物迅速变热，控制反应温度在60~65℃，此时橙红色的重铬酸盐变为墨绿色的三价铬盐，待前一批重铬酸钠的橙红色完全消失后，再加入下一批。
4. 加完后继续振摇，直至温度有自动下降的趋势，再于65℃下保温10min。
5. 加入少量草酸（约2.5g），使反应液变为墨绿色，以破坏过量的重铬酸钠。
6. 在反应瓶中加入70~80mL水，加入几粒沸石，装好蒸馏装置，将环己酮和水一起蒸出来，直至馏出液不再浑浊后再多蒸出15~20mL（约60~70mL）。
7. 在馏出液中加入食盐至饱和，并将馏出液移至分液漏斗，静置，分出有机层。水层用15mL乙醚萃取一次，合并有机层与萃取液。
8. 在合并液中加入无水硫酸镁进行干燥。水浴蒸出乙醚后，改为空气冷凝，收集154~156℃馏分。产量9~10g，产率67%~76.6%。纯净环己酮为无色液体，沸点155.7℃，$n_D^{20}=1.4507$。

操作思考

1. 分馏的原理是什么？
2. 分流操作的关键是什么？
3. 为什么本实验分馏的温控不可过高，馏出速度不可过快？

技能训练 4-9　乙酰苯胺的制备

训练目标

了解苯胺的乙酰化反应；了解分馏原理与操作；熟悉重结晶操作。

仪器及试剂

仪器：短颈圆底烧瓶（50mL）、刺形分馏柱（韦氏）、温度计（150℃）、弯玻璃管、试管（15mL）、烧杯（250mL）、短颈玻璃漏斗（5cm）、抽滤瓶（250mL）、布氏漏斗（5cm）。
试剂：苯胺（新蒸馏）5mL（5.1g）、冰醋酸7.5mL（7.8g）。

训练操作

在50mL短颈圆底烧瓶中，放入新蒸馏的苯胺（5.1g，0.055mol）[1]，7.5mL冰醋酸

(7.8g，13mol）。装上一支刺形分馏柱，并在分馏柱外缠绕石棉绳保温，分馏柱上端插入一支 150℃ 的温度计，分馏柱的支管用一小段橡皮管与一根弯玻璃管相连，弯玻璃管的另一端伸入一试管中，以收集蒸出的水和醋酸，试管浸入盛有冷水的 250mL 烧杯中。

安装完毕反应装置，以小火加热，使反应物保持微沸约 10min，然后逐渐升温，当温度计读数达到 100℃ 左右时，即有液体馏出，维持温度在 150℃ 左右 1h，以蒸出反应生成的水及少量醋酸。反应后期可适当增强火力，使温度达到 110℃ 左右，蒸出醋酸。当发现温度自行下降或波动时，即表示反应完成[2]。

停火后，立即按顺序拆除烧杯、试管、玻璃管、温度计及分馏柱，趁热将反应物倒入盛有 100mL 的冷水的烧杯中[3]，即见白色固体析出，稍微搅拌和冷却后抽滤，并以少量冷水洗涤，以除去固体表面吸附的醋酸。

粗产品可用水重结晶。以约 150mL 蒸馏水溶解样品，若颜色较深，可用活性炭脱色[4]，趁热过滤，冷却滤液即得白色片状乙酰苯胺晶体，滤集，干燥，称重，测熔点。

一般产量为 4.5g 左右。纯乙酰苯胺熔点为 114.3℃。

操作注释

[1] 苯胺易于氧化。久置的苯胺往往呈深色，会影响乙酰苯胺的质量，故最好用新蒸馏的无色或者浅黄色的苯胺。为了避免苯胺在蒸馏时被氧化，在蒸馏烧瓶中加少许锌粉。

[2] 蒸出的水及醋酸约为 4mL 左右。

[3] 若使产物冷却，即转为固体沾附于瓶壁，不便处理。故须趁热倾入冷水中，以除去残余的醋酸及未作用的苯胺（它可转化为苯胺醋酸盐而溶于水）。

[4] 这里的溶剂用量仅供参考。

乙酰苯胺在 100mL 水中溶解的质量（g）：

20℃	25℃	50℃	80℃	100℃
0.46	0.56	0.84	3.45	5.5

溶解过程中可能会出现油珠，此系未溶于水但已熔化的乙酰苯胺，继续加热或再加少量水使其溶解即可。

操作思考

1. 为什么本实验的制备装置要用分馏柱？
2. 为什么反应时要控制分馏柱柱顶温度在 105℃ 左右？
3. 苯胺的乙酰化反应有什么用途？常用的乙酰化剂有哪些？

技能训练 4-10 1-溴丁烷的制备

训练目标

1. 学习以丁醇、溴化钠和硫酸制备 1-溴丁烷的原理和方法。
2. 练习连有气体吸收装置的加热回流操作和液体干燥操作。
3. 学习使用分液漏斗洗涤液体的方法。
4. 基本掌握蒸馏操作。

实验原理

主反应：

$$NaBr + H_2SO_4 \longrightarrow HBr + NaHSO_4$$
$$CH_3CH_2CH_2CH_2OH + HBr \rightleftharpoons CH_3CH_2CH_2CH_2Br + H_2O$$

副反应：

$$2CH_3CH_2CH_2CH_2OH \xrightarrow[\triangle]{H_2SO_4} CH_3CH_2CH_2CH_2OCH_2CH_2CH_2CH_3 + H_2O$$

$$CH_3CH_2CH_2CH_2OH \xrightarrow[\triangle]{H_2SO_4} CH_3CH_2CH =\!\!= CH_2 + H_2O$$

$$HBr + H_2SO_4 \longrightarrow Br_2 + SO_2 \uparrow + 2H_2O$$

仪器及试剂

仪器：圆底烧瓶（100mL，50mL）各1个、温度计（250℃）1支、球形冷凝管（200mm）1支、烧杯（250mL）1个、锥形瓶（50mL）2个、直形冷凝管（200mm）1支、分液漏斗（100mL）1个、接液管1支、电热套1套。

试剂：正丁醇7.4g或9.1mL（0.1mol）、溴化钠（无水）12.4g[1]（0.12mol）、浓硫酸（$d=1.84$）14mL（0.26mol）、10%碳酸钠溶液、无水氯化钙。

训练操作

在100mL圆底烧瓶中加入12mL水，置烧瓶于冰水浴中，小心地分多次加入14mL浓硫酸，充分混合，在继续冷却下，加入9.1mL正丁醇，混合均匀，然后将12.4g研细的溴化钠分多次加入烧瓶，每加一次必须充分旋动烧瓶以免结块。撤去冰浴，擦干烧瓶外壁，加入几粒沸石，装上回流冷凝管，并在其上口用弯玻璃管连一气体吸收装置（图4-15），以吸收反应时逸出的溴化钠气体[2]。在烧瓶下置一石棉网，用小火加热，经常摇动烧瓶[3]直至大部分溴化钠溶解，调节火焰，使混合物平稳沸腾，缓缓回流30min，期间要间歇摇动烧瓶。

反应完成后，将反应物冷却5min，拆去回流冷凝管，补加1~2粒沸石，用75°弯管连接直形冷凝管，以50mL锥形瓶作为接收器（图4-16），在石棉网上加热蒸馏，直至馏出液中无油滴生成为止[4]。

将馏出液倒入分液漏斗，加入8~10mL水，洗涤，小心地将下层粗制品放入一干燥的锥形瓶中，从漏斗上口倒出水层。为了除去未反应的正丁醇及副产物正丁醚，用4mL浓硫酸[5]分两次加入锥形瓶内，每加一次都要充分旋动锥形瓶并用冷水浴冷却，然后将混合物慢慢倒入分液漏斗，静置分层，小心地尽量分去下层浓硫酸。油层依次用12mL水、6mL 10%碳酸钠溶液、12mL水洗涤使呈中性。将下层1-溴丁烷粗制品放入干燥洁净的50mL锥形瓶中，加入约1g粒状无水氯化钙，塞紧瓶塞，间歇振摇，直至液体澄清为止。

将干燥后的液体小心滗入50mL干燥洁净的蒸馏烧瓶中（切勿使氯化钙落入烧瓶），加入1~2粒

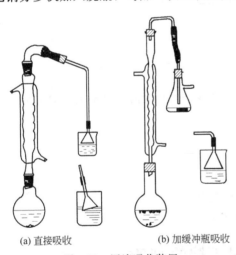

(a) 直接吸收　　(b) 加缓冲瓶吸收

图4-15　回流吸收装置

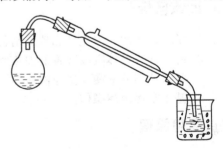

图4-16　蒸馏装置

沸石，在石棉网上加热蒸馏，收集 99～102℃ 馏分于已知质量的样品瓶中。称量，计算产率，测折射率。

产量：10～11g，产率：72%～80%。

纯 1-溴丁烷为无色透明液体，沸点 101.6℃，$d=1.2758$，$n=1.4401$。

操作注释

[1] 如用含结晶水的溴化钠 $NaBr·2H_2O$，则应按物质的量进行换算并相应减少加入水的量。

[2] 本实验采用 68%硫酸，在平稳沸腾状态下回流，很少有溴化氢气体从冷凝管上端逸出。

[3] 可用震荡整个铁台的方法使烧瓶摇动。

[4] 可用盛清水的试管收集 1～2 滴馏出液，观察有无油滴。

[5] 也可用 5mL 80%硫酸（将 4mL 浓硫酸慢慢加入 1mL 冷水中制得）洗涤。

操作思考

1. 加料时，先使溴化钠和浓硫酸混合，然后再加正丁醇和水，可以吗？为什么？
2. 反应后的产物中可能含有哪些杂质，各步洗涤的目的何在？
3. 用分液漏斗洗涤产物时，产物时而在上层，时而在下层，你可用什么简便方法加以判断？

技能训练 4-11　有机化合物的性质实验

训练目标

验证各类典型有机化合物的性质。

训练操作

1. 银镜反应

在洁净的试管中，加入 4mL 2% $AgNO_3$ 溶液，再加入一滴 10% NaOH 溶液。然后在振摇下，滴加 2%氨水，直至析出的氧化银沉淀恰好溶解为止[1]。把配制好的银氨溶液分装到 4 个洁净的试管中，再分别加入 2 滴甲醛、3～4 滴乙醛、丙酮、苯甲醛。振摇（加甲醛的试管不要振摇）后，放入 60～70℃ 的水浴中，静置加热几分钟，观察有无银镜生成。

注意：试管内壁必须干净，否则金属银呈黑色细粒状沉淀析出，得不到光亮的银镜。洗刷干净的试管，应再用热的氢氧化钠或洗液洗涤，并用蒸馏水冲洗干净。

2. 碘仿反应

在 5 支试管中，分别加入 5 滴甲醛、乙醛、丙酮、乙醇、异丙醇，并各加入 1mL I_2-KI 溶液，再滴加 5% NaOH 溶液，至碘的颜色消失，反应液呈微黄色为止[2]。观察有无沉淀析出，并嗅其气味。若无沉淀析出，可放入 60℃ 水浴中加热几分钟，取出冷却后，再观察现象[3]。

3. 醇的氧化

在三支试管中分别加入 1mL 5% $K_2Cr_2O_7$ 溶液和 1mL 3mol/L H_2SO_4，混匀后再分别加入 3～4 滴正丁醇、仲丁醇、叔丁醇，观察各试管中溶液颜色的变化。

4. 苯酚与溴水作用

在试管中放入少量苯酚晶体，并加入 2～3mL 水，制成透明的苯酚溶液[4]，滴加饱和溴水，观察现象。

5. 苯酚与三氯化铁作用

（1）在试管中放入少量苯酚晶体，并加入 2~3mL 水，制成透明的苯酚稀溶液。再滴加 2~3 滴 1% $FeCl_3$ 溶液，观察现象。

（2）在试管中加入少量对苯二酚晶体与 2mL 水，振摇后，再加入 1mL 1% $FeCl_3$ 溶液，观察溶液颜色的变化。放置片刻后再观察有无结晶析出（可用玻璃摩擦试管壁，加速结晶析出）。

6. 酸性实验

在 3 支试管中，分别加入 5 滴甲酸、5 滴乙酸、0.2g 草酸，各加入 1mL 蒸馏水，振摇使其溶解。然后用玻璃棒分别蘸取少许酸液，在同一条刚果红试纸[5]上划线。比较试纸颜色的变化和颜色的深浅，并比较三种酸的酸性强弱。

操作注释

[1] 配制吐伦试剂时，过量 OH^-（来自 NaOH）的存在能加速醛的氧化。配制试剂时，应防止加入过量氨水，否则试剂本身将失去灵敏性。吐伦试剂久置后，将析出黑色的氮化银沉淀，它受震动时发生分解而猛烈爆炸，因此吐伦试剂必须在临用时配制、不宜储存备用。银镜实验完毕，应加入 1mL 稀硝酸，即刻煮沸并洗去银镜，以免反应液久置后产生雷酸银。

[2] 若有过量的碱存在，加热后会使生成的碘仿消失，因为碱能使碘仿分解。所以碱液切勿加多，否则会使实验失败。

[3] 在水浴上加热，可促使醇的氧化反应加快完成，如果氧化产物是乙醛或甲基酮，冷后就有碘仿析出。

[4] 2,4,6-三溴苯酚的溶解度极小（20℃，0.007g/100g 水），1μg/g 的苯酚稀溶液加入溴水也呈现浑浊。2,4,6-三溴苯酚继续与过量溴水作用，会产生淡黄色难溶于水的四溴化合物（溴水也是氧化剂）。

[5] 刚果红试纸与弱酸作用呈棕黑色，与中强酸作用呈蓝黑色，与强酸作用呈稳定的蓝色。

操作思考

1. 请写出银镜反应的化学反应方程式。
2. 银镜反应时的试管内壁为什么必须干净？

5
定量分析化学实验技术

5.1 质量的称量技术

5.1.1 电子天平及其分类

电子天平实际上是测量地球对放在秤盘上的物体的引力即重力的仪器，而由于地球经纬度的不同，各地的重力加速度并不相同，在使用中其称量准确度取决于是否进行了正确的校正和校正砝码的精度，假如发现经校正的天平称重有一定误差，这并不表示天平有任何故障，按各型号电子天平说明书上介绍的方法用计量部门认可的标准砝码进行校正，即可进行准确称量。

电子天平的心脏——重力电磁传感器簧片（一般共有6~8片）细而薄，极易受损，且天平的精度越高，其重力传感簧片也越薄，所以在使用中应特别注意加以保护，不要向天平上加载重量超过其称量范围的物体，绝不能用手压秤盘或使天平跌落地下，以免损坏天平或使重力传感器的性能发生变化。另外，称量一个物体（特别是较重的物体）一般不要超过30s，搬动和运输时应将秤盘及其托盘取下来。

电子天平的校正机构一般分三大类：①全自动校正，内含标准砝码和电机伺服机构，只需按一个功能键即可在数十秒钟内完成校正，一般新型的万分之一克精度以上的电子天平均采用全自动校正机构；②半自动校正，内装标准砝码但无伺服机构，在进入校正程序后，需要手动加载和卸下校正码；③手动校正，天平内没有标准砝码和伺服机构，需要手动进入校正程序并外加标准砝码进行校正，一般精度较低的天平采用手动校正。有的人认为在电子天平量程范围内称量的物体越重对天平的损害也就越大，这种认识是不完全正确的。一般衡器最大安全载荷是它所能够承受的、不致使其计量性能发生永久性改变的最大静载荷。由于电子天平采用了电磁力自动补偿电路原理，当秤盘加载时（注意不要超过称量范围），电磁力会将秤盘推回到原来的平衡位置，使电磁力与被称物体的重力相平衡，只要在允许范围内称量大小对天平的影响是很小的，不会因长期称重而影响电子天平的准确度。

人们把用电磁力平衡被称物体重力的天平称为电子天平（图5-1），是常量天平、半微量天平、微量天平和超微量天平的总称。其特点是称量准确可靠、显示快速清晰并且具有自动检测系统、简便的自动校准装置以及超载保护等装置。按电子天平的精度可分为以下几类：

(1) 超微量电子天平。超微量天平的最大称量是2~5g。
(2) 微量天平。微量天平的称量一般在3~50g。
(3) 半微量天平。半微量天平的称量一般在20~100g。
(4) 常量电子天平。此种天平的最大称量一般在100~200g。

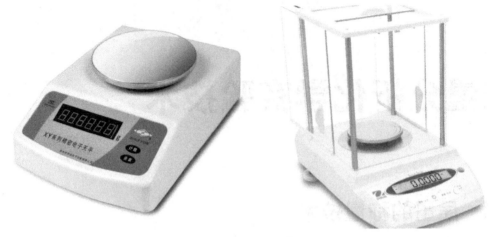

图 5-1　电子天平

5.1.2　电子天平的维护与保养

① 将天平置于稳定的工作台上避免振动、气流及阳光照射。电子天平室内应保持清洁、整齐、干燥，不得在室内洗涤、就餐、吸烟等。

② 电子天平应由专人保管和维护保养，设立技术档案袋，用以存放使用说明书、检定证书、测试记录，定期记录维护保养及检修情况。

③ 应定期对天平的计量性能进行检测，如发现天平不合格应立即停用，并送交专业人员修理。天平经修理、检定合格后，方可使用。

④ 电子天平应按说明书的要求进行预热，在使用前调整水平仪气泡至中间位置。称量易挥发和具有腐蚀性的物品时，要盛放在密闭的容器中，以免腐蚀和损坏电子天平。

⑤ 应经常清洗秤盘、外壳和风罩，一般用清洁绸布蘸少许乙醇轻擦，不可用强溶剂。天平清洁后，框内应放置无腐蚀性的干燥剂，并定期更换。

⑥ 电子天平开机后如果发现异常情况，应立即关闭天平，并对电源、连线、保险丝、开关、移门、被称物、操作方法等做相应的检查。总之，在对电子天平的维护保养中，使用人员应慎重，以保证设备的完好性。

⑦ 操作天平不可过载使用以免损坏天平，若长期不用电子天平时应暂时收藏为好。

5.1.3　电子天平的正确使用

(1) 选择合适的电子天平。选择电子天平，主要是考虑天平的称量和灵敏度应满足称量的要求，天平的结构应适应工作的特点。选择的原则是：既要保证天平不致超载而损坏，也要保证称量达到必要的相对准确度，要防止用准确度不够的天平来称量，以免准确度不符合要求；也要防止滥用高准确度的天平而造成浪费。

(2) 正确安装。首先，要选防尘、防震、防潮、防止温度波动的房间作为天平室，对准确度较高的天平还应在恒温室中使用。其次，天平应安放在牢固可靠的工作台上，并选择适当的位置安放，以便于操作。天平安装前，应根据天平的成套性清单清点各部件是否齐全、完好；对天平的所有部件进行仔细清洁。安装时，应参照天平的说明书，正确装配天平，并校准天平，安装完毕后应再次检查各部分安装是否正常，然后检查电源电压是否符合天平的要求，再插好电源插头。

(3) 预热。在开始使用电子天平之前，要求预先开机，即要预热 0.5～1h。如果一天中要多次使用,最好让天平整天开着。这样,电子天平内部能有一个恒定的操作温度,有利于称量过程的准确。

(4) 校准。电子天平从首次使用起,应对其定期校准。如果连续使用,大致每星期校准一次。校准时必须用标准砝码,有的天平内藏有标准砝码,可以用其校准天平。校准前,电子天平必须开机预热 1h 以上,并校对水平。校准时应按规定程序进行,否则将起不到校准的作用。

(5) 正确操作。电子天平称量操作时,应正确使用各控制键及功能键;正确掌握读数和打印时间,以获得最佳的称量结果。当用去皮键连续称量时,应注意天平过载。在称量过程中应关好天平门。电子天平使用完毕后,应关好天平和门罩,切断电源,罩上防尘罩。

技能训练 5-1　电子天平的使用及维护

训练目标

1. 了解电子天平的构造,掌握电子天平的使用规则。
2. 熟悉电子天平的标准操作规程,掌握电子天平的零点调节及平常保养、维护。
3. 熟练掌握电子天平的各种称量方法(直接称量法、固定质量称量法、差减称量法),做到快而准。
4. 熟知天平称量成绩评定标准,培养准确、整齐、简明的记录实验原始数据的习惯。

实验原理

电子天平的构造原理及特点:据电磁力平衡原理直接称量。

特点:性能稳定、操作简便、称量速度快、灵敏度高。能进行自动校正、去皮及质量电信号输出。

仪器及试剂

仪器:万分之一天平、表面皿、台秤、称量瓶、小烧杯(50mL)、药匙。
试剂:NaCl。

训练操作

1. 电子天平的使用方法

(1) 放置。将天平放在稳定的工作台上,避免振动、气流、阳光直射和剧烈的温度波动。

(2) 水平调节。安装秤盘,调整地脚螺栓高度,使水平仪内空气气泡位于圆环中央。

(3) 确认。接通电源前请确认当地交流电压是否与天平所需电压一致。

(4) 开机。使秤盘空载并按压〈ON〉键,天平进行显示自检(显示屏所有字段短时点亮),显示天平型号。当天平显示回零时,天平就可以称量了。当遇到各种功能键有误无法恢复时,重新开机即可恢复出厂设置。

(5) 预热。天平在初次接通电源或长时间断电之后,至少需要预热 30min 以上。为取得理想的测量结果,天平应保持在待机状态。

(6) 校准。为获得准确的称量结果,有时必须对天平进行校准以适应当地的重力加速度。校准应在天平经过预热并达到工作温度后进行。

遇到以下情况必须对天平进行校准：首次使用天平称量之前、天平改变安放位置后、称量工作中定期进行。

具体校准方法：准备好校准用的标准砝码，确保秤盘空载按〈TAR〉键；使天平显示回零按〈CAL〉键；显示闪烁的 CAL-×××（×××一般为 100、200 或其他数字，提醒使用相对应的 100g、200g 或其他规格的标准砝码），将标准砝码放到秤盘中心位置，天平显示 CAL，等待十几秒钟后，显示标准砝码的重量。此时，移去砝码，天平显示回零，表示校准结束，可以进行称量了。如天平不回零，可再重复进行一次校准工作。

（7）清零称量。当天平空载时，如显示不在零状态，可按清零/去皮键〈TAR〉键，使天平显示回零。此时才可进行正常称量，将称量物放入盘中央，待读数稳定后，该数字即为所称物体的质量。

注意：称量时被测物必须轻拿轻放，并确保不使天平超载，以免损坏天平的传感器。

（8）去皮称量。小颗粒物和液体在称量时都需要使用容器，可先将空容器放在秤盘上，按〈TAR〉键，使天平回零。然后将称量物放入空容器中，再将容器放到秤盘上，待读数稳定后，此时天平显示的结果即为上述称量物的净重，如果将容器从秤盘上取走，则皮重（即容器的重量）负值显示，皮重将一直保留到再次按〈TAR〉键或关机为止。

注意：使用去皮功能时，容器和待称物的总重不可大于天平的最大称量。

（9）称量单位转换键。某些电子天平可实现克拉、盎司、克三种不同称量单位的转换。操作方法是：按住天平上的〈UNT〉键不放，显示器会循环显示（对应的称量单位分别为克拉、盎司和克），若想选择其中某一种称量单位，只需在显示所对应的称量单位时松手即可。

（10）关机。确保秤盘空载后按压〈OFF〉键，天平如长时间不用，请拔去电源插头。

2. 称量方法

（1）直接称量法。对于一些性质稳定、不沾污天平的物品，如表面皿、坩埚等容器，称量时，直接将其放在天平盘上称量其质量。

（2）固定质量称量法。对于一些在空气中性质稳定而又要求称量某一指定质量的试样，通常采用此法称量。其步骤是：先用直接称量法准确称出盛放试样的容器的质量，用药匙取试样在秤盘的容器上方，轻轻抖动，使试样慢慢落入容器。

（3）差减称量法。若称量的质量要求在一定质量范围内，这时可采用差减称量法。此法适用于易吸水、易氧化或易与 CO_2 作用的物质。通常将这类物质盛放在称量瓶中进行称量，其操作步骤如下。

将适量试样装入称量瓶中（拿放称量瓶及其瓶盖，均要用洁净的纸条，在称量瓶或瓶盖上，不用手直接接触瓶盖），在台秤天平上粗称其质量，然后在天平上称得其准确质量。取出称量瓶，然后在盛放称出试样的容器上方，将称量瓶倾斜，打开瓶盖，轻轻敲瓶口上部，使试样慢慢落入容器中。当倾出的试样已接近所需质量时，慢慢将瓶竖起，再用瓶盖轻敲瓶口上部，使粘在瓶口的试样落回瓶中，盖好瓶盖，再将称量瓶放回盘上称量，此时，称得的准确质量为 m_1，两次质量之差（m_1-m_2），即为所称试样的质量。如果第一次称得的质量未达到所需的质量范围，可再重复 1~2 次上述操作，直至达到要求。

差减称量法节省时间，称量准确而且可以很方便地同时称量数份同一试样。

3. 电子天平的维护保养

① 在对天平清洗之前，将天平与工作电源断开。

② 称量废弃物用刷子小心去除。

③ 在清洗时，不能使用强力清洁剂（溶剂类等），应使用中性清洁剂（肥皂）浸湿的清洁布擦拭（擦拭不要让液体渗到天平内部），然后使用干净的清洁布拭干。

表 5-1 列出了天平的常见故障、原因及排除方法。

表 5-1　天平的常见故障、原因及排除方法

故障	原因	排除方法
显示器上无任何显示	①无工作电压； ②未接变压器	①检查供电线路及仪器； ②将变压器接好
在调整校正之后，显示器无显示	①放置天平的表面不稳定； ②未达到内校稳定	①确保放置天平的场所稳定； ②放置震动对天平支撑面的影响
显示器显示"H"	超载	为天平卸载
显示器显示"L"或"Err54"	未装秤盘或底盘	依据电子天平的结构类型，装上秤盘或底盘
称量结果不断改变	①震动太大，天平暴露在无防风措施的环境中； ②防风罩未完全关闭； ③在秤盘与天平壳体之间有一杂物； ④下部称量开孔封闭盖板被打开； ⑤被测物质量不稳定(吸收潮气或蒸发)	①通过"电子天平工作菜单"采取相应措施； ②完全关闭防风罩； ③清除杂物； ④关闭下部称量开孔； ⑤使用称量瓶，用减量法称量
称量结果明显错误	①电子天平未经校正； ②称量之前未清零	①对天平进行调校； ②称量前清零

数据记录与处理（注意小数点后四位有效数字）

将测得实验数据填入表 5-2 中。

表 5-2　实验数据记录

项目 \ 次数	Ⅰ	Ⅱ	Ⅲ
倾出前(称量瓶+NaCl)质量/g			
倾倒 NaCl 后的质量/g			
NaCl 质量/g			
NaCl 质量平均值/g			
相对平均偏差/%			

操作思考

1. 称量结果应记录至几位有效数字？为什么？
2. 你认为电子天平的常见故障有哪些？是什么原因引起的？如何避免和排除？
3. 什么情况下用直接称量法？什么情况下用减量称量法？
4. 产生称量误差的原因有哪些？应任何消除？
5. 反复练习在规定时间内保质保量完成指定的任务，你能做到吗？你是怎么做的？

5.2　体积的测量技术

体积测量一般包括液体体积的测量、固体体积的测量和气体体积的测量。其中液体体积的精密测量，是滴定分析的重要操作技能，也是本书主要讲授的内容。常用的准确度量液体体积的玻璃量器有滴定管、移液管、吸量管和容量瓶等，其中滴定管、移液管和吸量管是用来测量流出的液体体积，而容量瓶是用来测量容纳的液体体积。

要做到准确测量液体体积，必须满足以下三个条件：
① 要有刻度准确的量器，或经过校准的量器；
② 要做到正确的准备量器和正确的使用量器；
③ 要具有实事求是的科学作风。

5.2.1 滴定管的使用方法

5.2.1.1 滴定管的构造及其准确度

滴定管是容量分析中最基本的测量仪器，它是由具有准确刻度的细长玻璃管及开关组成。滴定管是容量分析中最基本的测量仪器，是在滴定时用来测定自管内流出溶液的体积。

常量分析用的滴定管为 50mL 或 25mL，刻度低至 0.1mL，读数可估计到 0.01mL，一般有±0.02mL 的读数误差，所以每次滴定所用溶液体积最好在 20mL 以上，若滴定所用体积过小，则滴定管刻度读数误差影响增大。例如：所用体积为 10mL，读数误差为±0.02mL，则其相对误差达±0.02/10×100%＝±0.2%；所用体积为 20mL，则其相对误差即减小至±0.1%。10mL 滴定管一般刻度可以区分为 0.1mL、0.05mL。用于半微量分析区分低至 0.02mL，可以估计读到 0.005mL。在微量分析中，通常采用微量滴定管，其容量为 1～5mL，刻度区分低至 0.01mL，可估计读到 0.002mL。在容量分析滴定时，若消耗滴定液在 25mL 以上，可选用 50mL 滴定管；10mL 以上者，可用 25mL 滴定管；在 10mL 以下，宜用 10mL 或 10mL 以下滴定管，以减少滴定时体积测量的误差。一般标化时用 50mL 滴定管；常量分析用 25mL 滴定管；非水滴定用 10mL 滴定管。

5.2.1.2 滴定管的种类

（1）酸式滴定管（玻璃活塞滴定管）。酸式滴定管的玻璃活塞是固定配合该滴定管的，所以不能任意更换。要注意玻璃活塞是否旋转自如，通常是取出活塞，擦干，在活塞两端沿圆周抹一薄层凡士林作润滑剂（或真空活塞油脂），然后将活塞插入，顶紧，旋转几下使凡士林分布均匀（几乎透明）即可，再在活塞尾端套一橡皮圈，使之固定。注意凡士林不要涂得太多，否则易使活塞中的小孔或滴定管下端管尖堵塞。一般的滴定液均可用酸式滴定管，但因碱性滴定液常使玻璃活塞与玻璃孔黏合，以至难以转动，故碱性滴定液宜用碱式滴定管。但碱性滴定液只要使用时间不长，用毕后立即用水冲洗，亦可使用酸式滴定管。在使用前均应试漏。

（2）碱式滴定管。碱式滴定管的管端下部连有橡皮管，管内装一玻璃珠控制开关（操作如图 5-2 所示），一般用做碱性滴定液的滴定。其准确度不如酸式滴定管，主要由于橡皮管的弹性会造成液面的变动。具有氧化性的溶液或其他易与橡皮管起作用的溶液，如高锰酸钾、碘、硝酸银等不能使用碱式滴定管。在使用前，应检查橡皮管是否破裂或老化及玻璃珠大小是否合适，无渗漏后才可使用。

5.2.1.3 滴定管的准备和使用

（1）使用前酸式滴定管的准备
① 先检查玻璃活塞是否配合紧密，如不紧密将会出现严重的漏液现象，则不宜使用。其次，应进行充分的清洗，按照有关洗涤要求进行认真洗涤直到达到标准。
② 玻璃活塞涂油。为了使玻璃活塞转动灵活并防止漏液现象，需在活塞上涂油，其方法如下：取下活塞处的皮筋，取出活塞。用滤纸片将活塞和活塞套擦干，将酸式滴定管平放擦拭，以防滴定管背上的水进入活塞套中。活塞涂油的方法是：将玻璃塞和滴定管下端洗净擦干，沿塞粗径的一侧涂一圈凡士林，再在滴定管放塞处细径的一端内壁涂少量凡士林即可，油脂不要涂得太多，否则活塞孔被堵住，但也不能涂得太少，太少达不到灵活转动和防

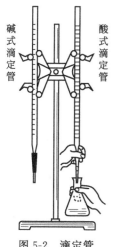

图 5-2 滴定管

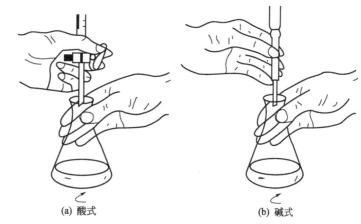

图 5-3 酸碱滴定管的使用方法

止漏液的目的。

③ 试漏。用自来水充满滴定管,将其放在滴定管架上直立静置 2min,观察有无水滴漏下,然后,将活塞旋转 180°,再在滴定管架上直立静置 2min,观察有无水滴漏下,如果漏水,则应重新进行涂油操作。

(2) 使用前碱式滴定管的准备。首先检查橡皮管是否老化、变质,检查玻璃珠是否适当,玻璃珠过大,则不便操作,过小则会漏液,如不合要求,须重新更换。然后按有关洗涤要求进行洗涤。

(3) 装溶液和赶气泡。准备好滴定管即可装标准滴定溶液。

① 先将盛装标准滴定溶液的试剂瓶摇匀,使凝结在瓶内壁的水混入溶液。

② 除去滴定管内残留的水分,以确保标准滴定溶液的浓度不变:先用此标准滴定溶液润洗滴定管 2~3 次,每次约用 10mL,从下口放出少量(约三分之一)以洗涤尖嘴部分,然后关闭活塞横持滴定管并慢慢转动,使溶液与管内壁处接触,最后将溶液从管口倒出弃去,尽量倒空后再洗第二次,每次都要冲洗尖嘴部分。

③ 将标准滴定溶液倒入管中,直至充满至"0"刻度以上,标准滴定溶液应直接倒入滴定管中,不得用其他容器(如烧杯、漏斗等)来转移。

④ 滴定管充满标准滴定溶液后,应检查管的出口下部尖嘴部分是否充满溶液,是否留有气泡,酸管的气泡,一般容易看出来,当有气泡时,右手拿滴定管上部无刻度处,并使滴定管倾斜 30°,左手迅速打开活塞,使溶液冲出管口,反复数次,一般可达到排除酸管出口气泡的目的;碱管中气泡的排除,是将碱管垂直地夹在滴定管架上,左手拇指和食指捏住玻璃球部位,使胶管向上弯曲翘起,并捏挤胶管,使溶液从管口喷出,即可排除气泡,碱式滴定管的气泡一般是藏在玻璃珠附近,必须对光检查胶管内气泡是否完全赶尽。

⑤ 赶尽气泡后再调节液面至 0.00mL 处或计下初读数,最好是调在 0.00mL 处。

(4) 滴定管的使用。使用滴定管时,应将滴定管垂直地夹在滴定管架上。

① 活塞及玻璃珠的控制

a. 使用酸管时,左手握滴定管,其无名指和小指向手心弯曲,轻轻地贴着出口部分,用其余三指控制活塞的转动,转动时手指轻轻用力把活塞向里扣住,以防把活塞顶出造成漏液 [图 5-3(a)]。

b. 使用碱管时,用左手拇指和食指捏住玻璃珠稍上方的部位,无名指和中指夹住出口管,使出口管垂直而不摆动,用拇指和食指向右边挤橡皮管,使玻璃珠移至手心一侧,形成玻璃珠旁边的空隙，使溶液从空隙中流出 [图 5-3(b)]。必须指出，不要用力捏玻璃珠，也不要使玻璃珠上下移动，不要捏玻璃珠下部的橡皮管，以免松手后空气进入尖嘴而形成气泡，影响读数。

  c. 按下列三种滴液的方法反复进行练习：

  Ⅰ. 连续滴加的方法，即一般的滴定速度，"见滴成线"的方法；

  Ⅱ. 控制一滴一滴加入的方法，做到需要一滴就只能加一滴；

  Ⅲ. 使液滴悬而不落，只加半滴，甚至不到半滴的方法。

  ② 读数：滴定管读数不准确是容量分析误差的主要来源之一，为了正确读数应遵守下列规则：

  a. 在管装满溶液或放出溶液后，必须等 1~2min，待附着在内壁上的溶液流下后，再读数。

  b. 读数时，滴定管可以夹在滴定管架上，也可以用手拿滴定管上部无刻度处，不管用哪一种方法读数时，均应使滴定管保持垂直（图 5-4）。

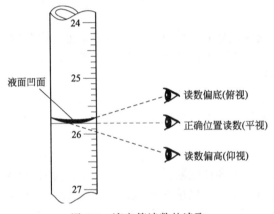

图 5-4　滴定管读数的读取

  c. 由于水的附着力和内聚力的作用，滴定管内的液面呈弯月形，无色和浅色溶液的弯月面比较清晰，读数时，应读弯月面下缘实线的最低点。为此，读数时视线应与弯月面下缘实线的最低点相切，即视线应与弯月面下缘实线的最低点在同一水平线上。对于有色溶液，由于弯月面不够清晰，读数时应使视线与液面两侧的最高点相切，初读和终读应用同一方法。

  d. 有一种蓝线衬背的滴定管，它的读数方法与上述不同，无色溶液有两个弯月面相交于滴定管蓝线的某一点，读数时视线应与此点在同一水平面上，对有色溶液读数方法与上述普通滴定管相同。

  e. 采用读数卡协助读数，读数卡用黑纸或涂有黑长方形的白纸制成，读数时，将读数卡放在滴定管背后，使黑色部分在弯月面下约 1mm 处，此时即可看到弯月面的反射层成为黑色，然后，读此黑色弯月面下缘的最低点。

  f. 读数要求读到小数点后第二位，即要估计到 0.01mL（注意：估计读数时，应考虑到刻度线本身的宽度）。

  (5) 滴定操作。滴定时，滴定操作可在锥形瓶或烧杯内进行。

  ① 在锥形瓶中进行时，用右手的拇指、食指和中指拿住锥形瓶，其余两指辅助在下侧，使瓶底高出滴定台 2~3cm，使滴定管下端伸入瓶口内 1~2cm 处，左手握住滴定管按前述方法，边滴加溶液，边用右手摇动锥形瓶，边滴边摇动。

② 在烧杯中滴定时，将烧杯放在滴定台上，调节滴定管的高度，使其下端伸入烧杯内 1~2cm 处，而滴定管下端应在烧杯中心约左后方处，不要离杯壁过近，左手滴加溶液，右手持玻璃棒搅拌溶液，搅拌应作圆周运动，不要碰到烧杯壁和底部，当滴定至接近终点只滴加半滴溶液时，用搅拌棒下端承接悬挂的半滴溶液于烧杯中，但要注意，搅拌棒只能接触液滴，不能接触管尖，其他操作同前所述。

（6）滴定管用后的处理。滴定结束后，滴定管内的剩余溶液应弃去，不要倒回原瓶中，以免沾污标准滴定溶液。随后，洗净滴定管，用蒸馏水充满全管，并用盖子盖住管口，或用水洗净后倒置在滴定管架上。

5.2.2 容量瓶的使用方法

容量瓶是为配制准确的一定摩尔浓度的溶液用的精确仪器。它是一种带有磨口玻璃塞的细长颈、梨形的平底玻璃瓶，颈上有刻度。当瓶内体积在所指定温度下达到标线处时，其体积即为所标明的容积数，这种一般是"量入"的容量瓶。但也有刻两条标线的，上面一条表示"量出"的容积。常和移液管配合使用。如图 5-5 所示，容量瓶有多种规格，小的有 5mL、25mL、50mL、100mL，大的有 250mL、500mL、1000mL、2000mL 等。它主要用于直接法配制标准溶液和准确稀释溶液以及制备样品溶液。

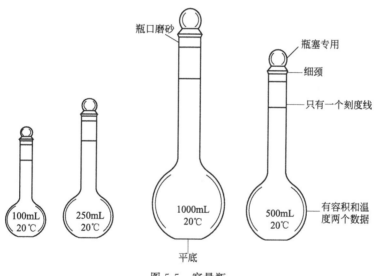

图 5-5 容量瓶

容量瓶有无色、棕色两种，应注意选用。容量瓶是用来精密配制一定体积的溶液的，配好后的溶液如需保存，应转移到试剂瓶中，不要用于储存溶液。容量瓶不能在烘箱中烘烤。

使用容量瓶时应注意如下几点：

（1）容量瓶的检查。检查瓶塞是否漏水、检查标度刻线位置距离瓶口是否太近，如果容量瓶漏水或标度刻线离瓶口太近（不便混匀溶液），则不宜使用。检查瓶塞是否漏水的方法如下：在瓶中加自来水至标线，塞紧磨口塞，用左手食指按住塞子，右手托住瓶底边缘，将瓶倒立 2min，观察瓶口是否有水渗出，如不漏水，将瓶直立后转动瓶塞 180°，再倒立一次，如不漏水，即可使用。为使瓶塞不被沾污和混淆，可用橡皮筋将塞子系在瓶颈上。磨口塞与瓶子是配套的，混淆后会引起漏水。

（2）洗涤。认真对所用容量瓶进行洗涤。容量瓶使用前应先倒去残留的水，再用适量的铬酸洗液清洗内壁，浸泡 10min 左右，将洗液倒出，然后用自来水充分洗涤，最后用蒸馏水淋洗三次。

（3）定量转移溶液。用容量瓶配制标准滴定溶液时，最常用的方法是：将待溶固体称出置于小烧杯中，用水或其他溶剂溶解后再定量地转移到容量瓶中。定量转移溶液的方法是：一手拿玻璃棒，另一手拿烧杯，使烧杯嘴紧靠玻璃棒，而玻璃棒则悬空伸入容量瓶口中，棒的下端应靠在瓶颈内壁上（不要太接近瓶口，以免有溶液溢出），使溶液沿玻璃棒和内壁流入容量瓶中，待溶液取完后，将烧杯沿玻璃棒轻轻上提，同时将烧杯直立，使附在玻璃棒和烧杯嘴之间的液滴回到烧杯中，并将玻璃棒放回烧杯。然后，用洗瓶吹洗玻璃棒和烧杯内壁，将残留在烧杯中的少许溶液定量地转移到容量瓶中。如此吹洗定量转移溶液的操作，一般应重复五次以上，以保证转移干净。如果是浓溶液稀释，则用移液管吸取一定体积的浓溶液，放入容量瓶中，再稀释。

（4）稀释。溶液转移至容量瓶后，加蒸馏水稀释至容积的三分之二处，将容量瓶拿起，按同一方向摇动几周（切勿倒转摇动），使溶液初步混匀，这样还可以避免混合后体积的改变，然后继续加蒸馏水至距离标度刻线约1cm处，等1～2min，使附在瓶颈内壁的溶液流下后，再用细长滴管滴加蒸馏水至弯月面下沿与标度刻线相切（注意：勿使滴管接触溶液，也可用洗瓶加水至标线），盖紧塞子。

（5）摇匀。以食指压住瓶盖，其余手指拿住瓶颈标线以上部分，用另一只手的手指尖托住瓶底边缘，然后将容量瓶倒转并摇动，再倒转过来，仍使气泡上升到顶，如此反复15～20次即可混匀。

图5-6所示为容量瓶的使用步骤。

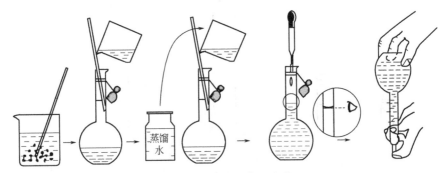

图5-6 容量瓶的使用步骤

（6）其他注意事项

① 不能在容量瓶里进行溶质的溶解，应将溶质在烧杯中溶解后转移到容量瓶里。

② 用于洗涤烧杯的溶剂总量不能超过容量瓶的标线，一旦超过，必须重新进行配制。

③ 容量瓶不能进行加热。如果溶质在溶解过程中放热，要待溶液冷却后再进行转移，因为温度升高瓶体将膨胀，所量体积就会不准确。

④ 容量瓶只能用于配制溶液，不能长时间或长期储存溶液，因为溶液可能会对瓶体进行腐蚀，从而使容量瓶的精度受到影响。

⑤ 容量瓶用毕应及时洗涤干净，塞上瓶塞，并在塞子与瓶口之间夹一条纸条，防止瓶塞与瓶口粘连。

⑥ 容量瓶只能配制一定容量的溶液，但是一般保留4位有效数字（如250.0mL），不能因为溶液超过或者没有达到刻度线而估算改变小数点后面的数字，只能重新配置，因此书写溶液体积的时候必须是×××.0mL。

5.2.3 移液管的使用方法

移液管有各种形状，最普通的是中部吹成圆柱形，圆柱形以上及以下为较细的管颈，下部的管颈拉尖,上部的管颈刻有一环状刻度[图5-7(a)]。移液管为精密转移一定体积溶液时使用。

移液管按以下方法进行准备和使用。

(1) 洗涤。移液管和吸量管均可用自来水洗涤,再用蒸馏水洗净,较脏时(内壁挂水珠时),需用铬酸洗液洗净。

(2) 移液管和吸量管的润洗。用待吸溶液润洗移液管、吸量管的目的,是使管内壁及有关部位,保证与待吸溶液处于同一体系浓度状态,以提高分析结果的可靠性,方法是:先用吸水纸将管的尖端内外的水除去,将待吸液吸至球部的四分之一处(注意:勿使溶液流回,以免稀释溶液),如此反复荡洗三次,润洗过的溶液应从尖口放出、弃去。吸量管的润洗操作与此相同。

(3) 移取溶液。如图5-8所示,用右手的拇指和中指捏住移液管或吸量管的上端,将管的下口插入待吸液液面下约1~2cm深处。管尖不应伸入太浅或太深,太浅会产生吸空,把溶液吸到洗耳球内弄脏溶液,太深又会在管外沾附溶液过多。左手拿洗耳球,把球内空气压出,接在管的上口,将洗耳球慢慢放松,管中的液面徐徐上升,当液面上升至标线以上时,迅速移去洗耳球,并立即用右手的食指按住管口(右手的食指应稍微潮湿,便于调节液面)。

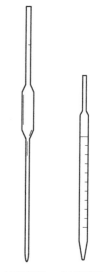

(a) 移液管　(b) 吸量管

图5-7　移液管与吸量管

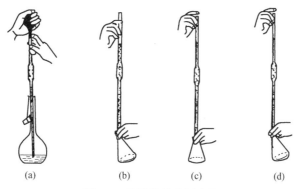

图5-8　移液管的使用步骤

(4) 调节液面。将移液管或吸量管向上提升离开液面,使管尖端靠近盛溶液器皿的内壁,略为放松食指并用拇指和中指轻轻转动移液管或吸量管,让溶液慢慢流出,使液面平稳下降,直到溶液的弯月面与标线相切时,立刻用食指压紧管口,将尖端的液滴靠壁流出,移出移液管或吸量管,插入承接溶液的器皿中。

(5) 放出溶液。将承接溶液的器皿倾斜,移液管或吸量管直立,管尖靠着器皿内壁呈45°左右,然后松开食指,让溶液沿器壁流下,溶液流完后再等待10~15s,取出移液管或吸量管,残留在管末端的少量溶液,不可用外力强使其流出,因校准移液管或吸量管时已考虑了末端保留溶液的体积,只有管上注有"吹"字的,才将其末端的溶液吹出。

5.2.4　吸量管的使用方法

① 吸量管是由上而下(或由下而上)刻有容量数字,下端拉尖的圆形玻璃管,如图5-7(b)所示。用于量取体积不需要十分准确的溶液。

② 吸量管有"吹""快"两种形式。使用标有"吹"字的吸量管时,溶液停止流出后,应将管内剩余的溶液吹出;使用标有"快"字的吸量管时,待溶液停止流出后,一般等待

15s 拿出。

③ 量取时，最好选用略大于量取量的吸量管，这样溶液可以不放至尖端，而是放到一定的刻度（读数的方法与移液管相同）。

5.2.5 容量仪器使用的注意事项

① 移液管及吸量管一定用橡皮吸球（洗耳球）吸取溶液，不可用嘴吸取。

② 滴定管、量瓶、移液管及吸量管均不可用毛刷或其他粗糙物品擦洗内壁，以免造成内壁划痕，损坏仪器或导致容量不准。每次用毕应及时用自来水冲洗，再用洗衣粉水洗涤（不能用毛刷刷洗），用自来水冲洗干净，再用纯净水冲洗3次，倒挂，自然沥干，不能在烘箱中烘烤。如内壁挂水珠，先用自来水冲洗，沥干后，再用重铬酸钾洗液洗涤，再用自来水冲洗干净，之后用纯净水冲洗3次，倒挂，自然沥干。

③ 需精密量取5mL、10mL、20mL、25mL、50mL等整数体积的溶液，应选用相应大小的移液管，不能用两个或多个移液管分取相加的方法来精密量取整数体积的溶液。

④ 使用同一移液管量取不同浓度溶液时要充分注意荡洗（3次），应先量取较稀的一份，然后量取较浓的。在吸取第一份溶液时，高于标线的距离最好不超过1cm，这样吸取第二份不同浓度的溶液时，可以吸得再高一些荡洗管内壁，以消除第一份的影响。

⑤ 容量仪器（滴定管、容量瓶、移液管及吸量管等）需校正后再使用，以确保测量体积的准确性。

技能训练 5-2　滴定分析仪器基本操作

训练目标

1. 巩固滴定分析容器的正确洗涤方法。
2. 掌握酸式滴定管、碱式滴定管的正确使用方法，并能熟练按照要求进行滴定操作。
3. 掌握移液管和吸量管的使用方法，能准确而熟练地移取一定体积的溶液。
4. 掌握容量瓶的正确使用方法。

仪器及试剂

仪器：分析天平，温度计，洗耳球，500mL容量瓶，酸式、碱式滴定管各一支，20mL移液管，吸量管，烧杯，锥形瓶，滴管，量筒等。

试剂：浓硫酸等。

训练操作

1. 配制铬酸洗液

称取研细的工业用重铬酸钾5.0g，置于250mL烧杯中，加入10mL纯水，加热使其溶解。冷却后，慢慢加入82mL浓硫酸，边加边搅拌，并注意观察铬酸洗液的颜色，配好并冷却后转移到250mL试剂瓶中，盖好瓶盖，贴上标签，备用。

2. 洗涤烧杯、锥形瓶、具塞锥形瓶、玻璃棒、滴管、量筒。

3. 滴定管的准备及使用

(1) 酸式滴定管。涂油→试漏→洗涤→装溶液→赶气泡→调零→滴定（在锥形瓶中进行）→读数→结束。

(2) 碱式滴定管。检查→试漏→洗涤→装溶液→赶气泡→调零→滴定（在烧杯中进行)→读数→结束。

4. 容量瓶的准备及使用

试漏→洗涤→转移溶液（以水代替）→稀释→平摇→稀释→调液面→摇匀。

5. 移液管、吸量管的准备及使用

(1) 25mL 移液管。洗涤→吸液→调液面→放溶液（放至锥形瓶中）。

(2) 10mL 吸量管。洗涤→吸液→调液面→放溶液（按不同刻度把溶液放入锥形瓶中）。

注意事项

1. 在使用容量器皿时，要注意区分"容纳"和"放出"溶液体积这两个不同的概念。滴定管、移液管和吸量管的刻度是按"放出"溶液体积标示的，容量瓶的刻度是按"容纳"溶液体积标示的，所以若将溶液充满到标线后，再从瓶中倒出溶液。由于瓶壁留有一层液体，倒出液体的体积就不会与容器上标示的体积相等，使用时，应注意这一点。

2. 移液管、吸量管和容量瓶都是有刻度的精密玻璃量器，均不宜放在烘箱中烘烤，容量瓶不能放在电炉等加热器上加热。

3. 酸式滴定管长期不用时，活塞部分应垫上纸，否则，时间一久，塞子不易打开，碱式滴定管不用时胶管应拔下，蘸些滑石粉保存。

4. 在滴定时，左手不能离开活塞，任溶液自流，右手晃动锥形瓶时，应微动腕关节，使溶液向同一方向旋转（向左或向右旋转均可），不能前后震动，以免溶液溅出。不要因摇动使瓶口碰在管口上，而造成事故。摇动时，一定要使溶液旋转产生旋涡，因此要求有一定的速度，不能摇得太慢，影响化学反应的进行。

5. 使用容量瓶时，不要将其玻璃磨口塞随便取下放在桌面上，以免沾污和混淆。

6. 容量瓶不宜长期保存试剂溶液。如配好的溶液需要保存时，应转移至磨口试剂瓶中，不可将容量瓶当试剂瓶使用。

7. 容量瓶使用完毕应立即用水冲洗干净。如长期不用，磨口处应洗净擦干，并用纸将磨口隔开。

8. 容量瓶中的热溶液应冷却至室温后，再稀释至标线，否则会造成体积误差。需避光的溶液应以棕色瓶配制。

操作思考

1. 用简练的语言概括出酸式滴定管的使用方法。

2. 你认为在你使用酸式滴定管、碱式滴定管、容量瓶、移液管和吸量管这些容量器皿时，哪些地方最容易因为操作不规范而引起人为误差？

5.3 定量分析概述

5.3.1 定量分析的意义及过程

5.3.1.1 分析化学的任务和作用

分析化学是人们获取物质的化学组成与结构信息的科学，即表征和测量的科学。分析化学的任务是对物质进行组成分析和结构鉴定，研究获取物质化学信息的理论和方法。

物质组成的分析，主要包括定性与定量两个部分。定性分析的任务是确定物质由哪些组分（元素、离子、基团或化合物）组成；定量分析的任务是确定物质中有关组分的含量。结构分析的任务是确定物质各组分的结合方式及其对物质化学性质的影响。

分析化学在工农业生产及国防建设中更有着重要的作用，工业生产中作为质量管理手段的产品质量检验和工艺流程控制离不开分析化学，所以分析化学被称为工业生产的"眼睛"。在农业生产中的水土成分调查，农药、化肥残留物的影响，农产品的品质检验等方面都需要分析化学；在国防建设中，分析化学对核武器、航天材料以及化学试剂等的研究和生产起着重要的作用；在实行依法治国的基本国策中，分析化学又是执法取证的重要手段。

5.3.1.2 定量分析过程

定量分析一般要经过以下几个步骤。

(1) 取样。样品或试样是指在分析工作中被采用来进行分析的物质体系，它可以是固体、液体或气体。分析化学要求被分析试样在组成和含量上具有一定的代表性，能代表被分析的总体。否则分析工作将毫无意义，甚至可能导致错误结论，给生产或科研带来很大的损失。

采样的通常方法是：从大批物料中的不同部分、深度选取多个取样点采样，然后将各点取得的样品粉碎之后混合均匀，再从混合均匀的样品中取少量物质作为分析试样进行分析。

(2) 试样的分解。定量分析中，除使用特殊的分析方法可以不需要破坏试样外，大多数分析方法需要将干燥好的试样分解后转入溶液中，然后进行测定。分解试样的方法很多，主要有溶解法和熔融法。实际工作中，应根据试样性质和分析要求选用适当的分解方法。如测定补钙药物中钙含量，试样需要先用酸溶解转变成溶液后再进行；沙子中硅含量的测定，试样则需要先进行碱熔，然后再将其转变成可溶解产物，溶解后进行测定。

(3) 消除干扰。复杂物质中常含有多种组分，在测定其中某一组分时，若共存的其他组分对待测组分的测定有干扰，则应设法消除。采用加入试剂（称掩蔽剂）来消除干扰在操作上简便易行。但在多数情况下合适的掩蔽方法不易寻找，此时需要将被测组分与干扰组分进行分离。目前常用的分离方法有沉淀分离、萃取分离、离子交换和色谱法分离等。

(4) 测定。各种测定方法在灵敏度、选择性和适用范围等方面有较大的差别，因此应根据被测组分的性质、含量和对分析结果准确度要求，选择合适的分析方法进行测定。如常量组分通常采用化学分析方法，而微量组分需要使用分析仪器进行测定。

(5) 分析结果计算及评价。根据分析过程中有关反应的计量关系及分析测量所得数据，计算试样中有关组分的含量。应用统计学方法对测定结果及其误差分布情况进行评价。

应该指出的是，分析是一个复杂的过程，是从未知、无序走向确定、有序的过程，试样的多样性也使分析过程不可能一成不变，上述的基本步骤，只是各种定量分析过程中的共性部分，只能进行一般性指导。

5.3.2 定量分析的方法

根据测定原理、分析对象、待测组分含量、试样用量的不同，定量分析方法有不同分类方法。

5.3.2.1 化学分析法

化学分析法是以物质的化学反应为基础的分析方法。主要有滴定分析法和重量分析法。

(1) 滴定分析法。滴定分析法是通过滴定操作，根据所需滴定剂的体积和浓度，以确定试样中待测组分含量的一种方法。滴定分析法分为酸碱滴定法、沉淀滴定法、配位滴定法和氧化还原滴定法。

(2) 重量分析法。重量分析法是通过称量操作测定试样中待测组分的质量，以确定其含量的一种分析方法。重量分析法分为沉淀重量法、电解重量法和气化法。

5.3.2.2 仪器分析法

仪器分析法是以物质的物理性质和物理化学性质为基础的分析方法。由于这类分析都要使用特殊的仪器设备，所以一般称为仪器分析法。常用的仪器分析方法有：

(1) 光学分析法。它是根据物质的光学性质建立起来的一种分析方法。主要有：分子光谱（如比色法、紫外-可见分光光度法、红外光谱法、分子荧光及磷光分析法等）、原子光谱法（如原子发射光谱法、原子吸收光谱法等）、激光拉曼光谱法、光声光谱法、化学发光分析法等。

(2) 电化学分析法。它是根据被分析物质溶液的电化学性质建立起来的一种分析方法。主要有：电位分析法、电导分析法、电解分析法、极谱法和库仑分析法等。

(3) 色谱分析法。它是一种分离与分析相结合的方法。主要有：气相色谱法、液相色谱法（包括柱色谱、纸色谱、薄层色谱及高效液相色谱）、离子色谱法。

随着科学技术的发展，近年来，质谱法、核磁共振波谱法、X射线、电子显微镜分析以及毛细管电泳等大型仪器分析法已成为强大的分析手段。仪器分析由于具有快速、灵敏、自动化程度高和分析结果信息量大等特点，备受人们的青睐。

5.3.2.3 无机分析和有机分析

若按物质的属性来分，分析方法主要分为无机分析和有机分析。无机分析的对象是无机化合物；有机分析的对象是有机化合物。另外还有药物分析和生化分析等。

5.3.2.4 常量分析、半微量分析和微量分析

按被测组分的含量来分，分析方法可分为常量组分（含量>1%）分析、微量组分（含量为0.01%～1%）、痕量组分（含量<0.01%）分析；按所取试样的量来分，分析方法可分为常量试样（固体试样的质量>0.1g，液体试样体积10mL）分析、半微量试样（固体试样的质量在0.01～0.1g，液体试样体积为1～10mL）分析、微量试样（固体试样的质量<0.01g，液体试样体积<1mL）分析和超微量试样（固体试样的质量<0.1mg，液体试样体积<0.01mL）分析。

常量分析一般采用化学分析法，微量分析一般采用仪器分析法。

5.3.3 定量分析结果的表示

根据分析实验数据所得的定量分析结果一般用以下方法来表示。

5.3.3.1 待测组分的化学形式表示法

分析结果通常以待测组分的实际存在形式的含量表示。例如测得试样中的含磷量后，根据实际情况以 P、P_2O_5、PO_4^{3-}、HPO_4^{2-}、$H_2PO_4^-$ 等形式的含量来表示分析结果。

如果待测组分的实际存在形式不清楚，则分析结果最好以氧化物或元素形式的含量表示。例如，在矿石分析中，各种元素的含量常以其氧化物形式（如 K_2O、CaO、MgO、Fe_2O_3、Al_2O_3、P_2O_5 和 SiO_2 等）的含量表示；在金属材料和有机分析中常以元素形式（Fe、Al、Cu、Zn、Sn、Cr、W 和 C、H、O、N、S 等）的含量表示。

电解质溶液的分析结果常以所存在的离子的含量表示。

5.3.3.2 待测组分含量的表示方法

不同状态的试样其待测组分含量的表示方法也有所不同。

(1) 固体试样。固体试样中待测组分的含量通常以质量分数表示。若试样中含待测组分的质量以 m_B 表示，试样质量以 m_s 表示，它们的比称为物质B的质量分数，以符号 w_B 表示，即：

$$w_B = m_B / m_s$$

计算结果数值以％表示。例如测得某水泥试样中 CaO 的质量分数可表示为：$w_{CaO} = 59.82\%$。

若待测组分含量很低，可采用 μg/g（或 10^{-6}）、ng/g（或 10^{-9}）和 pg/g（或 10^{-12}）来表示。

(2) 液体试样。液体试样中待测组分的含量通常有以下表示方式：

① 物质的量浓度：表示待测组分的物质的量 n_B 除以试液的体积 V_s，以符号 c_B 表示。常用单位为 mol/L。

② 质量分数：表示待测组分的质量 m_B 除以试液的质量 m_s，以符号 w_B 表示。

③ 体积分数：表示待测组分的体积 V_B 除以试液的体积 V_s，以符号 φ_B 表示。

④ 质量浓度：表示单位体积试液中被测组分 B 的质量，以符号 ρ_B 表示，单位为 g/L、mg/L、μg/L 或 μg/mL、ng/mL、pg/mL 等。

(3) 气体试样。气体试样中的常量或微量组分的含量常以体积分数 φ_B 表示。

5.3.4 定量分析中的误差

在日常分析过程中我们可以看到同一个分析方法，测定同一个样品，虽然经过多次的测定，但是测定结果不一定完全一致。这说明在测定中我们的测定值和真实值之间总是存在着一定的偏离，这种偏离就是误差。为此我们必须了解误差的表示方法及分析可能产生误差的原因，尽可能地减小误差，从而提高分析结果的准确度。

5.3.4.1 误差的来源与消除方法

根据误差产生的原因和性质，可将误差分为系统误差和偶然误差两大类。

(1) 系统误差。系统误差是由某种确定的原因造成的，一般有固定的方向和大小，重复测定时重复出现，也称为可测误差或恒定误差。

系统误差大致分为以下三类：

① 方法误差：是由于分析方法本身造成的，如滴定分析中反应不完全等量点和终点并不完全一致。如 M3 法测定土壤有效磷含量时，磷浓度过高会产生沉淀，使测定结果偏低。

② 仪器和试剂误差：由仪器的精度和试剂的纯度不够引起。如容量瓶和移液管的精度不够或未校准，仪器本身不够精密或者试剂不纯、蒸馏水含有微量杂质等产生的误差均属此类。

③ 操作误差：在正常操作情况下，由于分析工作者个人的习惯和技术水平等原因，在掌握操作规范与控制反应条件有出入而引起的操作误差。如滴定管读数偏高或偏低，对某种颜色变化不够敏锐等等。

系统误差的特点：

① 重现性：在同一条件下进行重复测定时会重复出现；

② 单向性：以固定的大小和方向出现，大小正负可测，能设法减免或加校正值的方法消除；

③ 可消除性：采取校正实验仪器、改进实验方法及空白实验和较正实验等进行检验或消除。

(2) 偶然误差。偶然误差是由一些偶然的、不可避免的原因造成的误差，也称随机误差。如在测定过程中，温度、压强、湿度、电压等实验条件微小变化的干扰、以及随测定而来的其他偶然因素等，会使测定结果在一定范围内波动，其大小和方向都是不固定的。因此无法测量，也不能校正，所以偶然误差又称不可测误差，它是客观存在的，是不可避免的。

偶然误差的特点：从表面上看，偶然误差似乎没有规律，但是在同样条件下，进行反复多次测定，可以发现偶然误差还是有规律的，它遵从正态分布规律。绝对值相等的正误差和负误差出现的概率相同，呈对称性；绝对值小的误差出现的概率大，绝对值大的误差出现的概率小。随着测量次数的增加，偶然误差的算术平均值趋近于零，所以多次测量结果的算术平均值将更接近于真值。

(3) 误差的减免方法

① 空白试验。由试剂（包括蒸馏水）空白试验和器皿引入的杂质所造成的系统误差，一般可做空白试验加以检验和校正。空白试验是指在不加样品的情况下，在同样的操作条件下进行测定，所得结果称空白值。从试样的分析结果扣除空白值后，就得到比较准确的分析结果。如测定碱解氮和有效磷等都进行空白测定。

常用的对照试验有3种：a. 用组成与待测样品相近，已知准确含量的标准样品，按所选的方法测定，将对照实验的测定结果与标样的已知含量相比所得的比值称为校正系数。被测试样的组分含量等于测得含量乘以校正系数。b. 用标准方法对照试验：此法就是使用国家有关部门制定的或公认的权威分析法，与所选用的方法，对同一样品进行测试。如果所得结果符合误差允许范围，表明选用方法是可靠的。c. 用加标回收率的方法检验，即取相同的两份试样，在一份中加入一定量待测组分的纯物质，用相同的方法进行测定，计算测定结果和加入纯物质的回收率，以检测分析方法的准确性。

② 校准仪器。分析测定中，当允许的相对误差大于1%时，一般可不必校准仪器。但具有准确体积和质量的仪器，如滴定管、移液管、容量瓶和天平等，必须进行校准。测量时按照校准后的数值进行计算，以消除仪器带来的误差。增加平行测定的次数可以减小偶然误差。

③ 选择合适的分析方法。不同的分析方法其准确度是不相同的。化学分析法对高含量组分的测定能获得较为准确的结果，相对误差一般在千分之几以内，如化学肥料中氮、磷、钾等养分的测定。仪器分析法由于灵敏度高，可以测出低含量的组分，如土壤中氮、磷、钾及微量元素的测定。

在称量过程中，为减少称量误差，被称物的质量不能小于0.2g，因为分析天平的称量误差为±0.0002g。只有被测物大于0.2g时称量的相对误差才不超过0.1%。同样道理，在滴定分析中，量取滴定管体积的误差为±0.02mL，溶液的体积在20mL以上，其测量体积的相对误差才小于0.1%。

5.3.4.2 误差的表示方法

(1) 准确度与误差

① 准确度：表示分析结果与真值的接近程度。准确度的高低用误差来表示。误差越小，表示分析结果的准确度越高；反之，准确度越低。

② 误差：误差的表示方法有两种，绝对误差（E）和相对误差（RE）。

绝对误差（E）：测量值与真值之差称为绝对误差。

相对误差（RE）：绝对误差与真值的比值称为相对误差。在分析工作中，常用相对误差来衡量分析结果的准确度。若以 x 表示测量值，以 μ 表示真实值，则：

$$绝对误差(E) = x - \mu$$

$$相对误差(RE) = 绝对误差/真实值 = (x-\mu)/\mu$$

(2) 精密度与偏差

① 精密度：表示平行测量的各测量值之间相互接近的程度，它表现了测定结果的再现性。各测量值之间越接近，精密度就越高；反之，精密度越低。精密度的大小用偏差来表示。

② 偏差：测量值与平均值之差称为偏差。分为绝对偏差和相对偏差。

绝对偏差：是指单次测定值与平均值的偏差。

相对偏差：是指绝对偏差在平均值中所占的百分数。

若以 $\bar{x}$ 表示一组平行测定的平均值，则单个测量值 x_i 的绝对偏差 d 为：

$$d = x_i - \bar{x}$$

相对偏差 $Rd = \dfrac{d}{\bar{x}}$

（3）准确度与精密度的关系。准确度是指观测值或其均值与真值接近的程度，而精密度是指一组观测值彼此接近的程度，而不能说明与真值的接近程度。因此：①精密度是保证准确度的先决条件。精密度差，所测结果不可靠，就失去了衡量准确度的意义。②精密度好，不一定准确度高。只有在消除了系统误差的前提下，精密度好，准确度才会高。如图 5-9 所示。

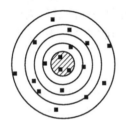　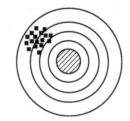　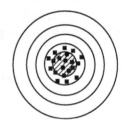

(a) 精密度、准确度都不好　　(b) 精密度好，准确度不好　　(c) 精密度、准确度都好

图 5-9　准确度与精密度的关系

图 5-9(a) 的系统误差小，随机误差大，精密度、准确度都不好；图 5-9(b) 说明系统误差大，随机误差小，精密度好，但准确度不好；图 5-9(c) 系统误差和随机误差都很小，精密度和准确度都很好。

5.3.4.3　可疑测定值的取舍

每一组平行测定所得到的数据中，常常会有个别测定值与其他数据相差较远，这一数据称为可疑测定值，又称为离群值或逸出值，初学者多倾向于随意舍弃这一可疑值，企图获得精密度较好的分析结果，这样做是不妥的，一位分析工作者只有在确知实验过程中有错误时才能舍弃该次的测得结果，否则就要根据误差理论的规定，决定可疑值的取舍，下面介绍常用的 Q 检验法。

Q 检验法是由迪安和狄克逊于 1951 年提出的，该法适用于测定次数为 3～10 时的检验，其具体处理步骤如下：

① 将测得的数据由小至大排列为：x_1、x_2、x_3、…、x_n，设其中的 x_1 或 x_n 为可疑数据；

② 求出最大与最小数据之差（极差）$x_n - x_1$；

③ 算出可疑数据与其最临近数据之差 $x_n - x_{n-1}$ 或 $x_2 - x_1$；

④ 求出统计量 $Q_计$

$$Q_计 = \frac{x_n - x_{n-1}}{x_n - x_1} \quad 或 \quad Q_计 = \frac{x_2 - x_1}{x_n - x_1}$$

⑤ 根据测定次数和要求的置信度查表 5-3，得出 $Q_{0.90}$；

⑥ 将 $Q_计$ 与 $Q_{0.90}$ 相比较,若 $Q_计$ 大于或等于 $Q_{0.90}$,则弃去可疑数据,否则予以保留。

Q 检验法符合数理统计原理,特别是具有直观性和计算方法简便的优点,但 Q 检验法的缺点是:在上式中分母是 $x_n - x_1$,由此可以看出,数据的离散性愈大,$x_n - x_1$ 愈大,可疑数据愈不能舍去,因此,Q 检验法的准确性较差。如果测定的次数比较少时(如 $n=3$),使用 Q 检验法时,计算所得的 $Q_计$ 值恰好与查表所得 $Q_{0.90}$ 值相等,按规定应舍去该个数据,但这样做较为勉强,如果可能的话,最好是再补测 1～2 次。

表 5-3 不同置信度下取舍可疑数据的 Q 值

测定次数	置信度		
	90%($Q_{0.90}$)	96%($Q_{0.98}$)	99%($Q_{0.99}$)
3	0.94	0.98	0.99
4	0.76	0.85	0.93
5	0.64	0.73	0.82
6	0.56	0.64	0.74
7	0.51	0.59	0.68
8	0.47	0.54	0.63
9	0.44	0.51	0.60
10	0.41	0.48	0.57

同一组测定数据,也可用 4d 法处理,采用 4d 法和 Q 检验法检验的结果不一定一致。原因是在 Q 检验法的算式中,数据的离散性愈大,则 $x_n - x_1$ 之差也愈大,所得 $Q_计$ 值就愈小,离群数据就越不能舍去,因此,能常用 4d 法和 Q 检验法对同一组数据中的可疑值进行检查时,其结论往往并不一定是一致的。

5.3.5　有效数字及运算规则

5.3.5.1　有效数字的一般概念

(1) 有效数字。有效数字是指实际上能测量到的数值,在该数值中只有最后一位是可疑数字,其余的均为可靠数字。它的实际意义在于有效数字能反映出测量时的准确程度。如果用以毫米为刻度的米尺测量物长时,假使物体的一端与米尺的零点对齐,另一端不是恰好与某一刻度线对齐,而是在两刻度线之间。这时,毫米整数刻度可以准确读出。两刻线之间的读数只能凭眼睛估读(例如大约在毫米内十分之几的位置)。由刻度尺直接读得的显然是可靠的,就是说它是有效的;而估读的准确度是可疑的,但读出来总比不读它要精确,所以我们规定:把测量结果中可靠的几位数字加上可疑的一位数字统称为测量结果的有效数字。有效数字的位数标志着仪器的准确程度,即反映绝对误差的大小。使用准确度不同的仪器测量时,可以得到不同位数的有效数字。

例如,用最小刻度为 0.1cm 的直尺量出某物体的长度为 1.23cm,显然这个数值的前 2 位数是准确的,而最后一位数字就不是那么可靠,因为它是测试者估计出来的,这个物体的长度可能是 1.24cm,亦可能是 1.22cm,测量的结果有 ±0.01cm 的误差。我们把这个数值的前面 2 位可靠数字和最后一位可疑数字称为有效数字,这个数值就是三位有效数字;当用准确度为 0.05mm 的卡尺量同一物长时得到 $L = 1.855$cm,即得到四位有效数字。

误差的有效数字一般取一位,将有效数字的定义和误差取一位数结合起来,就能写出测量结果的数值了。例如 $L = 2.00 \pm 0.01$(cm) 的写法是正确的,而 $I = 3.00 \pm 0.3(\mu A)$ 的写法是错误的。由绝对误差决定有效数字,这是处理一切有效数字问题的依据。

(2) 关于有效数字的几点说明

① 在确定有效数字位数时，特别需要指出的是数字"0"来表示实际测量结果时，它便是有效数字。"0"在数字中间或数字后面都是有效数字，不能随意省略，例如1.0和1.00在数学上是等效的，在物理实验中则有完全不同的意义，1.0是两位有效数字，而1.00是三位有效数字，两者的误差不同，准确度也不同。再如，分析天平称得的物体质量为7.1560g，滴定时滴定管读数为20.05mL，这两个数值中的"0"都是有效数字。

② 如果用"0"来表示小数点的位置，即小数点前面的"0"和紧接小数点后面的零不算作有效数字，数据中的"0"只起到定位作用。如0.0123dm、0.123cm、0.00123m等的有效数字都是三位。由此可见，在十进制单位中，进行单位换算时，有效数字的位数不变。

③ 当结果中数字很大或很小，且有效数字位数较少时，常用10的指数形式来表示。例如太阳的质量 $M = 1.989 \times 10^{30}$ kg，有效数字是指系数部分，即四位有效数字。

④ 在计算中常会遇到下列两种情况：一是化学计量关系中的分数和倍数，这些数不是测量所得，它们的有效数字位数可视为无限多位；另一种情况是关于pH、pK和lgK等对数值，其有效数字的位数仅取决于小数部分的位数，因为整数部分只与该整数中的10的方次有关。

5.3.5.2 有效数字的运算法则

在分析实验中，涉及大量的间接测量，求间接测量需要将直接测得量进行各种运算。为了不致因运算引入误差，并尽量简化运算过程，在滴定分析中，实验数据的记录只应保留一位可疑数字，结果的计算和数据处理均应按有效数字的计算规则进行。下面通过例题来学习有效数字的运算法则。

（1）加减法（以加法为例）。在进行加减运算时，有效数字取舍以小数点后位数最少的数值为准。例如，0.0231、24.57和1.16832三个数相加，24.57的数值小数点后位数最少（取绝对误差最大的），故其他数值也应取小数点后两位，其结果是 $0.02 + 24.57 + 1.17 = 25.76$。

（2）乘除法。在乘除运算中，应以有效数字最少的为准。例如，0.0231、24.57和1.16832三个数相乘，0.0231的有效数字最少，只有三位，故其他数字也只取三位。运算的结果也保留三位有效数字：$0.0231 \times 24.6 \times 1.17 = 0.665$。

几个数据相乘除

$$\frac{0.0325 \times 5.103 \times 60.06}{139.8} = 0.0713$$

依相对误差最大的数据为依据（取有效数字位数最小的）

正确运用有效数字规则进行运算，不但能够反映出计算结果的可信程度，而且能大大简化计算过程。在滴定分析中一般常采用四位有效数字。

5.3.5.3 数字的修约规则

在运算过程中通常需对数据多余的位数进行取舍。为了避免舍入误差，现在通常采用的是四舍六入五成双：尾数"小于五则舍，大于五则入，等于五则把尾数凑成偶数"的法则。即欲舍去数字的最高位为4或4以下的数，则"舍"；若为6或6以上的数，则"入"；被舍去数字的最高位为5时，前一位数为奇数，"入"，前一位数为偶数，则"舍"，即通过取舍，总是把前一位凑成偶数。其目的在于使"入"和"舍"的机会均等，以避免用"四舍五入"规则处理较多数据时，因入多舍少而引入计算误差。

例如：　1.535　　取三位有效数字为　　1.54
　　　　12.405　　取四位有效数字为　　12.40
　　　　2.036　　取二位有效数字为　　2.0

0.076　　取一位有效数字为　　0.08

有效数字运算规则和数字取舍规则的采用，目的是保证测量结果的准确度不致因数字取舍不当而受到影响。同时，也可以避免因保留一些无意义的欠准确数字而做无用功，浪费时间和精力。现在由于计算器的应用已十分普及，计算过程多取几位数字也并不花费多少精力，不会给计算带来什么困难。但是，实验结果的正确表达仍然值得重视，实验者应该能正确判断实验结果是几位有效数字，正确结果该怎么表示。

5.3.6　分析测试的原始记录和分析报告

5.3.6.1　实验准备与实验数据记录

在进行化学实验时，为确保实验成功，达到目的，特提出以下四个要求：

① 每次实验前都必须对本次实验的原理吃透、弄通。（不允许对照黑板或实验书生搬硬套。）

② 在吃透弄通实验原理的基础上必须做到对本次实验要达到的目的心中有数、明明白白。

③ 在进行实验操作时，必须做到认真、规范、正确、无误，确保不因操作原因出现增大实验误差或导致实验失败。

④ 在实验时必须对实验数据的记录、处理与分析做到科学、准确、无误。

由此可见，在实验中不仅要弄通原理、明确目的、认真操作，而且还必须要对实验数据的记录与处理分析准确无误，四个必须缺一不可，本次实验我们主要讲述实验数据的记录、处理、分析的有关知识。

5.3.6.2　正确认识进行实验数据记录与处理的重要性

在进行化学实验或分析化验时，分析结果是否准确可靠是至关重要的问题，不准确的分析结果或者错误的分析结果往往会造成严重后果，可以导致生产上的损失，资源的流失，科学上的错误结论，给生产、科研和生活造成巨大的浪费。如农业上土壤中养分的测定，酸碱性的测定，工业上试样中组分含量的测定，日常生活中饮用水质的检测等等都要求分析结果准确可靠，因此在实验测定或分析测定时一定要实事求是地记录原始数据。在测定工作结束后还要对测得的各项数据进行处理，如发现分析结论与实际情况不符，要以原始数据为依据仔细检查，找出错误的原因，而决不允许通过改动数据的方法达到所谓的一致。这要求我们，在进行实验和分析检测时，在思想上，一定要高度重视实验或分析数据的记录与处理，切实做到数据的记录与处理科学、准确、无误，确保实验结果的准确性和可靠性。

5.3.6.3　必须学会正确进行原始记录

原始记录是化验工作中最重要的资料之一。所谓原始记录，也就是未经过任何处理的记录。认真做好原始记录是保证有关数据可靠的重要条件，实验结束后，必须对照原始记录认真核对以判断实验结果的准确性和可靠性。一旦出现实验或分析结论与实际情况不符或偏差较大时，就必须要以原始数据为依据，仔细检查，查找产生错误的原因，从而来判断分析结果的可靠性和准确性。

对原始记录有以下要求：

① 首先要养成良好的原始记录习惯。

② 一定要实事求是，以事实为依据进行记录。

③ 原始数据必须整洁地记录在专用的本子上，本上需标明页码，不得缺页。

④ 原始记录本应妥善保存一段时间。

⑤ 原始记录必须真实、齐全、清楚。

⑥ 原始记录方式应该简单、明了便于查核，可以根据不同的实验要求，自行设计一些简单合适的记录表格，供实验时填写，表格项目内容应满足化验分析要求。

⑦ 原始记录有关单位、符号，应符合法定计量单位规定。

⑧ 记录一定要注明实验日期和时间。

例如，表 5-4 所示的盐酸溶液的标定表。

表 5-4 盐酸溶液的标定　　　日期　年　月　日

试样编号	I	II	III
粗称(称量瓶+试样)质量/g			
倾出前(称量瓶+试样)质量/g			
倾出后(称量瓶+试样)质量/g			
$m(Na_2CO_3)/g$			
HCl 终读数/mL			
HCl 初读数/mL			
所消耗 HCl 溶液体积 $V(HCl)/mL$			
$c(HCl)/(mol/L)$			
平均值			
相对平均偏差			

对实验记录本和实验记录的要求：

① 实验记录本应是一装订本，不得用活页纸或散纸。

② 空出记录本头几页，留作编目用。

③ 每做一个实验，应从新的一页开始。

④ 不必记操作细节。但应记上：试剂的规格和用量、仪器的名称、规格牌号、实验的日期、实验所用去的时间、实验现象和数据。

⑤ 对于观察的现象应尽量详尽地记录，不能虚假。记录必须完整、清楚，不仅自己能看懂，甚至几年后也能看懂，而且还使他人能看得出来。

⑥ 记录时宁可多记，不要漏记，在写实验报告时从中精选。如果漏记了主要内容将难以补救。

5.4 滴定分析法

5.4.1 滴定分析的基本原理

滴定分析法是化学分析中的重要方法之一。使用滴定管将一种已知准确浓度的试剂溶液即标准溶液，滴加到待测物的溶液中，直到待测组分恰好完全反应，即加入标准溶液的物质的量与待测组分的物质的量符合反应式的化学计量关系，然后根据标准溶液的浓度和所消耗的体积，算出待测组分的含量，这一类分析方法通称为滴定分析法（或称容量分析法）。滴加标准溶液的操作过程称为滴定。滴加的标准溶液与待测组分恰好反应完全的这一点，称为化学计量点，在化学计量点时，反应往往没有易被察觉的任何外部特征，因此一般是在待测溶液中加入指示剂（如酚酞等），利用指示剂颜色的突变来判断，当指示剂变色时停止滴定，这时称为滴定终点。实际分析操作中滴定终点与理论上的化学计量点不一定能恰好符合，他们之间往往存在很小的差别，由此而引起的误差称为终点误差，又称滴定误差。终点误差的大小，决定于滴定反应和指示剂的性能及用量，是滴定分析误差的主要来源之一。根据所利用的化学反应不同，滴定分析法一般可分为酸碱滴定法、沉淀滴定法、配位滴定法、氧化-还原滴定法四种。

滴定分析特点是：适用常量组分的测定，有时也可以测定微量组分；该法快速、准确、仪器设备简单、操作简便、可用于多种化学反应类型的测定；分析准确度较高，相对误差在0.1%左右。因此，该方法在生产实践和科学研究方面具有很高的实用价值，常作为标准方法，应用比较广泛。

滴定分析对化学反应的要求：

① 反应定量地完成，即被测物与标准溶液之间的反应按一定的化学方程式进行，无副反应的发生，而且进行完全（>99.9%），这是定量计算的基础。

② 反应速率要快。滴定反应要求在瞬间完成，对于速率慢的反应，应采取适当措施（如加热、加催化剂等）提高其反应速率。

③ 能用比较简便的方法确定其滴定终点。

5.4.2 标准溶液及其配制

5.4.2.1 定义

标准溶液是具有准确浓度的试剂溶液，在滴定分析中常做滴定剂。

基准物质是用于直接配制标准溶液或标定标准溶液浓度的物质。基准物质必须符合以下要求：

① 物质的组成和化学式应完全符合。若含结晶水，如草酸 $H_2C_2O_4 \cdot 2H_2O$ 等，其结晶水的含量也应与化学式完全相符；

② 物质必须具有足够的纯度，即主要成分含量在99.9%以上，所含杂质不影响滴定反应的准确度；

③ 试剂在一般情况下应该很稳定；

④ 最好具有较大摩尔质量，以减小称量误差。

5.4.2.2 标准溶液的配制

(1) 直接法。准确称量一定量的基准物质，用适当溶剂溶解后，定量地转移到容量瓶中，稀释至刻度，根据称取的物质的质量和溶液的体积，计算出该标准溶液的浓度，这种方法称为直接配制法。只有基准物质才能用直接法配制其标准溶液。例如，称取4.9030g基准物质，置于烧杯中，用水溶解后，转移到1L容量瓶中，用水稀释至刻度，摇匀，即得0.01667mol/L $K_2Cr_2O_7$ 溶液。

但是用来配制标准溶液的物质大多不是基准物质，如酸碱滴定法中所用的盐酸，除了恒沸点的盐酸外，一般市售盐酸中的HCl含量有一定的波动；又如NaOH极易吸收空气中的 CO_2 和水分，称得的质量不能代表纯NaOH的物质。因此，对这一类物质不能用直接法配制标准溶液，而需要用间接法配制。

(2) 间接法（也称标定法）。很多试剂不符合基准物质的条件，不适于直接配制标准溶液。但可以将其配制成接近于所需要浓度的溶液，用基准物或已经标定过的另一种物质的标准溶液来确定它的准确浓度，这种确定浓度的操作称为标定（standardization）。例如，欲配制0.1mol/L NaOH标准溶液，先配成大约为0.1mol/L NaOH的溶液，然后准确称取一定量的邻苯二甲酸氢钾，用该NaOH溶液滴定，根据两者完全作用时NaOH溶液的用量和邻苯二甲酸氢钾的质量，即可计算出NaOH溶液的准确浓度，或者用已知准确浓度的HCl标准溶液进行标定，这样便可求得NaOH溶液的准确浓度。

在上述标定过程中，邻苯二甲酸氢钾和草酸（$H_2C_2O_4 \cdot 2H_2O$）都可作为标定 NaOH 的基准物，但前者的摩尔质量大于后者，为了降低称量误差，因此邻苯二甲酸氢钾更适宜用作基准物。

5.4.2.3 标准溶液浓度表示方法

（1）物质的量浓度。简称浓度，是指单位体积溶液中所含溶质的物质的量（n）。如 B 物质的量浓度以符号 c_B 表示，即 $c_B = \dfrac{n_B}{V_B}$，因为 $n_B = \dfrac{m_B}{M_B}$，所以 $c_B = \dfrac{m_B}{V_B M_B}$。

（2）滴定度。在常规分析中，由于测定对象比较固定，常使用同一标准溶液测定同种物质，因此采用滴定度（titer）表示标准溶液的浓度会使结果的计算简便快速。滴定度是指与每毫升标准溶液相当的被测组分的质量，常以 $T_{A/B}$ 表示，A 为滴定液，B 为被测物质的化学式，单位为 g/mL。

例如，用来测定铁含量的 $KMnO_4$ 标准溶液，其浓度可用 $T_{Fe/KMnO_4}$ 表示。若 $T_{Fe/KMnO_4} = 0.005682\text{g/mL}$，即表示 1mL $KMnO_4$ 标准溶液相当于 0.005682g 铁，也就是说，1mL 的 $KMnO_4$ 标准溶液能把 0.005682g Fe^{2+} 氧化成 Fe^{3+}。如上例中，如果已知滴定中消耗 $KMnO_4$ 标准溶液的体积为 V，则被测定铁的质量 $m_{Fe} = TV$。

5.4.3 滴定曲线和指示剂的选择

5.4.3.1 四种滴定反应类型及其滴定曲线

滴定过程中，随着滴定剂的不断加入，被滴组分的浓度不断发生变化，这种变化可用滴定曲线表示。图 5-10 至图 5-13 为四类滴定反应的典型滴定曲线。滴定曲线上横轴表示滴定剂的加入量（或滴定分数），纵轴表示被滴组分浓度的变化。

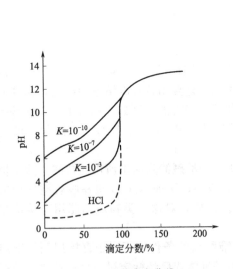

图 5-10 酸碱滴定曲线
0.1mol/L NaOH 滴定 0.1mol/L HCl，
K 为弱酸的离解常数

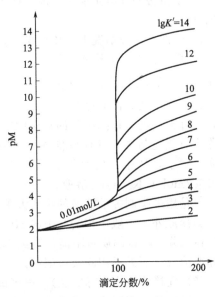

图 5-11 配位滴定曲线
用 0.01mol/L EDTA 滴定 0.01mol/L 金属离子，
K' 为条件稳定常数

在不同类型的滴定反应中，被滴组分的浓度用不同方式表示。
在酸碱滴定中，测定溶液中 H^+ 浓度的变化，用 pH 表示，$pH = -\lg[c(H^+)/c^\ominus]$。

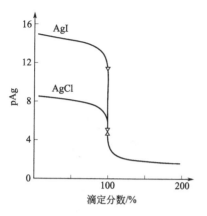

图 5-12　沉淀滴定曲线
0.1000mol/L AgNO₃ 滴定
0.1000mol/L NaCl、NaI

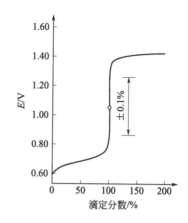

图 5-13　氧化还原滴定曲线
0.1000mol/L Ce⁴⁺ 滴定 0.1000mol/L Fe²⁺，
在 0.5mol/L H₂SO₄ 介质中

在配位滴定中，测定溶液中金属离子浓度的变化，用 pM 表示，$pM=-\lg[c(M^{n+})/c^\ominus]$。

在沉淀滴定中，测定沉淀剂离子的浓度，如银量法中，用 $pAg=-\lg[c(Ag^+)/c^\ominus]$。

在氧化还原滴定中，被滴组分浓度的变化引起体系的氧化还原电位发生改变，因而用电位 E 表示，单位伏特（V）。

滴定曲线可以通过实验绘制，也可以由理论计算求得。研究滴定曲线时，一般将其分为以下四段。

① 滴定前取决于被滴溶液的原始状态。
② 滴定起始到理论终点前取决于溶液中剩余被滴离子的浓度。
③ 理论终点滴定 100%。
④ 理论终点后取决于溶液中过量滴定剂的浓度。

5.4.3.2　滴定突跃及其影响因素

开始滴定时，曲线变化缓慢，在理论终点前后约 0.1% 处，加入少量滴定剂，可引起滴定曲线很大的变化，这一明显的改变叫作滴定突跃，滴定突跃的区间称为突跃范围。

影响突跃范围的因素主要有以下几个方面：

（1）被滴组分的性质。被滴组分性质不同，滴定曲线不同，突跃范围也不一样。例如，用强碱 NaOH 滴定不同强度的酸时，由于被滴酸的离解常数 K_0 不同，突跃范围也不同。由图 5-14 可见，酸离解常数 K_a 越大，突跃范围也越大。

用氨羧配位剂如 EDTA 滴定金属离子时，随着相应配位物稳定常数的不同，突跃范围也不一样。配位物条件稳定常数 K' 越大，滴定突跃范围越大。

沉淀滴定中，形成沉淀的溶解度越小（通常溶度积常数也很小），突跃范围越大。

在氧化还原滴定中，氧化剂电对和还原剂电对的氧化还原电位值相差越大，突跃范围越大。

（2）被滴组分的浓度。被滴组分浓度越大，突跃范围越大；反之，突跃范围越小。见图 5-15。

（3）介质条件。介质条件对突跃范围有很大影响。例如，用 EDTA 滴定金属离子时，溶液的 pH 明显地影响滴定突跃，如图 5-16 所示。用 $K_2Cr_2O_7$ 滴定 Fe^{2+} 时，若加入 H_3PO_4，由于形成 $Fe(PO_4)_2^{3-}$，降低了 Fe^{3+}/Fe^{2+} 电对的氧化还原电位，使滴定突跃明显

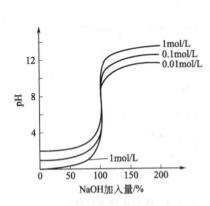

图 5-14　NaOH 滴定不同浓度 HCl 溶液的滴定曲线

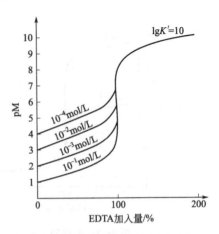

图 5-15　EDTA 滴定不同浓度金属离子的滴定曲线

增大，如图 5-17 中虚线部分。

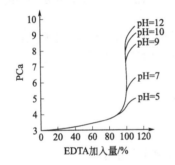

图 5-16　不同酸度下 EDTA 滴定 Ca^{2+} 的滴定曲线

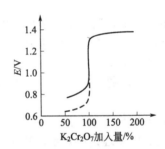

图 5-17　$K_2Cr_2O_7$ 滴定 Fe^{2+} 的滴定曲线

滴定突跃范围越大，滴定准确度越高。因此在实际工作中，总是希望突跃范围越大越好。

5.4.3.3　指示剂的选择

(1) 酸碱指示剂。中和滴定时选择指示剂应考虑以下几个方面：①指示剂的变色范围越窄越好，pH 稍有变化，指示剂就能改变颜色。石蕊溶液由于变色范围较宽，且在等当点时颜色的变化不易观察，所以在中和滴定中不采用。②溶液颜色的变化由浅到深容易观察，而由深变浅则不易观察。因此应选择在滴定终点时使溶液颜色由浅变深的指示剂。强酸和强碱中和时，尽管酚酞和甲基橙都可以用，但用酸滴定碱时，甲基橙加在碱里，达到等当点时，溶液颜色由黄变红，易于观察，故选择甲基橙。用碱滴定酸时，酚酞加在酸中，达到等当点时，溶液颜色由无色变为红色，易于观察，故选择酚酞。③强酸和弱碱、强碱和弱酸中和达到滴定终点时，前者溶液显酸性，后者溶液显碱性，对后者应选择碱性变色指示剂（酚酞），对前者应选择酸性变色指示剂（甲基橙）。④为了使指示剂的变色不发生异常导致误差，中和滴定时指示剂的用量不可过多，温度不宜过高，强酸或强碱的浓度不宜过大。表 5-5 列出了常见酸碱指示剂的变色范围。

中和滴定是利用中和反应原理来测定酸或碱溶液的浓度的方法，在反应过程中，由于溶液的 pH 发生突变而引起指示剂变色，由此来判断滴定终点。中和滴定通常使用的指示剂有酚酞和甲基橙，由于酸碱类型（强弱）不同，使用的指示剂具有选择性。

表 5-5 常见酸碱指示剂的变色范围

指示剂	pH 变色范围	酸色	碱色
甲基橙	3.1 $\xrightarrow{\text{橙色}}$ 4.4	红色(pH<3.1)	黄色(pH>4.4)
甲基红	4.4 $\xrightarrow{\text{橙色}}$ 6.2	红色(pH<4.4)	黄色(pH>6.2)
石蕊	5.0 $\xrightarrow{\text{紫色}}$ 8.0	红色(pH<5.0)	蓝色(pH>8.0)
酚酞	8.2 $\xrightarrow{\text{粉红色}}$ 10.0	无色(pH<8.2)	红色(pH>10.0)

强酸与强碱发生中和反应生成的强酸强碱盐不发生水解,因此恰好中和时,其溶液呈中性。当强酸或强碱过量时,溶液的 pH 由过量的酸或碱的量所决定。

强酸与弱碱发生中和反应,生成的强酸弱碱盐因发生水解而使溶液呈酸性,应选择酸性条件下变色的指示剂。

强碱与弱酸发生中和反应,生成的强碱弱酸盐发生水解,使溶液呈碱性,应选择碱性条件下变色的指示剂。

(2) 金属指示剂。表 5-6 列出了常用的金属指示剂。

表 5-6 常用的金属指示剂

名称	pH 范围	颜色变化 (MIn→HIn)	直接测定的金属离子	干扰离子及消除方法	备注
铬黑 T (EBT)	9~10	酒红→蓝	Mg^{2+},Zn^{2+},Cd^{2+},Pb^{2+},Mn^{2+},Hg^{2+}	Al^{3+} 的封闭用三乙醇胺消除;Co^{2+},Ni^{2+},Cu^{2+} 的封闭用 KCN 消除;Fe^{3+} 的封闭用 KCN 加抗坏血酸消除	加三乙醇胺可防止聚合,加盐酸羟胺等可防止氧化
钙指示剂	12~13	酒红→蓝	Ca^{2+}	同上	指示剂以固体 NaCl 稀释
酸性铬蓝 K	8~13	红→蓝	Mg^{2+},Zn^{2+},Ca^{2+},Mn^{2+}		指示剂以固体 NaCl 稀释
二甲酚橙	<6	紫红→亮黄	(pH5~6) Tl^{3+},Zn^{2+},Cd^{2+},Y^{3+},Pb^{2+},La^{3+},Hg^{2+}) (pH2.5~3.5)Th^{4+} (pH1~2)Bi^{3+} (pH<1)ZrO^{2+}	Al^{3+},Ti^{4+} 可用 NH_4F 掩蔽;Co^{2+},Ni^{2+},Cu^{2+} 可加邻二氮菲消除	
PAN	1.9~12.2	紫红→黄	Cu^{2+},Bi^{3+},Zn^{2+},Pb^{2+},Hg^{2+},Cd^{2+},Sn^{2+},In^{3+},Fe^{3+},Ni^{2+},Mn^{2+},Th^{4+} 及稀土		配合物不易溶于水,常加入酒精或加热
磺基水杨酸	1.5~2.5	紫红→亮黄	Fe^{3+}		指示剂无色可稍多加些

5.4.4 滴定分析中的计算

5.4.4.1 被测组分的物质的量 n_A 与滴定剂的物质的量 n_B 的关系

① 在直接滴定法中,设被测组分 A 与滴定剂 B 间的反应为:

$$aA + bB = cC + dD$$

当滴定到达化学计量点时，a molA 恰好与 b mol B 作用完全，即

$$n_A : n_B = a : b$$

于是

$$n_A = \frac{a}{b} n_B \qquad n_B = \frac{b}{a} n_A$$

若被测物是固体，其质量为 m_A，摩尔质量为 M_A，到达化学计量点时用去浓度为 c_B 的滴定剂的体积为 V_B，则

$$c_B V_B = \frac{b}{a} \times \frac{m_A}{M_A}$$

例如，用 Na_2CO_3 作基准物标定 HCl 溶液的浓度时，其反应式为：

$$2HCl + Na_2CO_3 = 2NaCl + H_2CO_3$$

滴定到达化学计量点时，则

$$n_{HCl} = 2n_{Na_2CO_3}$$

$$c_{HCl} V_{HCl} = \frac{2m_{Na_2CO_3}}{M_{Na_2CO_3}}$$

$$c_{HCl} = \frac{2m_{Na_2CO_3}}{V_{HCl} M_{Na_2CO_3}}$$

若被测物是溶液，其体积为 V_A，浓度为 c_A，到达化学计量点时用去浓度为 c_B 的滴定剂的体积为 V_B，则

$$c_A V_A = \frac{a}{b} c_B V_B$$

例如，用已知浓度的 NaOH 标准溶液测定 H_2SO_4 溶液浓度，其反应式为：

$$H_2SO_4 + 2NaOH = Na_2SO_4 + 2H_2O$$

滴定达到化学计量点时，则：

$$c_{H_2SO_4} V_{H_2SO_4} = \frac{1}{2} c_{NaOH} V_{NaOH}$$

$$c_{H_2SO_4} = \frac{c_{NaOH} V_{NaOH}}{2 V_{H_2SO_4}}$$

也能用于有关溶液稀释的计算中。因为溶液稀释后，浓度虽然降低了，但所含的物质的量没有改变，所以：

$$c_1 V_1 = c_2 V_2$$

式中，c_1、V_1 分别为稀释前溶液的浓度和体积；c_2、V_2 分别为稀释后溶液的浓度和体积。

② 在间接法滴定中涉及两个或两个以上反应，应从总的反应中找出实际参加反应物质的量之间的关系。

又如用 $KMnO_4$ 法滴定 Ca^{2+}，经过如下几步：

$$Ca^{2+} \xrightarrow{C_2O_4^{2-}} CaC_2O_4 \downarrow \xrightarrow{H^+} HC_2O_4^- \xrightarrow{MnO_4^-} 2CO_2$$

此处 Ca^{2+} 与 $C_2O_4^{2-}$ 的反应摩尔比是 1:1，而 $C_2O_4^{2-}$ 与 $KMnO_4$ 是按 5:2 的摩尔比相互反应的：

$$5C_2O_4^{2-} + 2MnO_4^- + 16H^+ = 2Mn^{2+} + 10CO_2 \uparrow + 8H_2O$$

故

$$n_{Ca} = \frac{5}{2} n_{KMnO_4}$$

5.4.4.2 物质的量浓度 c 与滴定度 T 之间的关系

对于一个化学反应：

$$aA + bB \rlap{=}{=} cC + dD$$

A 为被测组分，B 为标准溶液，若以 V_B 为反应完成时标准溶液消耗的体积（mL），m_A 和 M_A 分别代表物质 A 的质量（g）和摩尔质量。当反应达到计量点时：

$$\frac{c_B V_B}{1000 b} = \frac{\dfrac{m_A}{M_A}}{a}$$

移项得

$$\frac{m_A}{V_B} = \frac{a c_B M_A}{1000 b}$$

由滴定度定义 $T_{A/B} = m_A / V_B$ 得到：

$$T_{A/B} = \frac{a}{b} \times \frac{c_B M_A}{1000}$$

5.4.4.3 被测组分质量分数的计算

在滴定分析中，若准确称取试样的质量为 m_s，测得被测组分的质量为 m，则被测组分在试样中的质量分数 w_A 为：

$$w_A = \frac{m}{m_s} \times 100\%$$

被测组分的物质的量 n_A 是由滴定剂的浓度的 c_B、体积 V_B 以及被测组分与滴定剂反应的摩尔比 $a : b$ 求得的，即

$$n_A = \frac{a}{b} n_B = \frac{a}{b} c_B V_B$$

根据式得

$$n_A = \frac{m_A}{M_A}$$

即可求得被测组分的质量 m_A：

$$m_A = \frac{a}{b} c_B V_B M_A$$

于是

$$w_A = \frac{\dfrac{a}{b} c_B V_B M_A}{m_s} \times 100\%$$

这是滴定分析中计算被测组分的质量分数的一般通式。

5.4.5 四类滴定分析法方法简介

5.4.5.1 酸碱滴定法

酸碱滴定法又称中和法，是以质子传递为基础的滴定分析方法，是滴定分析中重要的方法之一，这种分析法是测量用于中和试样酸所需要已知浓度的标准碱溶液的量。或者测量用于中和试样碱所需要已知浓度的标准酸溶液的量。这种标准溶液称为滴定剂，其体积可通过

滴定管来测量。

① 在酸碱滴定中，滴定剂一般都是强酸或强碱，如 HCl、H_2SO_4、NaOH 和 KOH 等。盐酸所形成的盐绝大部分是可溶于水的，而且具有较好的稳定性，是常用的强酸滴定剂。最常用的标准碱是 NaOH，很少用 HNO_3 作滴定剂是因为它的稳定性稍差，且具有氧化性，对某些指示剂有破坏作用。由于浓盐酸易挥发，氢氧化钠易吸收空气中的水分和二氧化碳，所以不能直接配制准确浓度的标准溶液，只能先配制近似浓度的溶液，然后用基准物质标定其浓度。

② 酸碱标准溶液一般配成 0.1mol/L，有时也配成 1mol/L 或 0.01mol/L。

③ 酸碱滴定的关键是要知道突跃范围，并根据突跃范围选择合适的指示剂。酸碱滴定法中常用的单指示剂是酚酞、甲基红和甲基橙等，有时为了使终点变色更为敏锐，也用混合指示剂，如百里酚蓝-甲酚红、溴甲酚绿-二甲基黄、改良甲基橙等。

5.4.5.2 配位滴定法

配位滴定法是以配位反应为基础的滴定分析方法。常用作配位滴定剂的氨羧螯合剂主要是乙二胺四乙酸的二钠盐（EDTA），以它作为金属离子的螯合滴定剂具快速、准确、应用范围广等优点。利用配位滴定法已可以直接或间接测定周期表中大多数元素。其缺点是干扰元素较多，实验条件严格，有些滴定终点不易掌握等。

① EDTA 可以制成基准物质，但一般不直接用 EDTA 配制标准溶液。而是用分析纯 EDTA 先配制成近似浓度的溶液，然后进行标定。标定 EDTA 溶液的基准物质有 Zn、Cu、Pb、ZnO、CaO、$CaCO_3$ 以及 $MgSO_4 \cdot 7H_2O$ 等。

② EDTA 本身是有机酸，在反应过程中有 H^+ 析出，因此溶液的酸度将随反应的进行而发生变化，酸度增大，就可能会影响已生成的配合物的稳定性。因此在测定溶液中必须加入适量的缓冲剂，以控制溶液的酸度，使其保持在能准确测定待测离子的 pH 范围内。

③ 在待测溶液中同时含有几种离子时，首先根据配合物稳定常数判断能否利用控制酸度的方法，分别测定它们的含量；其次可以用配位掩蔽、沉淀掩蔽、氧化还原掩蔽等方法，选择在适当的 pH 下，将待测离子之外的其他离子进行化学掩蔽，最后选用在这种条件下能够进行终点指示的合适的金属离子指示剂。

④ 配位滴定中，采用什么样的滴定方式也是必须考虑的。如不适合用直接滴定法的可以采用其他滴定方式来解决。例如 Al^{3+} 与 EDTA 的配位反应速率慢，本身又易水解或封闭指示剂，所以不能用直接滴定法，但可使用返滴定法进行测定。

5.4.5.3 沉淀滴定法

沉淀滴定法是以沉淀反应为基础的滴定分析方法。用于沉淀滴定法的沉淀反应必须符合下列条件。

① 生成沉淀的溶解度要小（一般要求 $<10^{-6}$ g/mL）；

② 沉淀反应必须迅速，而且反应定量进行，没有副反应发生；

③ 有适当的方法确定理论终点（化学计量点）。

目前应用较广的是以生成难溶银盐的反应为基础的沉淀滴定法，称为银量法。用于银量法确定化学计量点的方法有 3 种。

① 莫尔法，即 K_2CrO_4 指示剂法；

② 佛尔哈德法，即 $NH_4Fe(SO_4)_2$ 指示剂法；

③ 法扬司法，即吸附指示剂法。

5.4.5.4 氧化还原滴定法

氧化还原滴定法是以氧化还原反应为基础的滴定分析方法。利用氧化还原法不仅可以测定具有氧化性或还原性的物质，而且对于某些非氧化还原性的物质，也可以通过一定的转化过程进行间接测定,例如用氧化还原法可间接测定 Ca^{2+},因此氧化还原法也是滴定分析中应用最广泛的方法之一。

① 根据标准溶液所用氧化剂的不同,氧化还原滴定法可分为若干种,其中最常用的有高锰酸钾法、重铬酸钾法、碘量法,此外还有铈量法、溴酸盐法等。

② 常用的氧化滴定剂有 $KMnO_4$、$K_2Cr_2O_7$、I_2、$KBrO_3$、$Ce(SO_4)_2$。还原滴定剂有 $Na_2S_2O_3$、$(NH_4)_2Fe(SO_4)_2$、Na_3AsO_2、$NaNO_2$。由于还原剂易被空气氧化而改变浓度,所以氧化滴定剂比还原滴定剂用得多。

③ 氧化还原反应是基于电子转移的反应,机理比较复杂,常是分步进行的,反应速率一般较慢,需要一定时间才能完成。有些反应从理论上看是可能进行的,但由于反应速率太慢,而认为反应实际上没有发生。因此在利用氧化还原法进行测定时,特别要考虑到滴定速度与反应速率是否相适应。不是所有的氧化还原反应都可以作为滴定反应。

④ 氧化还原反应除发生主反应外,常常可能发生副反应或因条件不同而生成不同产物。所以在测定步骤中,应考虑创造适当的反应条件,使氧化还原反应符合滴定分析的要求。

⑤ 在氧化还原滴定中,为了便于滴定反应的进行,往往需要用适当的氧化剂或还原剂,把待测组分氧化或还原成合适的价态,再用还原性或氧化性标准溶液滴定。

⑥ 氧化还原指示剂有三类:自身指示剂、特殊指示剂和氧化还原指示剂。选择氧化还原指示剂的原则是:指示剂变色点的电位应当处在滴定体系的电位突跃范围内,而且应使指示剂的标准电极电位与化学反应计量点的电位尽量一致,以减小终点误差。

技能训练 5-3　NaOH 标准溶液的标定

训练目标

1. 了解 NaOH 标准溶液的标定方法;
2. 熟练掌握碱式滴定管的使用方法;
3. 能熟练完成终点滴定操作。

实验原理

NaOH 溶液采用间接配制法配制,采用基准物质进行标定。常用标定 NaOH 溶液的基准物有:邻苯二甲酸氢钾、草酸。本实验采用邻苯二甲酸氢钾(KHP,$KHC_8H_4O_4$)作为基准物质标定 NaOH 溶液。其标定反应为:

$$KHP + NaOH \Longrightarrow KNaP + H_2O$$

反应产物 KHP 为二元弱碱,在溶液中显弱碱性,可选用酚酞作指示剂。

滴定终点颜色变化:无──→微红(半分钟不褪色)。

训练操作

准确称取邻苯二甲酸氢钾 0.4~0.5g 于锥形瓶中,加 20~30mL 水,温热使之溶解,冷却后加 1~2 滴酚酞,用 0.10mol/L NaOH 溶液滴定至溶液呈微红色,半分钟不褪色,即为终点。平行标定三份。

数据记录处理

$$c_{NaOH} = \frac{m \times 1000}{M_{KHP} V_{NaOH}}$$

式中　V_{NaOH}——NaOH 的体积，mL；
　　　M_{KHP}——邻苯二甲酸氢钾的分子量，$M_{KHP}=204.2$。

注意事项

1. 碱式滴定管的使用
① 包括使用前的准备：试漏、清洗。
② 标准溶液的装入：润洗、标准液的装入、排气泡、调节液面、记录初读数。
③ 滴定管的读数：平视凹液面读取数值。
2. 滴定操作
左手的拇指在前、食指在后，其余三指夹住出口管。用拇指与食指的指尖捏挤玻璃珠周围右侧的乳胶管，溶液即可流出。
3. 半滴的滴法
在快接近终点的时候，有时只需半滴就能变色，这时，为了滴定的准确，就只需滴半滴。方法是小心地控制待滴出液滴的大小（不要让一滴掉下来），控制滴定管嘴部悬有溶液，待滴出液滴只有半滴大小时，此时用锥形瓶壁与滴定管嘴部接触，轻轻将滴管头靠在锥形瓶内壁上，使悬着的这半滴溶液流入锥形瓶，轻轻摇晃锥形瓶，使瓶内液体均匀。

操作思考

1. 配制 250mL 0.10mol/L NaOH 溶液，应称取 NaOH 多少克？用台秤还是用分析天平称取？为什么？
2. 分别以邻苯二甲酸氢钾、二水草酸为基准物标定 0.10mol/L NaOH 溶液时，实验原理如何？选用何种指示剂？为什么？颜色变化如何？
3. 分别以邻苯二甲酸氢钾、二水草酸为基准物标定 0.10mol/L NaOH 溶液时，应称取的邻苯二甲酸氢钾、二水草酸的质量如何计算？
4. 如何计算 NaOH 浓度？
5. 能否采用已知准确浓度的 HCl 标准溶液标定 NaOH 浓度？应选用哪种指示剂？为什么？滴定操作时哪种溶液置于锥形瓶中？HCl 标准溶液应如何移取？
6. 如何计算称取基准物邻苯二甲酸氢钾或 Na_2CO_3 的质量范围？称得太多或太少对标定有何影响？
7. 溶解基准物质时加入 20～30mL 水，是用量筒量取，还是用移液管移取？为什么？
8. 如果基准物未烘干，将使标准溶液浓度的标定结果偏高还是偏低？
9. 用 NaOH 标准溶液标定 HCl 溶液浓度时，以酚酞作指示剂，用 NaOH 滴定 HCl，若 NaOH 溶液因储存不当吸收了 CO_2，问对测定结果有何影响？

技能训练 5-4　食醋中总酸度的测定

训练目标

1. 熟练掌握滴定管、容量瓶、移液管的使用方法和规范的滴定操作技术。
2. 掌握 NaOH 标准溶液的配制和标定方法。
3. 学习运用酸碱滴定法测定食醋中总酸量的原理和方法。
4. 掌握指示剂的选择原则以及滴定终点的准确判断。

实验原理

食醋是我们日常生活中重要的调味品之一（它以酸味柔和、回味绵长、无异味为佳品）。食醋的主要成分是醋酸（HAc），此外还含有少量其他弱酸如乳酸等，国家制定的食醋总酸量的要求（以乙酸计）≥3.50g/mL。用 NaOH 标准溶液滴定，在化学计量点时溶液呈弱碱性。选用酚酞作指示剂，测得的总酸度分析结果多用 HAc 表示，常以醋酸的质量浓度 g/mL 来表示。

1. 氢氧化钠标准溶液的标定

$$KHP + NaOH = KNaP + H_2O$$

$$m(KHP)/m(KHP) = c(NaOH)V(NaOH)$$

2. 食用白醋含量的测定

$$HAc + NaOH = NaAc + H_2O$$

由于是强酸滴定弱酸，滴定突跃在碱性范围内，理论终点的 pH 在 8.7 左右，通常选用酚酞作指示剂。

训练操作

1. 0.1mol/L NaOH 溶液的配制

在台秤上称取 2~2.5g 分析纯的固体 NaOH。放入小烧杯中用少量新煮沸并冷却的蒸馏水溶解，倒入容积为 500mL 的容量瓶内，加新煮沸并冷却的蒸馏水稀释至 500mL。NaOH 易吸收空气中的 CO_2 生成 Na_2CO_3，所以不要暴露在空气中，瓶口要用橡皮塞塞紧，充分摇匀，贴上标签。

2. NaOH 标准溶液的标定

在分析天平上准确称取三份 KHP，每份 0.4~0.6g，分别倒入 250mL 锥形瓶中，加入 40~50mL 蒸馏水，待试剂完全溶解后，加入 2~3 滴酚酞作指示剂，用待标定的 NaOH 溶液滴定至微红色。并保持 30s 即为终点，计算 NaOH 溶液的浓度和各次标定结果的相对平均偏差，浓度取平均值。

3. 食醋中酸度的测定

准确吸取醋样 10.00mL 于 250mL 容量瓶中，以新煮沸并冷却的蒸馏水稀释至刻度，摇匀。用移液管吸取 25.00mL 稀释过的醋样于 250mL 锥形瓶中，加入 25mL 新煮沸并冷却的蒸馏水，加酚酞指示剂 2~3 滴，用已标定的 NaOH 标准溶液滴定至溶液呈粉红色，并在 30s 内不褪色，即为终点。根据 NaOH 溶液的用量，计算食醋的总酸度。平行测定三次。

数据记录及处理

1. NaOH 标准溶液的标定

将测量结果及计算结果填入表 5-7 中。

表 5-7　NaOH 标准溶液的标定

项目	第一份	第二份	第三份
倾出前(称量瓶+KHP)质量/g			
倾出后(称量瓶+KHP)质量/g			
KHP 的质量/g			

续表

项目	第一份	第二份	第三份
NaOH 的终读数/mL			
NaOH 的始读数/mL			
V(NaOH)/mL			
c(NaOH)/(mol/L)			
$\bar{c}$(NaOH)/(mol/L)			
相对平均偏差			

2. 食醋中酸度的测定

将测量结果及计算结果填入表 5-8 中。

表 5-8　食醋中酸度的测定

项目	第一份	第二份	第三份
取样量 V/mL			
NaOH 的终读数/mL			
NaOH 的始读数/mL			
V(NaOH)/mL			
c(NaOH)/(mol/L)			
食醋中醋酸的含量/(g/mL)			
$\bar{c}$(HAc)/(g/mL)			
相对平均偏差			

💡 注意事项

1. 食醋中醋酸的含量一般为 3%～5%，浓度较大，滴定前要适当地稀释，同时也使食醋本身颜色变浅，便于观察终点颜色的变化。

2. 测定醋酸含量时，所用的蒸馏水不能含有 CO_2，CO_2 溶于水生成 H_2CO_3，将同时被滴定。

💡 操作思考

1. 用 NaOH 标准溶液标定食醋中总酸量时，选用酚酞作指示剂的依据是什么？
2. 用 NaOH 标准溶液滴定稀释后的食醋试液以前，还要加入大量的不含 CO_2 的蒸馏水，为什么？
3. 酚酞作指示剂由无色变为微红时，溶液的 pH 为多少？变红的溶液在空气中放置后又会变为无色的原因是什么？

技能训练 5-5　工业烧碱中氢氧化钠和碳酸钠含量的测定

💡 训练目标

1. 掌握双指示剂滴定法的原理、操作及计算。

2. 熟练掌握用甲基橙、酚酞指示剂判断滴定终点的方法。

实验原理

双指示剂法是利用盐酸标准滴定溶液在滴定混合碱时，有两个差别较大的化学计量点，利用两种批示剂在不同化学计量点时的颜色变化，分别指示两个滴定终点的测定方法。

用双指示剂法测定烧碱中 NaOH 和 Na_2CO_3 的含量时，先以酚酞为指示剂，用 HCl 标准滴定溶液滴定至溶液由红色变为无色，这时溶液中的 NaOH 完全被中和，碳酸钠被中和到 $NaHCO_3$，其反应为

$$NaOH + HCl \longrightarrow NaCl + H_2O$$
$$Na_2CO_3 + HCl \longrightarrow NaCl + NaHCO_3$$

再加入甲基橙指示剂，继续用 HCl 标准滴定溶液滴定至溶液由黄色变为橙色，表示溶液中的 $NaHCO_3$ 完全被中和。其反应为

$$NaHCO_3 + HCl \longrightarrow NaCl + H_2O + CO_2$$

根据到达各滴定终点时 HCl 标准滴定溶液的用量，计算 NaOH 和 Na_2CO_3 的含量。

计算公式为

$$w(NaOH) = \frac{c(HCl)(V_1 - V_2) \times 0.04000}{m_{样}}$$

$$w(Na_2CO_3) = \frac{c(HCl) \times 2V_2 \times 0.05299}{m_{样} \times \frac{25}{250}}$$

式中 $c(HCl)$——盐酸标准滴定溶液的浓度，mol/L；

V_1——以酚酞为指示剂，滴定至终点时盐酸标准滴定溶液的用量，mL；

V_2——以甲基橙为指示剂，滴定至终点时盐酸标准滴定溶液的用量，mL；

0.04000——氢氧化钠的摩尔质量，g/mmol；

0.05299——碳酸钠的摩尔质量，g/mmol；

$m_{样}$——混合碱试样的质量，g。

训练操作

用分析天平精确称取 2g（称准至 0.0002g）混合碱试样，放入小烧杯中，用少量蒸馏水溶解，必要时可微微加热（如有不溶性残渣应过滤除去）。将溶液移入 250mL 容量瓶中（如用滤纸过滤，应以少量蒸馏水将滤纸洗涤 2～3 次，洗涤液并入容量瓶中）。最后用蒸馏水稀释至刻度，摇匀。

用移液管吸取上述试液 25mL 于 250mL 锥形瓶中，加入酚酞指示液 2～3 滴，用 0.1mol/L HCl 标准滴定溶液滴定至粉红色恰好消失为止，记下 HCl 标准滴定溶液的用量 V_1。再加入甲基橙指示液 1～2 滴，继续用 HCl 标准滴定溶液滴定至溶液由黄色变为橙色为止，记下 HCl 标准滴定溶液的用量 V_2。平行测定 3 次。

数据记录与处理

将混合碱的测定结果填入表 5-9 中。

表 5-9 实验数据记录

项目 \ 编号	1	2	3
倾出前(称量瓶+混合碱)质量/g			

续表

项目\编号	1	2	3
倾出后(称量瓶+混合碱)质量/g			
混合碱质量/g			
HCl 标准滴定溶液的浓度/mol/L			
HCl 标准滴定溶液的初读数/mL			
HCl 标准滴定溶液的用量 V_1/mL			
HCl 标准滴定溶液的用量 V_2/mL			
氢氧化钠的含量/%			
氢氧化钠的平均含量/%			
氢氧化钠含量的相对平均偏差			
碳酸钠的含量/%			
碳酸钠的平均含量/%			
碳酸钠含量的相对平均偏差			

实验日期　　年　　月　　日

注意事项

1. 试样和试液不易在空气中放置太久，以免吸收空气中的二氧化碳而影响分析结果。
2. 以酚酞为指示剂进行滴定时，滴定速度不易太快，应不断地摇动，以防止局部酸的浓度过大，使碳酸钠直接成为二氧化碳而逸出，造成碳酸钠的分析结果偏低。
3. 用 HCl 标准滴定溶液滴定碳酸钠时，第一个化学计量点附近没有明显的 pH 突跃，易产生滴定误差。若选用甲酚红-百里酚蓝混合指示剂，终点颜色变化明显，由紫色变为黄色。第二个化学计量点附近的 pH 突跃也较小，若采用甲基红-亚甲基蓝混合指示剂，终点由绿色变为红紫色，可以减小误差。

操作思考

1. 用双指示剂测定混合碱组成的原理是什么？
2. 若测定总碱度以氧化钠表示，计算公式怎样表示？
3. 测定一批混合碱试样时，若分别出现：①$V_1 < V_2$；②$V_1 > V_2$；③$V_1 = 0$；④$V_2 = 0$；⑤$V_1 = V_2$ 五种情况时，各试样的组成有何差异？

技能训练 5-6　硫代硫酸钠标准溶液的标定

训练目标

1. 掌握标定 $Na_2S_2O_3$ 溶液浓度的原理和方法。
2. 了解碘量法的基本反应，学会用碘量瓶。
3. 熟悉用淀粉指示剂正确判断滴定终点。
4. 掌握碱式滴定管的正确操作。

实验原理

以氧化还原反应为基础的化学滴定分析方法，称为氧化还原滴定法。此法适用于测定氧化剂、还原剂以及能与氧化剂或还原剂定量反应的物质。氧化还原滴定法通常根据滴定剂

（氧化剂）分类和命名。如高锰酸钾法、重铬酸钾法、碘量法、溴酸盐法和铈量法等。

硫代硫酸钠含有 5 个结晶水（$Na_2S_2O_3 \cdot 5H_2O$），容易风化潮解，且易受空气和微生物的作用而分解，并含有少量杂质。因此不能直接称量配置成标准溶液，而且配好的 $Na_2S_2O_3$ 溶液会与水中的 CO_2、微生物、空气中的氧气发生作用而使其浓度逐渐改变，因此必须标定其浓度。

$Na_2S_2O_3$ 溶液常用 $K_2Cr_2O_7$ 基准试剂标定。在酸性溶液中它与 KI 作用析出等计量 I_2，然后用溶液滴定析出碘，其反应如下：

$$Cr_2O_7^{2-} + 6I^- + 14H^+ = 2Cr^{3+} + 3I_2 + 7H_2O$$

$$I_2 + 2S_2O_3^{2-} = 2I^- + S_4O_6^{2-}$$

定量关系：$\quad K_2Cr_2O_7 = 3I_2 = 6Na_2S_2O_3$

根据 $K_2Cr_2O_7$ 质量及 $Na_2S_2O_3$ 溶液用量即可算出 $Na_2S_2O_3$ 溶液的准确浓度。

训练操作

精确称取约 0.10～0.12g 预先干燥过的 $K_2Cr_2O_7$ 基准物质 3 份，分别置于 250mL 碘量瓶中，加入 10～15mL 蒸馏水使之溶解，然后加入 2g KI，10mL 2mol/L HCl 溶液，盖上瓶塞，充分摇动使溶解混合均匀，然后置于暗处放置 5min（以使 $K_2Cr_2O_7$ 反应完全），加 50mL 蒸馏水稀释，立即用待标定的 $Na_2S_2O_3$ 溶液滴定至浅黄色时，加入 2mL 0.5% 淀粉指示剂，继续用 $Na_2S_2O_3$ 溶液滴定至蓝色刚好消失而出现 Cr^{3+} 的亮绿色即为终点，记录所消耗 $Na_2S_2O_3$ 溶液的体积，按下式计算 $Na_2S_2O_3$ 溶液的准确浓度。平行测定 3 份，取平均值作为所标定的 $Na_2S_2O_3$ 溶液的浓度。

$$C_{Na_2S_2O_3} = \frac{m}{(V_1 - V_2) \times 0.04903}$$

式中　$C_{Na_2S_2O_3}$——硫代硫酸钠标准溶液的物质的量浓度，mol/L；

　　　m——重铬酸钾的质量，g；

　　　V_1——硫代硫酸钠标准溶液的用量，mL；

　　　V_2——空白实验硫代硫酸钠溶液的用量，mL；

　　　0.04903——相当于 1.00mL 硫代硫酸钠标准溶液以质量（g）表示的重铬酸钾的质量。

数据记录及处理

将 $Na_2S_2O_3$ 溶液的标定结果填入表 5-10 中。

表 5-10　实验数据记录

项目＼编号	1	2	3
倾出前(称量瓶＋$K_2Cr_2O_7$)质量/g			
倾出后(称量瓶＋$K_2Cr_2O_7$)质量/g			
$K_2Cr_2O_7$ 质量/g			
$Na_2S_2O_3$ 溶液终读数/mL			
$Na_2S_2O_3$ 溶液初读数/mL			
消耗 $Na_2S_2O_3$ 溶液体积/mL			
$Na_2S_2O_3$ 溶液的浓度/(mol/L)			

项目 \ 编号	1	2	3
$Na_2S_2O_3$ 的平均浓度/(mol/L)			
相对平均偏差			

实验日期　　年　　月　　日

操作思考

1. 写出用 $K_2Cr_2O_7$ 标准溶液标定 $Na_2S_2O_3$ 溶液浓度时的反应式。
2. 标定 $Na_2S_2O_3$ 溶液浓度时，加入 KI 的量要很精确吗？当 I_2 析出后，为什么要加入 50mL 水稀释？

技能训练 5-7　自来水的硬度测定

训练目标

1. 掌握 EDTA 滴定法测定水总硬度的原理和方法。
2. 熟练掌握水的总硬度测定。
3. 了解硬度的表示和计算。

实验原理

水的硬度主要是由于水中含有钙盐和镁盐，其他离子如铁、铝、锰、锌等也形成硬度，但一般含量甚微，在测定硬度时可以忽略不计。硬度是工业用水、生活用水中常见的一个质量指标。水的总硬度包括暂时硬度和永久硬度。在水中以碳酸氢盐形式存在的钙盐、镁盐加热被分解，析出沉淀而除去，这类盐所形成的硬度称为暂时硬度，而钙、镁的硫酸盐或氯化物等所形成的硬度称为永久硬度。由钙离子形成的硬度称为钙硬，由镁离子形成的硬度称为镁硬。测定水的硬度实际上就是测定水中钙离子和镁离子的含量。

水的硬度一般采用配位滴定法，即在 pH=10 的氨性缓冲溶液中，以铬黑 T 作为指示剂，用 EDTA 标准溶液直接滴定水中的 Ca^{2+}、Mg^{2+}，直至紫红色变蓝绿色为终点，但为避免其他金属离子的干扰，需根据不同的水质加入不同量的掩蔽剂。天然水和自来水中含有大量 Ca^{2+}、Mg^{2+}，少量的 Fe^{3+}，而 Al^{3+}、Mn^{2+}、Cu^{2+} 量很少，只需加入 2~5mL 三乙醇胺即可。测定工业用水的硬度时，Fe^{3+}、Al^{3+} 和少量的 Mn^{2+} 等干扰离子可用三乙醇胺掩蔽，Cu^{2+}、Mn^{2+}、Zn^{2+} 可选用 5% Na_2S、1% 盐酸羟胺来掩蔽。

关于硬度的计算，各国对水的硬度的表示方法各有不同，其中德国硬度是较早的一种，也是我国采用较普遍的硬度单位之一，它以度数 (°) 计，1° 相当于每升水中含有 10mg CaO，也有国家采用以 $CaCO_3$ 的质量浓度来表示水的硬度。两种硬度表示如下：

$$总硬度(德国度, 10mg\ CaO/L) = \frac{(cV)_{EDTA} M_{CaO}}{V_{水样}} \times 1000$$

$$总硬度(以\ CaCO_3\ 计, mg/L) = \frac{(cV)_{EDTA} M_{CaCO_3}}{V_{水样}} \times 1000$$

一般认为，水的总硬度（以 $CaCO_3$ 计）在 140mg/L 以上为硬水，我国生活饮用水水质标准规定总硬度（以 $CaCO_3$ 计）不应超过 450mg/L。

仪器及试剂

仪器：酸式滴定管、分析天平、锥形瓶、表面皿、烧杯（100mL）、容量瓶（250mL）、移液管（25mL）。

试剂：EDTA 标准溶液（0.02mol/L）、$NH_3 \cdot H_2O$-NH_4Cl 缓冲溶液（pH=10）、NaOH（10%）、钙指示剂、铬黑 T 指示剂。

训练操作

1. 总硬度的测定

准确吸取水样 50mL 于 250mL 锥形瓶中，加入 5mL $NH_3 \cdot H_2O$-NH_4Cl 缓冲溶液，摇匀。再加入约 0.01g 铬黑 T 指示剂，再摇匀，此时溶液呈酒红色，以 0.02mol/L EDTA 标准溶液滴定成纯蓝色，即为终点，记下所用 EDTA 标准溶液的体积 V_1。平行测定三次。

2. 钙硬的测定

准确量取澄清的水样 100mL 于 250mL 锥形瓶中，加 4mL NaOH（10%）溶液，摇匀，再加入约 0.01g 钙指示剂，再摇匀。此时溶液呈淡红色。用 0.02mol/L EDTA 标准溶液滴定成纯蓝色，即为终点，记下所用 EDTA 标准溶液的体积 V_2。平行测定三次。

3. 镁硬的测定

由总硬度减去钙硬即得镁硬。

数据记录及处理

1. 总硬度测定

将总硬度的测定结果填入表 5-11 中。

表 5-11 实验数据记录（一）

项目	Ⅰ	Ⅱ	Ⅲ
EDTA 标准溶液的浓度/(mol/L)			
EDTA 体积终读数/mL			
EDTA 体积初读数/mL			
所耗 EDTA 的体积/mL			
自来水总硬度(以 $CaCO_3$ 计)/(mg/L)			
平均值			
相对平均偏差			

实验日期　　年　　月　　日

2. 钙硬的测定

将钙硬的测定结果填入表 5-12 中。

表 5-12 实验数据记录（二）

项目	Ⅰ	Ⅱ	Ⅲ
EDTA 标准溶液的浓度/(mol/L)			
EDTA 体积终读数/mL			

续表

项目	I	II	III
EDTA 体积初读数/mL			
所耗 EDTA 的体积/mL			
自来水钙硬度（以 $CaCO_3$ 计）/(mg/L)			
平均值			
相对平均偏差			

实验日期　　年　　月　　日

操作思考

1. 如果对硬度测定中水的数据要求保留两位有效数字，应如何量取 100mL 水样？
2. 用 EDTA 法怎么测定水的总硬度？用什么指示剂？产生什么反应？终点变色如何？试液的 pH 值应控制在什么范围？如何控制？测定钙硬又如何？
3. 用 EDTA 法测定水的硬度时，哪些离子的存在有干扰？如何消除？
4. 当水样中镁离子含量低时，以铬黑 T 作指示剂测定水中钙和镁离子的总量，终点不明晰，因此常在水样中先加入少量 MgY^{2-} 配合物，再用 EDTA 滴定，终点则变得敏锐。这样做对测定结果有无影响？说明其原理。

技能训练 5-8　硝酸银标准溶液的制备和水中氯化物的测定

训练目标

1. 学习银量法测定氯的原理和方法。
2. 了解莫尔法的实验条件和应用范围。
3. 掌握沉淀滴定的基本操作。
4. 准确判断 K_2CrO_4 作指示剂的滴定终点。

实验原理

沉淀滴定法是以沉淀反应为基础的滴定分析方法。本次实验采用莫尔法测定氯化物中氯的含量，在近中性溶液中，以 K_2CrO_4 为指示剂，利用 $AgNO_3$ 标准溶液直接滴定试液中的 Cl^-。其反应如下：

$$Ag^+ + Cl^- \longrightarrow AgCl\downarrow（白）$$
$$2Ag^+ + CrO_4^{2-} \longrightarrow Ag_2CrO_4\downarrow（砖红色）$$

根据分步沉淀原理，由于 AgCl 沉淀的溶解度（1.3×10^{-5} mol/L）小于 Ag_2CrO_4 沉淀的溶解度（7.9×10^{-5} mol/L），所以在滴定过程中，首先生成 AgCl 沉淀，随着 $AgNO_3$ 标准溶液继续加入，AgCl 沉淀不断产生，溶液中的 Cl^- 浓度越来越小，Ag^+ 浓度越来越大。直至 $[Ag^+]^2[CrO_4^{2-}] > K_{sp}(Ag_2CrO_4)$ 时，便出现砖红色 Ag_2CrO_4 沉淀，它与白色的 AgCl 沉淀一起，使溶液略呈淡红色即为终点。

仪器及试剂

仪器：酸式滴定管、锥形瓶、表面皿、烧杯（100mL）、容量瓶（250mL）、移液管（25mL）。

试剂：硝酸银（s）、K_2CrO_4溶液（50g/L）、水样。

训练操作

1. 0.1mol/L 的 $AgNO_3$ 标准溶液的配制

称取 8.5g $AgNO_3$ 溶于 500mL 不含氯离子的蒸馏水中，储存于带玻璃塞的棕色试剂瓶中，摇匀，置于暗处，待标定。

2. $AgNO_3$ 标准溶液的标定

准确称取基准物质 NaCl 0.12～0.15g，放入锥形瓶中，加 50mL 水溶解，加 K_2CrO_4 溶液 1mL 为指示剂，在充分摇动下，用配好的硝酸银标准溶液滴定直至溶液微呈砖红色为终点，记下消耗的硝酸银标准溶液的体积。平行测定二次。

3. 自来水中氯离子含量的测定

准确吸取水样 25mL 于 250mL 锥形瓶中，加入 K_2CrO_4 溶液 2mL，在充分摇动下，以 0.1mol/L 的硝酸银标准溶液滴定至溶液微呈砖红色，即为终点，记下消耗的硝酸银标准溶液的体积。平行测定二次。

注意事项

1. $AgNO_3$ 极易污染地面、桌面，在使用过程中一定要严格按照操作规范程序进行，切记。

2. 先产生的 AgCl 沉淀易吸附溶液中的 Cl^-，使终点提早。因此，滴定时必须剧烈摇动。

3. 加入 1mL 5% K_2CrO_4 指示剂量一定要尽量准确、精确（可用吸量管）。因为终点出现早晚与溶液中 CrO_4^{2-} 的浓度大小有关。若 CrO_4^{2-} 的浓度过大，则终点提早出现，使分析结果偏低；若 CrO_4^{2-} 的浓度过小，则终点推迟，使结果偏高。

数据记录及处理

实验数据记录与处理见表 5-13。

表 5-13 实验数据记录

（一）$AgNO_3$ 标准溶液的标定		
试样编号	Ⅰ	Ⅱ
粗称称量瓶和 NaCl 的质量/g		
倾出前（称量瓶+试样）的质量/g		
倾出后（称量瓶+试样）的质量/g		
m(NaCl)/g		
$AgNO_3$ 终读数/mL		
$AgNO_3$ 初读数/mL		
所消耗 $AgNO_3$ 溶液的体积/mL		
$AgNO_3$ 溶液的浓度/(mol/L)		
平均值/(mol/L)		
相对平均偏差		

续表

(二)自来水中 NaCl 含量的测定			
试样编号	Ⅰ	Ⅱ	Ⅲ
量取自来水的量 V/mL			
$AgNO_3$ 的终读数/mL			
$AgNO_3$ 的初读数/mL			
所消耗 $AgNO_3$ 溶液的体积/mL			
自来水中 NaCl 的含量/(mg/L)			
平均值			
相对平均偏差			

操作思考

1. 滴定中铬酸钾加入量的多少，对测定有何影响？

2. 标定硝酸银溶液和测定水中氯化物，为什么都用莫尔法？为什么要做空白试验？

3. 用 $AgNO_3$ 标准溶液滴定 Cl^- 时，为什么要充分摇动溶液？如果摇动不好，对分析结果有什么影响？

4. 莫尔法测 Cl^- 应控制 pH 范围是多少？为什么？自来水水样为什么不调 pH 就进行测定？若取其他水样，是否需要调节 pH？如何调节？

6 仪器分析实验技术

仪器分析是使用特定的分析仪器,通过测定物质的物理性质或物理化学性质来确定物质组成及含量的一种分析方法。常见的仪器分析方法有:光谱分析法、电化学分析法、色谱分析法等。

6.1 电位分析

电位分析法是利用电极电位与溶液中被测离子活(浓)度关系进行分析的一种常见的电化学分析法。电位分析法通常分为直接电位法和电位滴定法。

电位分析法由于是测量与物质有关的电信号来进行物质分析的,而电信号处理技术为人类熟悉,所以,此类方法易于实现连续化、自动化和远程遥控测定。特别适合生产过程的在线检测。电位分析法具有灵敏度高、选择性好、仪器使用方便、适用面广的特点。所有的电位分析都需在一种特定的电化学反应装置——化学电池上进行。

6.1.1 基本原理

6.1.1.1 基本概念

(1) 化学电池。化学电池是一种能够将化学能与电能相互转换的电化学反应器。

① 组成:化学电池通常由容器、电解质溶液、两支电极组成。

② 分类:化学电池可分为原电池(图6-1)和电解池(图6-2)两类。原电池是能将化学能转换成电能的电化学反应器;电解池则是将电能转换成化学能的电化学反应器。

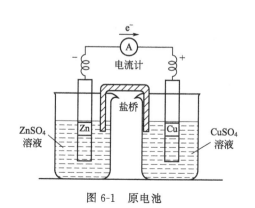

图6-1 原电池

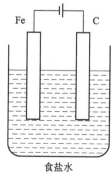

图6-2 电解池

③ 表达方法:常用电池表达式表示电池。如图6-1所示原电池可以表示为:

$$(-)Zn|ZnSO_4(x\,mol/L) \| CuSO_4(y\,mol/L)|Cu(+)$$

一般将负极写在左侧,正极写在右侧。用单竖线"|"表示相界面,用双竖线"∥"

表示盐桥，说明有两个接界面。"∥"两侧为两个半电池。

(2) 电极电位

① 电极：金属（M）与被插入的电解质溶液体系合称电极（也称半电池）。

② 电极电位：将金属电极 M 插入含有该金属离子 M^{n+} 的溶液中时，金属与溶液间会发生电子转移，电极表面会形成双电层，产生电极电位，如图 6-3 所示。

金属的活泼性不同，其电极电位不同。电极电位值可由能斯特（Nernst）方程求得。

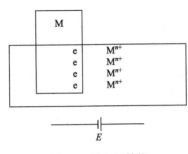

图 6-3 双电层结构

$$\varphi_{M^{n+}/M} = \varphi^0_{M^{n+}/M} + \frac{2.303RT}{nF}\ln\frac{\alpha_{M^{n+}}}{\alpha_M} \tag{6-1}$$

式中，$\varphi_{M^{n+}/M}$ 为标准电极电位，V；R 为气体常数，$R=8.314 \text{J·mol/K}$；T 为热力学温度，K；F 为法拉第常数，$F=96486.7\text{C/mol}$；$\alpha_{M^{n+}}$ 为金属离子 M^{n+} 的活度。

当金属离子浓度很小时，可用金属离子 M^{n+} 的浓度代替活度；为方便计算，常用对数代替自然对数。当溶液温度为 25℃ 时，能斯特方程可简化为：

$$\varphi_{M^{n+}/M} = \varphi^0_{M^{n+}/M} + \frac{0.0592}{n}\lg C_{M^{n+}} \tag{6-2}$$

③ 标准电极电位：在 25℃、1atm 下、离子活度为 1 时的电极电位。

(3) 指示电极与参比电极。由图 6-3 可知双电层结构是无法测量电位值的，所以单个电极的标准电极电位是无法直接测定的。通常是将被测电极与一个电位值不随离子浓度变化的电极组成原电池，测此电池的电动势（E），则 $E = \varphi^0_{(\text{参比})} - \varphi^0_{M^{n+}/M}$，因 $\varphi^0_{(\text{参比})}$ 为定值，所以 $\varphi^0_{M^{n+}/M} = E - \varphi^0_{(\text{参比})}$ 为确定值。

① 指示电极：指电极电位随被测离子浓（活）度变化而改变的电极。常用的有金属基电极和离子选择性电极。金属基电极的典型代表为：插入含有自身离子溶液的金属极板；离子选择性电极的典型代表为：pH 玻璃电极。

② 参比电极：指电极电位值在一定条件下已知且恒定，不随被测离子浓（活）度变化而改变的电极。常用的有：饱和甘汞电极和银-氯化银电极。

6.1.1.2 基本原理

(1) 直接电位法的基本原理及应用。直接电位法是通过测量化学电池的电动势，求出指示电极的电极电位。再根据能斯特方程求出被测组分含量的分析方法。

① 基本原理：将指示电极与参比电极插入待测溶液中组成工作电池，用伏特计可测量出工作电池的电动势（E）。设该工作电池为：

$$(-)M|M^{n+}\|\text{参比电极}(+) \quad \text{设参比电极为正极（也可为负）}$$

则工作电池的电动势为：

$$E = \varphi(+) - \varphi(-)$$
$$\text{即}: E = \varphi_{(\text{参比})} - \varphi_{M^{n+}/M}$$
$$E = \varphi_{(\text{参比})} - \varphi^0_{M^{n+}/M} - \frac{0.0592}{n}\lg\alpha_{M^{n+}}$$

式中，$\varphi_{(\text{参比})}$ 和 $\varphi^0_{M^{n+}/M}$ 在一定温度下为常数，所以，由测得工作电池的电动势（E）即可求出被测离子 M^{n+} 的活度

② 装置

a. 指示电极：玻璃电极或离子选择性电极。
b. 参比电极：饱和甘汞电极。
c. 检流计：pH 计。

③ 应用实例——溶液 pH 值的测定　根据 pH 值定义：溶液 pH 值为溶液中 H^+ 活度的负对数，即 $pH=-\lg\alpha_{H^+}$。

具体操作为：如图 6-4 所示，将 pH 玻璃电极作指示电极，饱和甘汞电极作参比电极，插入待测溶液中组成工作电池。测定溶液的电动势。

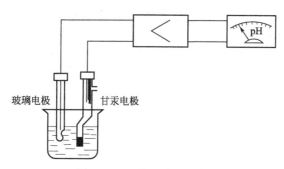

图 6-4　pH 的电位法测定

则 $E=\varphi_{(参比)}-\varphi_{(玻璃)}$。

25℃时电池电动势可简化为：

$$E=\varphi_{(参比)}-K_{(玻璃)}+0.0592pH$$

式中，$\varphi_{(参比)}$、$K_{(玻璃)}$ 在一定条件下为常数，设为 K'。

则 $E=K'+0.0592pH$

即溶液 pH 值与工作电池电动势为线性关系，可通过测量工作电池电动势求得溶液 pH 值。

注意，因 $\varphi_{(参比)}$ 和 $K_{(玻璃)}$ 受很多因素的影响，往往难以测定准确值。因此，测溶液 pH 值采用如下的方法：取一与被测溶液 pH 值相近的标准缓冲溶液（S），分别测它们的 E_S 和 E_x。在 25℃时，$E_S=K'_S+0.0592pHS$；$E_x=K'_x+0.0592pHx$

在温度、指示电极、参比电极相同的测定条件下，$K'_S \approx K'_x$，所以

$$pHx=pHS+\frac{E_x-E_S}{0.0592}$$

在实际的测量过程中，按如下的操作进行：首先测定标准缓冲溶液的 pH 值，将 pH 玻璃电极和饱和甘汞电极插入标准缓冲溶液中，用仪器上的"定位"旋钮使仪器显示测量温度下的 pH 值，即实现消除 K' 的目的，此过程称为仪器的校正。然后，将 pH 玻璃电极和饱和甘汞电极插入待测溶液中，仪器显示的数值就是待测溶液测量温度下的 pH 值。

此法也可用于测量溶液中离子的活（浓）度。将 pH 玻璃电极换成离子选择性电极，与饱和甘汞电极插入被测溶液中组成工作电池。测定溶液的电动势（E）即可求出溶液中离子的活（浓）度。

因习惯用浓度表示溶液，而活度与浓度的关系为：$\alpha_i=\gamma_i c_i$

式中，α_i 为活度；γ_i 为 i 离子的活度系数；c_i 为 i 离子的浓度。

测定时，只有活度系数（γ_i）不变，才能用活度（α_i）表示浓度（c_i）。而活度系数是离子强度的函数，所以测定时通常采用向标准溶液和被测液中加入相同量的惰性电解质来保证离子强度不变。此类惰性电解质称为离子强度调节剂。

测定过程中，除加入离子强度调节剂以保证离子强度不变外，还常向溶液中加入 pH 缓

冲溶液，避免溶液中 H^+ 或 OH^- 干扰离子选择电极，加入掩蔽剂以去除干扰离子对离子选择性电极影响。

将离子强度调节剂、pH 缓冲溶液和掩蔽剂等试剂的混合溶液称为总离子强度调节缓冲剂（TISAB）。

④ 常用方法

a. 标准曲线法　配制一系列含被测离子的标准溶液，加入 TISAB，分别测定各标准溶液的电动势 E。以标准溶液浓度的对数为横坐标 $\lg c_i$、电动势（E）为纵坐标绘制标准曲线。在相同条件下测定被测溶液的电动势 E_x，在标准曲线上查得其对应的浓度。

b. 标准加入法　对于较复杂的样品，多采用标准加入法。即在一定条件下，测定一定体积 V_x、浓度为 c_x 的样品的电动势 E_x，然后向其中加入浓度为 c_S、体积为 V_S 的含被测离子的标准溶液（要求 $c_S \geq 100 c_x$、$100 V_S \leq V_x$），再在同一实验条件下测其电动势 E_{S+x}。若是在 25℃测定，则

$$E_x = K' + \frac{0.0592}{n}\lg \gamma c_x \quad E_{x+s} = K' + \frac{0.0592}{n}\lg \gamma'(c_x + \Delta c)$$

则

$$\Delta E = E_{x+s} - E_x = \frac{0.0592}{n}\lg \frac{\gamma'(c_x + \Delta c)}{\gamma c_x}$$

式中，γ' 为加入标准溶液后的离子活度系数；Δc 为加入标准溶液后试样浓度的增加量，

$$\Delta c = \frac{c_S V_S}{V_S + V_x}$$

因为 $V_x \gg V_S$，所以

$$\Delta c = \frac{c_S V_S}{V_x}$$

而 $\gamma \approx \gamma'$，所以

$$\Delta E = \frac{0.0592}{n}\lg \frac{c_x + \Delta c}{c_x}$$

设

$$S = \frac{0.0592}{n}$$

则

$$c_x = \frac{\Delta c}{10^{\Delta E/S} - 1}$$

只要测得 ΔE，计算出 Δc，则 c_x 可求。

本方法的特点是：溶液配制操作简单，只需配制一种标准溶液，适合组成复杂的溶液测定。需要注意的是：E 和 ΔE 测定必须在相同实验条件下测得。

影响离子活度测定准确度的因素有：温度、干扰离子、溶液的酸度、被测离子浓度、电动势测量精度等。

⑤ 直接电位法的特点

a. 应用范围广：可测定多种阴离子或阳离子，特别是其他方法无法测定的碱金属、碱土金属的离子和一价阴离子。

b. 测定速度快：10~30min 即可完成测定。

c. 易于微型化：随着电子技术的发展，可实现对细胞的测定。

(2) 电位滴定法的基本原理及应用。电位滴定法是通过测量滴定过程中化学电池电动势随滴定剂加入量而发生变化的情况来确定滴定终点，进而求得被测物含量的滴定分析方法。

① 基本原理：将指示电极、参比电极插入被测溶液中组成化学电池，电池的电动势与

被测离子量相关。随着滴定剂的加入，被测离子与滴定剂发生反应，溶液中被测离子量发生变化，指示电极的电极电位随之发生改变，导致电池的电动势也发生变化。在化学计量点附近，被测离子的活度发生突变，导致电池的电动势也发生突变。测定滴定过程中电池电动势的变化，即可确定滴定终点。由滴定剂的浓度和消耗量，即可求出被测离子量。

② 装置：电位滴定法的装置一般由烧杯、滴定管、指示电极、参比电极、电位计、磁力搅拌器等部件组成，如图 6-5 所示。在烧杯中加入一定量的被测物溶液，在滴定管中加入与之反应的标准溶液。在被测物溶液中插入指示电极和参比电极并与电位计连接。启动磁力搅拌器并测定溶液的电动势，由滴定管加入一定量的标准溶液后，被测物溶液的电动势会有变化，待电动势稳定后测定被测溶液的电动势。记录加入标准溶液的体积与被测物溶液的电动势变化值，依次重复上述操作过程，可得到被测物溶液的电动势随标准溶液加入量的变化值，即可确定滴定终点。由滴定剂的浓度和消耗量，即可求出被测离子量。

③ 终点的确定方法

a. $E\text{-}V$ 曲线法：以滴定剂加入体积 $V(\text{mL})$ 为横坐标，以对应的电动势 $E(\text{mV})$ 为纵坐标绘制 $E\text{-}V$ 曲线。做两条与横坐标呈 45°的 $E\text{-}V$ 曲线的平行切线（见图 6-6 中 2 线），再在两切线间做一条与它们平行且等距离的线（见图 6-6 中 3 线），此线与 $E\text{-}V$ 曲线交叉点即为终点，所对应的体积即为等当点体积。

此法适用于滴定突跃明显且 $E\text{-}V$ 曲线对称的情况，否则，误差较大。

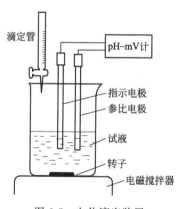

图 6-5　电位滴定装置

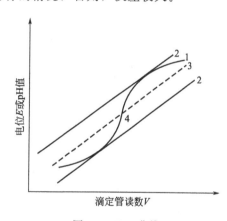

图 6-6　$E\text{-}V$ 曲线

1—滴定曲线；2—切线；3—平行等距线；4—滴定终点

b. $\Delta E/\Delta V\text{-}V$ 曲线法：本法又称一阶微商法。以单位体积改变量（ΔV）所引起的电动势改变量（$\Delta E/\Delta V$）为纵坐标，以滴定剂加入体积 $V(\text{mL})$ 为横坐标绘制曲线，得一峰状曲线，其最高点所对体积即为终点体积（图 6-7）。此法准确度较高，但操作复杂，且最高点需由实验点连线外推来确定。

c. 二阶微商法：此法的依据是一阶微商曲线的最大点所对应的体积即为终点体积。所以，二阶微商（$\Delta^2 E/\Delta V^2$）为零的点即为一阶微商曲线的最大点（图 6-8）。

本法可分为计算法和作图法。常用计算法为：

$$\frac{\Delta^2 E}{\Delta V^2} = \frac{\left(\dfrac{\Delta E}{\Delta V}\right)_{(V+\Delta V)} - \left(\dfrac{\Delta E}{\Delta V}\right)_V}{(V+\Delta V) - V}$$

④ 电位滴定法的特点：电位滴定法适用于有色、浑浊甚至不透明溶液以及没有合适指示剂的滴定分析，具有准确、快速的特点，可实现自动操作。

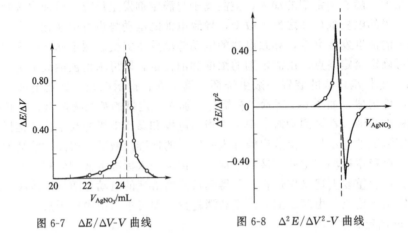

图 6-7　ΔE/ΔV-V 曲线　　　　图 6-8　Δ²E/ΔV²-V 曲线

6.1.2　酸度计

酸度计又称 pH 计，是一种高阻抗的直流毫伏计，它是通过测量指示电极因 H⁺ 活度变化而引起化学电池电动势变化所产生的电信号，直接测得溶液酸度（pH 值）的。酸度计既可用于测定溶液的 pH 值，也可测量电池的电动势。

6.1.2.1　结构

酸度计根据测量要求不同，可分为普通型、精密性和工业性。虽然酸度计型号众多，设计各不相同，但酸度计一般分为两部分，电极系统和高阻抗毫伏计。电极系统包括：指示电极和参比电极。它们与被测液共同组成化学电池，用毫伏表测量两个电极间的电动势，即可换算出化学电池溶液中溶液的物质含量。目前较为常用的酸度计是 PHS 系列。仪器上一般都设有下列控制旋钮：

（1）mV-pH 选择开关。用于选择仪器的测定功能，当按键在 pH 位置时，用于测定溶液的 pH 值；当按键在 mV 位置时，测定电池的电动势。

（2）温度调节器。由能斯特方程可知，电极电位受温度影响，用温度调节器可补偿因温度不同而引起的偏差。

（3）斜率调节器。补偿玻璃电极转换系数与理论值相差过大，提高测量精度。

（4）定位调节器。用于抵消因电极原因产生的影响。

（5）零点调节器。确保酸度计在不测定情况下毫伏表示数为"零"。

6.1.2.2　原理

一个氢离子的指示电极和一个参比电极浸入某一含氢离子的溶液中组成原电池，在一定的温度下会产生一个电动势，这个电动势与溶液的氢离子活度有关，而与其他离子的存在关系很小。由能斯特方程可知，测得的电池电动势与溶液的 pH 值存在对应关系。pH 计就是根据这一原理设计而成的。

$$E = \varphi_{(\text{参比})} - \varphi^0_{H^+/H} - \frac{2.303RT}{nF} \lg \alpha_{H^+}$$

$$pH = \frac{[E + \varphi^0_{H^+/H} - \varphi_{(\text{参比})}]nF}{2.303RT}$$

在一定条件下，$\varphi_{(\text{参比})}$ 和 $\varphi^0_{H^+/H}$ 为常数，则溶液的 pH 值与电池电动势有关。

6.1.2.3 酸度计的使用与保养

(1) pHS-3C 精密酸度计的使用

① 仪器结构：pHS-3C 精密酸度计如图 6-9 所示。

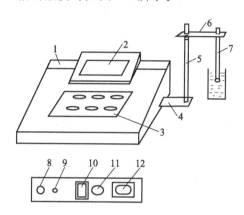

图 6-9　pHS-3C 精密酸度计

1—机箱；2—显示屏；3—键盘；4—电极座；5—电极梗；6—电极夹；7—电极；
8—测量电极插座；9—温度电极插座；10—电源开关；11—保险丝座；12—电源插座

② 测量前准备

a. 仪器准备

(a) 把复合电极固定在电极杆上，电极引线插头插入测量电极插座内。

(b) 接通电源预热 30min。

b. 仪器校正

(a) 温度设定。按"温度设定"键使温度指示灯处于温度设定位置，用"→"键移动设定位，同时，按"↑"键使温度显示值为被测标准溶液此时的温度值，再按一下"确认"键确认。

(b) 电极用蒸馏水洗净后，用滤纸吸干，再用第一个标准缓冲溶液冲洗一下，然后将电极放入第一个标准溶液中，按"pH/pH 标定"键使仪器处于 pH 测定状态，当读数稳定后再按下"pH/pH 标定"键，使仪器处于 pH 标定状态，用"→""↑"键使显示值为当时温度下标准缓冲溶液的 pH 值。再按一下"确认"键确认。

(c) 将电极用蒸馏水洗净后，用滤纸吸干。把电极放入第二个标准缓冲溶液中，按"pH/pH 标定"键使仪器处于 pH 测定状态，待读数稳定后再按下"pH/pH 标定"键，使仪器处于 pH 标定状态，用"→""↑"键使显示值为当时温度下标准缓冲溶液的 pH 值，再按"确认"键确认即完成仪器校正。

③ pH 值的测定

a. 用蒸馏水清洗电极，用滤纸吸干，再用被测溶液清洗一下，将电极置于被测溶液中。

b. 按仪器校正中温度设定的方法使温度值为被测样品此时的温度。

c. 按"pH/pH 标定"键使仪器处于 pH 测定状态，轻轻摇动小烧杯使溶液均匀，读数稳定后，所显示值即为被测样品的 pH 值。

④ 电极电位 (mV) 值的测定：将电极置于被测溶液中，按"mV"键，"mV"指示灯亮。轻轻摇动小烧杯使溶液均匀，待读数稳定后，显示值即为电极在该溶液中的电极电位"mV"值。

(2) pHS-3F 酸度计的使用

① 开机

a. 将电极固定在电极夹上，按要求与酸度计接好。

b. 按下电源开关，预热 30min，然后对仪器进行标定。

② 标定

a. 把选择开关调到 pH 挡。

b. 调节温度补偿旋钮，使白线对准溶液温度值。

c. 把斜率调节旋钮顺时针旋到底（即调到 100% 位置）。

d. 把电极插入 pH=6.86 的缓冲溶液中，轻轻摇动小烧杯数下。

e. 调节定位旋钮，使仪器的读数显示值与此缓冲溶液该温度下的 pH 值相一致。

f. 取出电极用蒸馏水清洗后，用滤纸吸干电极表面，再插入 pH=4.00（或 pH=9.18）的标准缓冲溶液中。调节斜率旋钮使仪器的读数显示值与此缓冲溶液该温度下的 pH 值相一致。

g. 重复 d～f 直至仪器的读数显示值与缓冲溶液该温度下的 pH 值一致不再变化即完成标定。

注意：

a. 标定后定位调节旋钮及斜率调节旋钮不能再转动。若不慎转动，则需重新标定。

b. 标定时，第一次用 pH=6.86 的缓冲溶液，第二次则应根据被测溶液的 pH 值选择标定用缓冲溶液。被测溶液为酸性，则缓冲溶液应选 pH=4.00；如果被测溶液为碱性，那么选 pH=9.18 的缓冲溶液。

③ 测量 pH 值

a. 用温度计测出被测溶液的温度值。

b. 调节温度调节旋钮，使白线对准被测溶液的温度值。

c. 用蒸馏水清洗电极头部，用滤纸吸干电极表面，再用被测溶液润洗一次。

d. 把电极插入被测溶液内，轻轻摇动小烧杯数下，溶液均匀后读出该溶液当时温度下的 pH 值。

④ 测量电极电位

a. 将相应的离子选择性电极和参比电极按要求接好，按下"mV"键。

b. 将电极用蒸馏水洗干净，并用滤纸吸干后插入待测溶液中，轻轻摇动小烧杯数下使待测溶液均匀，仪器显示的数值即是该条件下离子选择性电极的电极电位值。

(3) 仪器的维护保养

① 仪器应存放在干燥、无酸性腐蚀气体的室内。室温应恒定。仪器不用时，应将短路插头插入插座，防止灰尘及水汽浸入。电极的引出端必须保持清洁干燥。

② 测量时，仪器应有良好的接地，电极的引入导线应保持静止，否则会引起测量不稳定。

③ 玻璃电极在使用前必须用蒸馏水浸泡 24h 后再使用，用后应浸泡在蒸馏水中以备再用。因玻璃泡易破，应避免与硬物接触。

④ 复合电极使用前应浸泡在 3mol/L 氯化钾溶液中 24h 后再使用。测量结束，应及时将电极保护套套上，电极套内应放少量内参比补充液，以保持电极球泡的湿润，切忌浸泡在蒸馏水中。

⑤ 定期检查复合电极的内参比溶液，内参比溶液不足时，用 3mol/L 氯化钾溶液从电极上端小孔加入，防止内参比溶液干涸。

技能训练 6-1　溶液 pH 的测定

训练目标

1. 掌握电位法测定溶液 pH 的方法和原理。

2. 学会使用 pH 计测定溶液的 pH 值。

实验原理

在一定条件下，当以玻璃电极作为指示电极，饱和甘汞电极作参比电极，插入被测试液中组成工作电池时，被测试液的 [H^+] 不同会引起工作电池的电动势不同。可表示为：$E = k + 0.059\text{pH}$（25℃），由测得的电动势就能算出溶液的 pH。

但因上式的 k 值是受多个难以测定因素影响的常数，实际 k 值不易测定，因此在实际工作中，经常用已知 pH 的标准缓冲溶液来校正酸度计，确定 k 值。校正时应选用与被测溶液的 pH 相接近的标准缓冲溶液来校正仪器，以减少测定条件不一致引起的误差，校正后的酸度计可直接测量溶液的 pH 值。

仪器及试剂

仪器：pHS-3C 酸度计、231 型 pH 玻璃电极和 222 型饱和甘汞电极、电动搅拌器、温度计。

试剂：

① pH=4.00 的标准缓冲溶液 准确称取在 105℃干燥 1h 的 G.R. 级邻苯二甲酸氢钾 10.12g，用重蒸馏水溶解，并定容至 1000mL。

② pH=6.86 的标准缓冲溶液 准确称取在 130℃干燥 2h 的 G.R. 级磷酸二氢钾（KH_2PO_4）6.802g，磷酸氢二钠（$Na_2HPO_4 \cdot 12H_2O$）17.90g 或无水磷酸氢二钠（Na_2HPO_4）7.098g，用重蒸馏水溶解并定容至 1000mL。

③ pH=9.18 的标准缓冲溶液 准确称取 G.R. 级硼酸钠（$Na_2B_4O_7 \cdot 10H_2O$）3.814g，用重蒸馏水溶解并定容至 1000mL。

④ pH 试纸。

⑤ 两种不同 pH 未知液 A 和 B。

训练操作

1. 酸度计使用前的准备

接通电源，预热 20min。置选择开关于"mV"位置，调节"调零"旋钮，使仪器显示为正或负"0.00"，然后锁紧电位器。

2. 电极的选择与处理

(1) 玻璃电极的选择与处理。根据被测溶液大致 pH 范围，选择合适型号的 pH 玻璃电极。将玻璃电极的球泡在蒸馏水中浸泡 24h 以上。将处理好的 pH 玻璃电极用蒸馏水冲洗，用滤纸吸干外壁水分后，固定在电极夹上，球泡略高于甘汞电极下端。

(2) 饱和甘汞电极的处理及安装。取下甘汞电极上、下两端的小胶帽。检查电极内溶液高度是否够高，溶液中是否有晶体存在（如液面过低，可用滴管由电极上端小口加入少量 KCl 晶体和饱和 KCl 溶液；如溶液中没有晶体存在，则应由电极上端小口加入 KCl 晶体至有明显稳定的晶体存在），赶出气泡并做微孔砂芯渗漏情况检验（用滤纸沾微孔砂芯尖端，滤纸有湿痕表示砂芯通畅），用蒸馏水清洗电极外部，用滤纸吸干外壁水分后，固定在电极夹上，电极下端应略低于玻璃电极球泡下端。将电极导线接在仪器后右角甘汞电极接线柱上，玻璃电极引线柱插入仪器后右角玻璃电极输入座。

注意 如使用 pH 复合电极，复合电极必须浸泡在含 KCl（3mol/L）的 pH=4 的缓冲液中 24h 以上！

3. 酸度计校正（两点校正法）

将酸度计选择开关置"pH"位置。取一洁净的 100mL 烧杯，用 pH＝6.86 的标准缓冲溶液润洗三次后，倒入约 50mL 的该标准缓冲溶液。用温度计测量此溶液的温度，调节酸度计温度调节旋钮，使酸度计所指示的温度为所测得的该溶液温度。

将玻璃电极和饱和甘汞电极插入标准缓冲溶液中，轻摇烧杯几下，使电极尽快达到平衡。

将酸度计斜率调节旋钮顺时针旋到底，调节酸度计定位旋钮，使仪器显示值为此温度下标准缓冲溶液的 pH 值。将电极从标准缓冲溶液中取出，移去烧杯，用蒸馏水清洗电极，并用滤纸吸干电极外壁水。

另取一洁净的 100mL 烧杯，用另一种与待测试液 pH 相接近的标准缓冲溶液震荡润洗三遍，倒入 50mL 左右该标准缓冲溶液。插入玻璃电极和饱和甘汞电极，轻摇几下烧杯，使电极平衡。调节斜率调节旋钮，使仪器显示值为此温度下该标准缓冲溶液的 pH 值。至此，酸度计校正完成。

注意：校正好的酸度计，其定位旋钮不得再旋动！否则，酸度计需重新校正！

4. 测量待测试液的 pH

移去标准缓冲溶液，清洗电极，并用滤纸吸干电极外壁水。取一洁净的 100mL 烧杯，用待测试液震荡润洗三遍后倒入 50mL 左右的试液。用温度计测量试液温度，并将酸度计温度调节至此温度上。

将电极插入被测试液中，轻摇烧杯以促使电极平衡。待数字显示稳定后读取并记录被测试液的 pH。平行测定三次，并记录。

按步骤 4 和 5 测量另一未知溶液的 pH。

5. 实验结束工作

关闭酸度计电源开关，拔出电源插头。取出玻璃电极用蒸馏水清洗干净后泡在蒸馏水中。取出甘汞电极用蒸馏水清洗，再用滤纸吸干外壁水分，套上小胶帽存放盒内。罩上仪器防尘罩，填写仪器使用记录。

6. 数据处理

分别计算各试液 pH 的平均值。

注意事项

1. 玻璃电极易碎！操作过程应十分小心！
2. 玻璃电极用前一定要在蒸馏水中浸泡 24h。
3. 标准缓冲溶液配制一定要准确。

操作思考

1. 饱和甘汞电极微孔砂芯渗漏情况检验的目的。
2. 测定过程中轻摇烧杯的目的。

技能训练 6-2　电位滴定法测定乙酸的离解常数

训练目标

1. 掌握电位滴定法测有机弱酸离解常数的方法和原理。
2. pH 计的正确使用。
3. 运用 pH-V 曲线法确定滴定终点。

实验原理

乙酸 CH_3COOH（简写为 HAc）为一种有机弱酸，其 $pK_a=4.74$，当以碱溶液滴定乙酸试液时，乙酸溶液的 pH 值随碱溶液的加入而变化。绘制 pH-V 曲线，可确定滴定终点及标准溶液消耗体积 V_{ep}。根据：

$$HAc = H^+ + Ac^-$$

其离解常数：

$$K_a = \frac{[H^+][Ac^-]}{[HAc]}$$

当滴定至 $[HAc]=[Ac^-]$ 时，即加入 $1/2V_{ep}$ 滴定剂时：

$K_a=[H^+]$，即 $pK_a=pH$

仪器及试剂

仪器：pHS-3C 酸度计 1 台，pH 复合电极 1 只，电动搅拌器 1 台，25mL 碱式滴定管 1 只，10mL 吸量管 2 支，100mL 烧杯、250mL 容量瓶各 2 只。

试剂：

① 0.1mol/L NaOH 标准溶液。

② 乙酸试液。

③ pH=4.00 的标准缓冲溶液　准确称取在 105℃干燥 1h 的 G.R. 级邻苯二甲酸氢钾 10.12g，用重蒸馏水溶解，并定容至 1000mL。

④ pH=6.86 的标准缓冲溶液　准确称取在 130℃干燥 2h 的 G.R. 级磷酸二氢钾（KH_2PO_4）6.802g，磷酸氢二钠（$Na_2HPO_4 \cdot 12H_2O$）17.90g 或无水磷酸氢二钠（Na_2HPO_4）7.098g，用重蒸馏水溶解并定容至 1000mL。

训练操作

1. 打开 pH 计电源开关，预热 20min。接好复合玻璃电极。
2. 用 pH=4.00 和 pH=6.88 的缓冲溶液对 pH 计进行两点定位。
3. 乙酸含量和 pK_a 的测定

准确吸取 10.00mL 乙酸试液于 100mL 小烧杯中，再加 20mL 蒸馏水。浸入 pH 复合电极。开启电动搅拌器，用 NaOH 标准溶液进行滴定。开始时，每加 1mL NaOH 读取记录一次 pH，当 pH 变化较快时（近等当点），每加 0.10mL NaOH 读取记录一次 pH。过等当点后，每加 1mL NaOH 读取记录一次 pH。

4. 数据处理

① 作 pH-V 曲线，找出滴定终点体积 V_{ep}。

② 在 pH-V 曲线上，查出体积相当于 $1/2V_{ep}$ 时的 pH，即为乙酸的 pK_a 值。

注意事项

1. pH 复合电极易碎！操作过程应十分小心！
2. pH 复合电极用前必须浸泡在含 KCl(3mol/L) 的 pH=4 的缓冲液中 24h 以上。

操作思考

此方法的准确程度如何？是否有更好的测有机弱酸离解常数的方法。

6.2 紫外-可见分光光度分析

紫外-可见分光光度分析是光谱分析法的一种，它是依据物质的分子对光的吸收情况，来测定物质的组成及含量的一种仪器分析方法。

我们知道，许多物质或物质的溶液具有颜色。并且溶液的颜色随溶液的浓度变化而发生变化，通常是溶液越浓颜色越深。因此，通过比较溶液颜色的深浅即可判断出溶液浓度的大小。此种方法称比色分析法。当用人的眼睛进行比色分析时，称为目视比色法；若用分光光度计进行比色分析时，则应称为分光光度法。严格地说，用分光光度计测定物质对不同波长的单色光的吸收情况而对物质进行定性、定量分析的方法称为分光光度法（又称作吸光光度法）。根据光的波长范围又可将分光光度法分为：可见分光光度法（光的波长在400～780nm）、紫外分光光度法（光的波长在200～7400nm）和红外分光光度法（光的波长在3×10^3～3×10^4 nm）。通常将紫外分光光度法和可见分光光度法合并称为紫外-可见分光光度法。

紫外-可见分光光度法具有以下的特点：
① 灵敏度高：检测浓度下限 105～106mol/L，适合微量成分分析；
② 准确度较好：相对误差为2%～5%；
③ 仪器简单：操作方便，分析速度快；
④ 应用范围广：可用于定性分析、定量分析和结构分析。

6.2.1 分光光度法基本原理

6.2.1.1 光的特性

(1) 光的波粒二象性。光是一种电磁辐射的理论已广为人们所接受。光能够发生干涉、衍射等现象已被科学所证实，所以光具有波动的特性；而光电效应现象很好地说明了光具有粒子的特性。所以，光具有波粒二象性。光子的能量方程很好地诠释了这一现象：

$$E = h\upsilon = h\frac{c}{\lambda} \tag{6-3}$$

式中，E 为光量子能量；υ 为频率，Hz；h 为普朗克常数，$h = 6.6262\times10^{-34}$ J·S；c 为光速；λ 为波长，nm。

由式(6-3)可知：波长不同的光具有不同的能量。波长越长，能量越小；波长越短，能量越大。

(2) 单色光、复合光和互补光。自然界中能够被人的眼睛所感知的光，称为可见光，其波长范围在400～780nm。波长小于400nm或波长大于780nm的光不能被人的眼睛感知，人们习惯将波长小于400nm的光称为紫外线；将波长大于780nm的光称为红外线。在可见光范围内，不同波长的光具有不同的颜色，如表6-1所示。

表 6-1 不同波长的光具有不同的颜色

λ/nm	400～450	450～480	480～490	490～500	500～560	560～580	580～610	610～650	650～780
颜色	紫	蓝	绿蓝	蓝绿	绿	黄绿	黄	橙	红

具有同一波长的光具有某种特定的颜色，人们将这种光称为单色光。但由表6-1中可以看出，波长在一定范围内的光具有大致相同的颜色，所以，单色光又特指波长在一定范围内，具有相同颜色的光。

由光子的能量方程可知，颜色不同的光具有不同的能量。紫光能量最大，红光能量最小。

具有多个波长范围的光称为复合光。常见的日光、白炽灯光等白光都是复合光。白光可以通过棱镜色散成红、橙、黄、绿、青、蓝、紫等七种颜色的单色光。反之，七色光也能混合成白光。不单单是七色光能混合成白光，某两种特定的单色光按一定强度比例混合，也能合成白光。故将这两种单色光称为互补色光。由图 6-10 可知，同一直线上的两种光为互补色光。即紫光与绿光互称为互补色光。余者类同。

图 6-10　互补色光

6.2.1.2　物质对光的吸收

（1）物质与光的作用形式。不考虑反射，以溶液为例。图 6-11 中，(a) 表示光全部通过，物质为无色；(b) 表示光全部吸收，物质为黑色；(c) 表示光部分吸收，物质为有色。

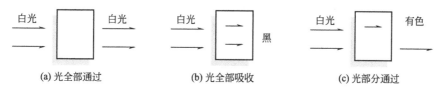

(a) 光全部通过　　　　(b) 光全部吸收　　　　(c) 光部分通过

图 6-11　物质与光的作用

（2）物质对光的选择性吸收。物质分子内的电子有其特定的电子运动轨道。轨道不同其能量值亦不同。通常情况下，电子运动是在能量最低的基态轨道上进行。当电子吸收一定的能量后，就会跃迁到能量较高的激发态轨道上运动。基态轨道和激发态轨道之间存在着能量差。这种能量差是不连续的、量子化的，电子吸收外界提供的能量有其特殊性，即：只有外界提供的能量刚好等于电子跃迁的能量差时才会被吸收，大于或小于能量差的能量都不会被吸收。物质不同，其电子由基态轨道跃迁到激发态轨道的能量差也不同。所以，当光照射物质时，如果光子的能量刚好满足跃迁所需的能量差，则光被吸收。反之，则光不被吸收。即物质对光有选择性的吸收。

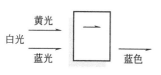

图 6-12　物质显色原理

（3）物质显色的原因。当白光照射溶液时，溶液中的物质选择性地吸收了一部分光，没有被吸收的光透过溶液，所以溶液显示的是透过光的颜色。如图 6-12 所示，黄、蓝两互补色光形成白光照射溶液，若黄光被吸收，则蓝光透过溶液被人眼睛感知。所以，溶液为蓝色。

（4）物质对光的吸收曲线。用不同波长的光照射某一个溶液，此溶液会对不同波长的光有不同的吸收。以波长（λ）为横坐标，以吸收值（用吸光度 A 表示）为纵坐标描点作图，即得到物质对光的吸收曲线（或称吸收光谱曲线），如图 6-13 所示。

由图 6-13 可以得出：

① 物质不同，物质对光的吸收曲线也不同，但每种物质的吸收曲线都有一个对光的吸收值最大处。此处所对应的波长称为最大吸收波长，用 λ_{max} 表示。所以，物质不同，λ_{max} 就不同。

② 同一物质不同浓度的溶液其吸收曲线不同，但吸收曲线的形态相似，并且 λ_{max} 是相同的　根据溶液浓度不同，对光的吸收值就不同，可对物质作为定量分析；根据物质不同，λ_{max} 不同，可对物质作为定性分析（此法只是作定性的参考依据）。

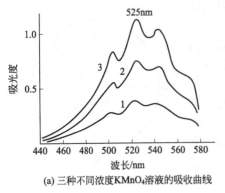
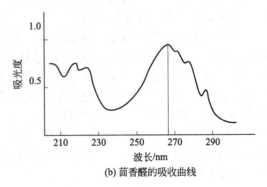

(a) 三种不同浓度KMnO₄溶液的吸收曲线　　(b) 茴香醛的吸收曲线

图 6-13　KMnO₄ 与茴香醛的吸收曲线

物质对光的吸收曲线是一条连续变化的曲线（或称为谱带），而不是前面讲到的是数量有限的、不连续的基态到激发态跃迁所形成的吸收线（谱线）。之所以出现这种情况，是因为分子的电子除跃迁产生吸收之外，分子中还存在原子核间的振动和分子绕重心的转动，这些也会吸收能量。每一个电子跃迁可包含多个转动跃迁，每一个转动跃迁又包含多个振动跃迁。所以分子对光的吸收是一个谱带。

6.2.1.3　光的吸收定律

朗伯（Lambert）和比尔（Beer）就物质对光的吸收程度分别从液层厚度和溶液浓度两个方面作了定量关系的研究，总结出朗伯定律和比尔定律。后将其整合为朗伯-比尔定律。此定律是紫外-可见分光光度法定量分析的理论依据。

(1) 朗伯-比尔定律。设入射光的通量为 Φ_0，透过光通量为 Φ_{tr}，则 $\dfrac{\Phi_{tr}}{\Phi_0}$ 称为透光率或透光度，它表示溶液透过光的程度，常用 τ 表示。τ 越大说明光透过的越多，既溶液对光的吸收越小。通常用 $\lg \dfrac{\Phi_0}{\Phi_{tr}}$ 表示溶液对光的吸收情况，称为吸光度，用 A 表示，则它们之间的关系为：

$$A = \lg \frac{\Phi_0}{\Phi_{tr}} = \lg \frac{1}{\tau} = -\lg \tau \tag{6-4}$$

① 朗伯（Lambert）定律：当一束平行的单色光垂直照射过含有吸光物质的均匀、透明、非色散的溶液时，如果溶液的浓度一定，则溶液对光的吸收与液层厚度成正比。即：

$$A = kb \tag{6-5}$$

② 比尔（Beer）定律：当一束平行的单色光垂直照射过含有吸光物质的均匀、透明、非色散的溶液时，如果溶液的厚度一定，则溶液对光的吸收与溶液浓度成正比。即：

$$A = k'c \tag{6-6}$$

比尔定律只适用于一定浓度范围的溶液，溶液浓度过高或过低都有影响。

③ 朗伯-比尔定律：当一束平行的单色光垂直照射过含有吸光物质的均匀、透明、非色散的溶液时，溶液对光的吸收与液层厚度成正比，与溶液浓度成正比。即：

$$A = Kbc \tag{6-7}$$

式中，A 为吸光度；K 为比例系数，与入射光的波长、溶液温度、吸光物质性质有关；b 为液层厚度；c 为溶液浓度。

(2) 吸光系数。朗伯-比尔定律公式 $A = Kbc$ 中的 K 称为吸光系数，其物理意义是：单位浓度的溶液，当液层厚度为 1cm 时，在一定波长下测得的吸光值。吸光系数（K）与温度、溶液性质和入射光有关，不能将随意查得的值代入公式计算。通常是用与被测液浓度相近的标准溶液来测定，然后计算求得。但绝不能用1mol/L的浓溶液进行测量。

对于朗伯-比尔定律公式

$$A = Kbc$$

当 c 的单位为 g/L、b 的单位为 cm 时，K 用 a 表示，称为质量吸光系数，其单位为 L/(g·cm)，朗伯-比耳定律可写成 $A=abc$。

当 c 的单位为 mol/L、b 的单位为 cm 时，K 用 ε 表示。称为摩尔吸光系数，其单位为 L/(mol·cm)，朗伯-比耳定律写成 $A=\varepsilon bc$。

摩尔吸光系数是吸光物质的一个重要参数，ε 值越大，表示该物质对某一波长的光的吸收能力越强，测定的灵敏度越高。通常认为：当 $\varepsilon > 6 \times 10^4$ L/(mol·cm) 时为高灵敏度；当 $\varepsilon < 1 \times 10^4$ L/(mol·cm) 时为低灵敏度。

(3) 吸光度的加和性。当溶液中含有多个吸光物质组分时，在一定波长下，溶液对光总的吸光度等于溶液中各个组分吸光度之和，即吸光度具有加和性。可表示为：

$$A_总 = A_1 + A_2 + \cdots + A_n = \sum A_n$$

吸光度的加和性对多组分同时定量分析有重要意义。

(4) 影响吸收定律的主要因素。根据朗伯-比尔定律可知，如果吸光度对浓度作图，理论上讲，应该是过原点的一条直线，斜率为 εb。但实际会出现偏离现象，究其原因有以下几个方面：

① 物理方面的因素：物理方面的因素主要是入射光非纯单色光。朗伯-比尔定律要求入射光为平行的单色光，但实际很难得到纯单色光，测定是用波长范围较窄的复合光代替完成的。由于物质对不同波长的光吸收程度不同，所以，用不纯的单色光测定，其结果是一个平均值，因而出现偏离现象。

② 化学方面的因素：化学方面的因素主要是吸光物质发生反应。吸光物质在溶液中有发生缔合、离解等反应的可能，使实际浓度与理论浓度不相符。

③ 比尔定律的局限性：严格地讲比尔定律只适合浓度小于 0.01mol/L 的稀溶液，浓度过高时，吸光粒子间距离过小，互相影响粒子的电荷分布，使摩尔吸光系数发生变化。因而，影响溶液对光的吸收。

6.2.2 紫外-可见分光光度计

能够在紫外和可见光区测量物质对光吸收情况的分析仪器称为紫外-可见分光光度计（简称分光光度计）。虽然分光光度计的型号众多，但其基本结构是相似的。通常包括以下部分：光源、单色器、样品池、检测器和信号显示系统。

6.2.2.1 紫外-可见分光光度计的基本组成

基本组成部件：光源 → 单色器 → 样品池 → 检测器 → 信号显示系统。

(1) 光源（或称辐射源）。分光光度计的光源应具备以下特点：在尽可能宽的波长范围内给出连续的光谱、光谱应有足够的辐射强度和良好的辐射稳定性。通常分为：可见光源和紫外光源。可见光源常见的有：钨丝灯和卤钨灯（$\lambda > 350$nm）；紫外光源常见的有：氢灯和氘灯（150~400nm）等。为了保持光源发光强度的稳定，要求电源电压十分稳定，因此分光光度计所接电源最好连有稳压器。

(2) 单色器（分光系统）。能够将来自光源的复合光分解为各种波长的单色光并能随意获取所需波长光的一种装置。一般包括色散元件、狭缝和准直镜。如图6-14所示。

① 色散元件：把复合光分散为单色光的元件。常用的有：

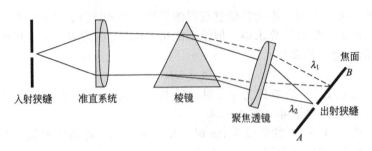

图 6-14 棱镜单色器

a. 棱镜：由玻璃或石英制成。因它对不同波长的光有不同的折射率，所以可以将复合光分成不同的单色光。因为玻璃对紫外线有吸收，所以，紫外-可见分光光度计的棱镜是由石英制成的。

b. 光栅：在抛光物体表面密刻许多平行条痕（槽）而制成，利用光的衍射作用和干扰作用使不同波长的光有不同的方向，起到色散作用。光栅色散后的光谱是均匀分布的。

② 狭缝：入口狭缝：限制杂散光进入色散元件；出口狭缝：按所需波长选取色散后的光并使其通过。

③ 准直镜：以狭缝为焦点的聚光镜。它可以将来自于入口狭缝的发散光聚集起来照射到色散元件上，把来自于色散元件的平行光聚集到出口狭缝。

（3）样品池（比色皿）。用于盛装被测样品和参比溶液的器皿，主要有石英比色皿和玻璃比色皿两种，在紫外线区须采用石英比色皿，在可见光区一般用玻璃比色皿。比色皿有各种规格，如 0.5cm、1cm、2cm 等等（这里规格指比色器内壁间的距离，实际是液层厚度）。定量分析时，比色皿应配套使用，同一组比色皿的透光率相差应小于 0.5%。

使用比色皿时应手执两侧的毛面，液体装入高度为四分之三。

（4）检测系统。检测系统是把透过比色皿的透射光强度信号转换成电信号的装置，故又称为光电转换器。检测系统应具有灵敏度高、对透过光的响应时间短、响应的线性关系好，以及对不同波长的光具有相同的响应可靠性等特点。分光光度计中常用的检测器有光电池、光电管和光电倍增管。

① 光电池：光电池是用半导体材料制成的光电转换元件。在分光光度计中广泛应用的是硒光电池。硒光电池由三层物质所组成，表层是导电性能良好的可透光的金属薄膜，如用

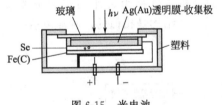

图 6-15 光电池

金、铂等制成的薄膜；中层是具有光电效应的半导体材料硒；底层是铁或铝片。如图 6-15 所示。当光透过上层金属照射到中层的硒片时，就有电子从半导体硒的表面逸出。电子只能单向流动到上层金属薄膜上，使之带负电，成为光电池的负极；硒片失去电子后带正电，使下层铁片也带正电，成为光电池的正极。这样，在金属薄膜和铁片之间就会产生电位差，在照射光强度不大时，电位差大小与照射光强度成正比。当外电路闭合时，形成光电流，硒光电池产生的光电流可以用普通的灵敏检流计测量。光电池具有结构简单，价格便宜，不需外接电源，不需放大装置而可以直接测量电流等优点。但光电池受强光照射或连续使用时间过长时，光电流不再与照射光强度成比例。这种现象称为光电池的"疲劳"现象。为了避免疲劳现象，光电池使用时间不宜过长，一般连续使用不超过 2h，同时，还应在光电池前装上滤光片，以免受光过强。光电池主要用于比色计和简易分光光度计中。

② 光电管：光电管是一种二极管，如图 6-16 所示。它有两个电极，阳极通常是一个镍环或镍片。阴极为涂上一层光敏物质的金属片，如氧化铯的金属片。光敏物质受到光线照射时可以放出电子，当光电管的两极与一个电池相连时，由阴极放出的电子将会在电场的作用下流向阳极，形成光电流，并且光电流的大小与照射到它上面的光强度成正比。管内可以抽成真空，叫作真空光电管；也可以充进一些气体，叫充气光电管。在一定条件下，光电流正比于射在它表面上的强度，且随着两极上电压的增加而增大。当电压增加到饱和电压时，光电流达最大，此后，光电流不再随电压增大而增加。光电管的工作电压一般在 90V 左右。

光电管的光电转换灵敏度低于光电池，在相同的光照射下所产生的电流约为光电池的 1/4。但因其有很高的内阻，所以信号易于放大，因此它比光电池更适于测量微弱的光辐射。在紫外及可见光分光光度计中常用它作光电转换器。

③ 光电倍增管：结构如图 6-17 所示。它是一个非常灵敏的光电器件，可以把微弱的光转换成电流。其灵敏度比前两种都要高得多。它是利用二次电子发射以放大光电流，放大倍数可达到 108 倍。原理与光电管相似，结构上有差异。其特点是在紫外-可见区的灵敏度高，响应快。但强光照射会引起不可逆损害，因此，不宜高能量检测，需避光。目前紫外-可见分光光度计广泛使用光电倍增管检测器。

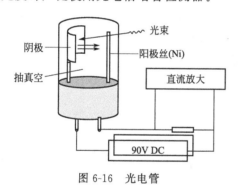

图 6-16 光电管

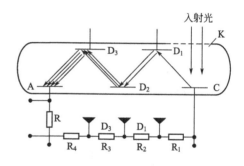

图 6-17 光电倍增管
K—窗口；C—光阴极；$D_1 \sim D_3$—次电子发射极；
A—阳极；$R_1 \sim R_4$—电阻

（5）信号显示系统。常用的信号显示装置有直读检流计、电位调节指零装置、自动记录和数字显示装置等。

6.2.2.2 分光光度计的类型

紫外-可见分光光度计按使用波长范围可分为：可见分光光度计和紫外-可见分光光度计两类。前者的使用波长范围是 400~780nm；后者的使用波长范围为 200~1000nm。可见分光光度计只能用于测量有色溶液的吸光度，而紫外-可见分光光度计可测量在紫外、可见及近红外有吸收的物质的吸光度。

紫外-可见分光光度计按光路可分为单光束式和双光束式两类；按测量时提供的波长可分为单波长分光光度计和双波长分光光度计两类。

（1）单光束分光光度计。所谓单光束是指从光源中发出的光，经过单色器等一系列光学元件及吸收池后，最后照在检测器上时始终为一束光。其工作原理见图 6-18。

图 6-18 单光束分光光度计原理

常用的单光束紫外-可见分光光度计有 752 型、754 型、759 型、7504 型等；常用的单光束可见分光光度计有 721 型、723 型、722 型等。

单光束分光光度计结构简单、价格低，主要适用于定量分析。其不足之处在于测定结果受光源强度波动的影响较大，因此分析结果的误差较大。

（2）双光束分光光度计。双光束分光光度计工作原理如图 6-19 所示。从光源中发出的光经过单色器后被一个旋转的扇形发射镜（即切光器）分为强度相等的两束光，这两束光分别通过参比溶液和样品溶液，测得的是透过样品溶液和参比溶液的光信号强度之比。双光束仪器克服了单光束仪器由于光源不稳引起的误差，并且可以方便地对全波段进行扫描。国产的单波长双光束分光光度计有 710 型、730 型、740 型等型号，日立 UV-340 型也属于这种类型。

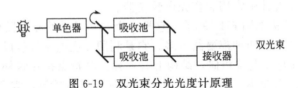

图 6-19 双光束分光光度计原理

（3）双波长分光光度计。双波长分光光度计与单波长分光光度计的主要区别在于采用双单色器，可以同时得到两束波长不同的单色光。工作原理如图 6-20 所示。两束波长不同的单色光（λ_1、λ_2）交替通过同一试样溶液（同一吸收池）后照射到同一光电倍增管上，得到的是溶液对 λ_1 和 λ_2 两束光的吸光度差值 ΔA。即 $\Delta A = A_{\lambda_1} - A_{\lambda_2}$。试样溶液中被测组分的浓度与两个波长 λ_1 和 λ_2 处的吸光度差 ΔA 成比例。双波长分光光度计不仅可测定多组分混合试样、浑浊试样，而且还可测得导数光谱。

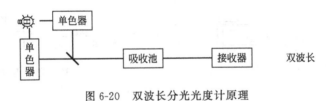

图 6-20 双波长分光光度计原理

6.2.3 分析条件的选择

影响分光光度法分析结果的因素有很多，主要应控制好以下几个方面测定条件的选择。

6.2.3.1 显色条件的选择

在可见光区测定物质时，要求被测物是有色的，并且颜色明显而稳定。但实际上很多物质是无色或颜色不明显、不稳定的，因此，需通过化学反应将其转换成有色的物质后再进行测定。

（1）显色剂与显色反应

① 显色剂：能与被测组分生成有色物质的化学试剂称为显色剂。显色剂可分为无机显色剂和有机显色剂。

a. 无机显色剂因种类较少，与被测组分生成有色物质的选择性和灵敏性都不高，故实际应用的较少。

b. 有机显色剂因种类较多，与被测组分生成有色物质的选择性、稳定性和灵敏性都较高，故实际应用较普遍。

近年来，三元配合物显色体系有较广泛的运用。它是由三种组分形成的一类有色物。

② 显色反应

a. 显色反应：将被测组分转变成颜色明显、稳定的有色物质的反应称为显色反应。

显色反应多为氧化还原反应或配位反应，也可能是此两种反应兼有。通常是配位反应居多。

b. 显色反应应具备的条件

(a) 选择性好：显色剂只与一种被测组分发生反应。

(b) 灵敏度高：显色反应的生成物有较大的摩尔吸光系数。

(c) 生成的有色物质组成恒定、化学性质稳定。

(d) 显色反应条件易于控制：确保重现性好。

(e) 显色剂应无色或与生成的有色物对比度大：确保不干扰有色物的测定。

(2) 显色条件的选择

① 显色剂的用量。设：M 为被测物；R 为显色剂；MR 为有色物，则它们存在如下反应：

$$M+R \rightleftharpoons MR$$

理论上讲，为使被测物 M 全部转换成有色物 MR，则显色剂 R 应过量。但显色剂过量太多，又会带来副作用。如，改变有色物 MR 的配合比，导致有色物颜色变化；将原来不干扰测定的成分转变成干扰物质等等。合适的显色剂用量是通过实验测定得到的。具体做法如下：在保证被测成分浓度和其他条件不变的情况下，改变显色剂的加入量，分别测定其吸光值 A，然后以显色剂加入体积 V 为横坐标，以吸光值 A 为纵坐标作图，得图 6-21 所示情况。

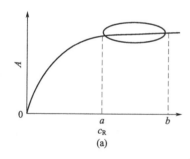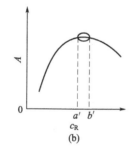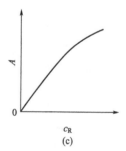

图 6-21　A-V 曲线

图 6-21(a) 表示：显色剂加入量在 a、b 区间内，有色物的吸光值不随显色剂加入量改变。因此，显色剂的加入量以 V_a~V_b 为合适。

图 6-21(b) 表示：只有很小一段有色物的吸光值不随显色剂加入量改变，因此，应严格控制显色剂的加入量确保在 $V_{a'}$~$V_{b'}$ 段。

图 6-21(c) 表示：吸光值随显色剂加入量改变而改变，因此，此显色剂不适用于测定。

② 溶液的酸度：溶液的酸度对显色反应的影响主要有：

a. 对显色剂的浓度产生影响。有机显色剂多为有机弱酸，存在如下平衡：

$$HR \rightleftharpoons H^+ + R^- \qquad M^+ + R^- \rightleftharpoons MR$$

pH 值影响 R^- 的浓度，也就影响与被测物形成有色物质。

b. 对被测金属离子的存在形式产生影响。如 Fe^{3+} 在不同 pH 值下可以离子或氢氧化物的形式存在。pH<1.14 以 Fe^{3+} 形式存在；pH>4 以 $Fe(OH)_3$ 形式存在。

c. 对显色剂的颜色产生影响。有些显色剂是酸碱指示剂，在不同 pH 值下可显示不同的颜色，如酚酞在 pH>8.3 为粉红；pH<8.3 为无色。

d. 对有色物的组成产生影响。对逐级形成配合物的显色反应，pH 值不同，形成的配合物不同，颜色亦不同。如 Fe^{3+} 与水杨酸反应。

pH<4	pH≈4～7	pH≈8～10
$Fe(C_7H_4O)^+$	$Fe(C_7H_4O)_2^-$	$Fe(C_7H_4O)_3^{3-}$
1∶1配比	1∶2配比	1∶3配比
紫红色	橙红色	黄色

适宜测定的 pH 值应通过实验测得,在实验中,往往通过加入缓冲溶液的方式保证被测溶液 pH 值相对稳定。

③ 显色的时间:显色反应有的反应速率快,瞬间即可完成,测定可即刻开始;有的反应速率慢,需要一定的反应时间,测定就需等待一段时间后再开始。生成的有色物有的稳定性好,长时间存放不改变组成,测定可等待一段时间后再开始;有的稳定性不好,显色后测定需立即开始。适宜的显色时间应通过实验测得。

④ 显色的温度:不同的显色反应需要在不同温度下进行,多数可在常温进行,但有的就需要加热,而另外一些显色反应,当温度高时有色物就会分解。适宜测定的显色的温度应通过实验测得。

⑤ 干扰因素的去除:干扰因素主要指共存离子的干扰。

a. 干扰离子产生的影响

(a) 干扰离子本身有色,如 Mn^{4+}、Ni^{2+}、Co^{2+}、Cu^{2+}、Cr^{3+} 等本身有色,当它们存在时会干扰测定。

(b) 干扰离子与显色剂生成有色物质。干扰离子与显色剂生成的有色物质会对单色光产生吸收,影响吸光值 A 大小;还会消耗显色剂,影响被测物的显色反应。

b. 去除干扰因素的方法

(a) 控制溶液的 pH 值。如:双硫腙法测 Hg^{2+},共存的 Cd^{2+}、Pb^{2+} 等离子也能与双硫腙生成有色配合物而干扰 Hg^{2+} 的测定。但双硫腙汞配合物的稳定性最大,而其他离子的双硫腙配合物的稳定性较小,故可以在强酸条件下测定。此时只有双硫腙汞生成,其他离子因不生成有色物而不干扰测定。

(b) 加入掩蔽剂。如测 MnO_4^- 时,在 $\lambda_{max}=525nm$ 下共存的 Fe^{3+} 干扰测定。加入酒石酸掩蔽 Fe^{3+}。加掩蔽剂是可见分光光度法测定中一种有效且常用的消除干扰的方法。

(c) 改变干扰离子的价态。如用罗丹明测 Ga^{3+},在 λ_{max} 下 Fe^{3+} 有干扰。用维生素 C 将 Fe^{3+} 还原为 Fe^{2+},则 Fe^{2+} 在 λ_{max} 处没有吸收。

(d) 选用适当的入射光波长。如在 $\lambda_{max}=525nm$ 处测定 MnO_4^- 时,共存的 $Cr_2O_7^{2-}$ 也有吸收。若将测定波长改为 545nm 处时,虽然测定 MnO_4^- 的灵敏度有所降低,但 $Cr_2O_7^{2-}$ 在此波长无吸收,所以它的干扰被消除。

(e) 分离干扰离子。当前面几种方法均不能消除干扰时,可以通过沉淀、离子交换、电化学分离等方法对被测液进行预处理,将干扰组分从试液中分离出去。

(f) 选用合适的参比溶液。如用铬天青 S 测 Al^{3+} 时,共存的 Co^{2+}、Ni^{2+} 等干扰测定。此时若向待测试液中加入 NH_4F 及铬天青,则 Al^{3+} 与 F^- 形成无色配合物,不与铬天青反应,而 Co^{2+}、Ni^{2+} 等干扰离子仍在溶液中。以此作为参比溶液。就即可以抵消显色剂本身的干扰,也可以抵消 Co^{2+}、Ni^{2+} 等有色离子所造成的干扰。

(g) 用双波长分光光度计。双波长分光光度计通过对一个被测物用两个波长测定其吸收值的方法可有效消除共存离子的干扰。

6.2.3.2 测定条件的选择

(1) 测定波长的选择。选择最佳入射光波长的依据是该被测物质的吸收曲线。一般情况下,应选用最大吸收波长作为入射光波长。在 λ_{max} 附近,被测物浓度的稍许变化就会引起吸光度的剧烈改变，可得到较好的测量精度，以 λ_{max} 为入射光测定的灵敏度最高。但是，如果最大吸收峰附近若存在干扰（如共存离子或所使用试剂有吸收），则在保证一定灵敏度的情况下，可以选择吸收曲线中其他波长进行测定，以避免干扰。

（2）吸光度范围的选择。一般情况下，应使测定的吸光度值在 0.2～0.7 的范围内，此时的测量准确度较好。实际工作中，可以通过调节被测溶液的浓度（如改变取样量、改变显色后溶液总体积等）、使用厚度不同的吸收池来调整待测溶液吸光度，使其在适宜的吸光度范围内。

（3）参比溶液的选择。参比溶液也叫空白溶液，主要用来调节仪器吸光度等于零或百分透射比为 100%，以作为测量的相对标准和用来抵消某些干扰因素，以减小测量误差。合适的参比溶液对提高测定的准确度起着重要作用。

常用的参比溶液有以下几种：

① 溶剂参比：当试样溶液的组成比较简单，共存的其他组分很少，且对测定波长的光几乎没有吸收。可采用溶剂作参比溶液，这样可以消除溶剂、吸收池等因素的影响。

② 试剂参比：如果显色剂或其他试剂在测定波长有吸收，此时应采用试剂参比溶液。即按显色反应相同条件，除不加试样外，加入同样的试剂和溶剂混匀后作为参比溶液。这种参比溶液可消除试剂中的组分产生的吸收。

③ 试液参比：如果试样中其他共存组分有吸收，但不与显色剂反应，则可用试样溶液作参比溶液。即将试液按被测液作相同处理，只是不加显色剂。然后以此溶液为参比液。这种参比溶液可以消除有色离子的影响。

④ 褪色参比：如果显色剂及样品基体有吸收，这时可以在显色液中加入某种褪色剂，选择性地与被测离子反应（或改变其价态），生成稳定的无色化合物，使已显色的产物褪色。用此溶液作参比溶液，称为褪色参比溶液。例如用铬天青 S 与 Al^{3+} 反应显色后，可以加入 NH_4F 夺取 Al^{3+}，形成无色的 AlF_6^{3-}。将此褪色后的溶液作参比可以消除显色剂的颜色及样品中微量共存离子的干扰。褪色参比是一种比较理想的参比溶液，但遗憾的是并非任何显色溶液都能找到适当的褪色方法。

6.2.3.3 溶剂的选择

改变溶剂的极性，会引起吸收带形状的变化，还会使吸收带最大吸收波长发生变化。

溶剂选择的原则：

① 溶剂不与被测组分发生化学反应。
② 所选溶剂在测定波长范围内无明显吸收。
③ 溶剂对被测组分有较好的溶解能力。
④ 被测组分在所选的溶剂中有较好的峰形。
⑤ 在可能的情况下尽量选择极性较小的溶剂。

6.2.4 紫外-可见分光光度法的应用

6.2.4.1 定性分析

定性分析的依据是：吸收光谱的形状、吸收峰的数目、位置以及相应的摩尔吸光系数。物质不同，吸收光谱就不同，λ_{max} 也不同，而最大吸收波长 λ_{max} 和相应的摩尔吸光系数 ε_{max} 是定性分析的最主要参数。此法只是作定性的参考依据，表示物质可能有什么。要准确判断物质成分，还需借助其他方法。

一般定性分析方法有标准物质比较法和标准谱图比较法两种。

（1）标准物质比较法。在相同的测量条件下，测定和比较未知物与已知标准物的吸收光谱曲线，如果两者的光谱完全一致，则可以初步认为它们是同一化合物。为了能使分析更准确可靠，应做到：尽量保持光谱的精细结构。通常采用与吸收物质作用力小的溶剂，用窄的光谱谱带；吸收光谱采用$\lg A$对λ作图。这样如果未知物与标准物的浓度不同，则曲线只是沿$\lg A$轴平移，而不是像A-λ曲线那样以εb的比例移动，更便于比较分析。

（2）标准谱图比较法。利用标准谱图或光谱数据比较。

6.2.4.2 定量分析

分光光度法最常见、最重要的用途就是对微量成分作定量分析。因样品的组成和分析目的不同，测定方法有所不同。

（1）单组分样品的分析。单组分是指样品中只含有一种组分；或者是待测组分的吸收峰与其他共有物质的吸收峰无重叠。并且样品对光的吸收遵守光的吸收定律。实验中只要测出被测物质的最大吸收波长，就可以在此波长下，选择适当的参比溶液，测量试液的吸光度，然后再用工作曲线法或比较法求得组成含量。

① 比较法：这种方法是用一个已知浓度的标准溶液（c_s），在一定条件下，测得其吸光度A_s，然后在相同条件下测得样品c_x的吸光度A_x；若试液和标准溶液都符合朗伯-比耳定律，则

$$c_x = \frac{c_s A_x}{A_s}$$

使用此方法应使标准溶液浓度与被测样浓度相接近，且符合吸收定律。比较法适于个别样品的测定。

② 工作曲线法：工作曲线法又称为标准曲线法，绘制的方法是：配制四种以上浓度不同的含待测组分的标准溶液，以空白溶液为参比溶液，在选定的波长下，分别测定各标准溶液的吸光度。以标准溶液浓度为横坐标，吸光度为纵坐标，在坐标纸上绘制曲线，如图6-22所示，此曲线称为工作曲线（或称标准曲线）。所绘制的工作曲线上必须注明曲线的名称、所用标准溶液（或试样）的名称和浓度、坐标分度值和单位，以及测量条件、绘制日期和制作者姓名。

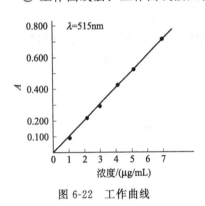

图 6-22 工作曲线

在样品测定时，应按绘制工作曲线相同的方法制备待测试液，并在相同测量条件下测量样品的吸光度，然后在工作曲线上查出试样的浓度。为了保证测定准确度，要求标样与试样溶液组成保持一致，待测溶液的浓度应在工作曲线的线性范围内，最好在工作曲线中部。工作曲线应定期校准，如果实验条件变动（如更换标准溶液、所用试剂重新配制、仪器经过修理、更换光源等情况），工作曲线应重新绘制。工作曲线法适用于成批样品的测定，它可以消除一定的随机误差。

理论上，工作曲线应是过原点的直线。由于受到各种因素的影响，实验测出的各点可能不完全在一条直线上，这时"画"的直线应让测得点均匀分布在工作曲线两侧；也可采用最小二乘法来确定直线的回归方程，判断所"画"的直线是否准确。不论如何，工作曲线都不能"画"成折线。

（2）多组分定量测定。当一个样品中含两个或多的组分时，用分光光度法可以同时测定其成分含量。以两组分的混合物分析为例，两个组分的吸收峰之间存在的相互关系有：

① 两组分的吸收峰互不干扰，如图6-23(a)所示，则可以分别在λ_{max}，Ⅰ和λ_{max}，Ⅱ处分别测定Ⅰ和Ⅱ组分的吸光值，然后定量计算组成含量。这本质上与单组分测定没有

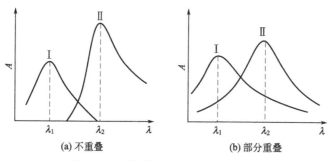

图 6-23 吸收曲线不重叠或部分重叠

区别。

② 如果两组分的吸收峰互相干扰,如图 6-23(b) 所示,可利用吸光度的加和性原理,通过解联立方程的方法求得各组分的含量。

首先,分别用单一组分Ⅰ和Ⅱ的标准溶液在 $\lambda_{max,I}$ 和 $\lambda_{max,II}$ 处分别测得它们的摩尔吸光系数 $\varepsilon_I^{\lambda_1}$、$\varepsilon_I^{\lambda_2}$ 和 $\varepsilon_{II}^{\lambda_1}$、$\varepsilon_{II}^{\lambda_2}$。然后再在 $\lambda_{max,I}$ 和 $\lambda_{max,II}$ 处测得待测混合溶液的总吸光度 $A_{\lambda_1}^{总}$ 和 $A_{\lambda_2}^{总}$。根据吸光度的加和性,则

$$\begin{cases} A_{\lambda_1}^{总} = A_{\lambda_1}^I + A_{\lambda_1}^{II} = \varepsilon_{\lambda_1}^I bc_1 + \varepsilon_{\lambda_1}^{II} bc_1 \\ A_{\lambda_2}^{总} = A_{\lambda_2}^I + A_{\lambda_2}^{II} = \varepsilon_{\lambda_2}^I bc_2 + \varepsilon_{\lambda_2}^{II} bc_2 \end{cases}$$

在这两个独立的方程中,只有 c_1 和 c_2 是未知量,故解方程就可以同时得到组分Ⅰ的浓度 c_1 和组分Ⅱ的浓度 c_2。

(3) 配合物组成的测定(摩尔比法)。对于配合反应:

$$M^{n+} + mR \Longrightarrow MR_m^{n+}$$

在某波长下如果只有络合物 MR_m^{n+} 有吸收,M^{n+} 和 R 及其他中间配合物均无吸收,则配制一系列溶液金属离子 M^{n+} 的浓度不变。而配位剂浓度各不相同的溶液,使摩尔比 c_R/c_M 分别等于 0.5、1、1.5、2、…,测定这一系列溶液的吸光度 A,绘制 A-c_R/c_M 曲线,如图 6-24 所示。

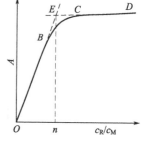

图 6-24 摩尔比法

分别在曲线上升部分和平台部分做两条直线的延长线,二线交点的横坐标对应值,即为配位比数值。摩尔比法的原理是,当 c_R/c_M 小于 2 时,溶液中的 M^{n+} 只有一部分转变为 MR_2^{n+},因此当 R 浓度增大,即比值 c_R/c_M 增大时,MR_2^{n+} 的量也逐渐增多,溶液的吸光度也逐渐增大,表现为一条随 c_R/c_M 增大而增大的直线。而当 c_R/c_M 大于 2 时,溶液中的 M^{n+} 已全部转变为 MR_2^{n+},MR_2^{n+} 的量不会随 R 浓度的增加而增加。因此吸光度不变,表现为一条水平的直线。从上升的直线到水平的直线的转折点对应的摩尔比就是配合物的配位比。在实际测定中,两条直线之间并非明显的转折点,而是一段曲线。这是由于配合物 MR_2^{n+} 离解所造成的,故采用延长线的交点作为实际的转折点。

显然,所生成的有色配合物越稳定,转折点就越容易得到,配合比就越好求,所以摩尔比法只适用于求稳定配合物的组成,另外,在可能形成的各级配合物中,如果 MR_1^{n+}、MR_2^{n+}、…、MR_{n-1}^{n+} 等中间配合物也很稳定,则摩尔比法也不适用。只有最后一级配合物 MR_m^{n+} 稳定且有色,其配位比才适用于摩尔比法测定。

(4) 有机化合物分子结构的推断

① 推测化合物所含的官能团：有机物的不少基团（生色团），如羰基、苯环、硝基、共轭体系等，都有其特征的吸收带，在判别这些基团时，有时是十分有用的。

② 异构体的判断：包括顺反异构及互变异构两种情况的判断。

a. 顺反异构体的判断：生色团和助色团处在同一平面上时，才产生最大的共轭效应。由于反式异构体的空间位阻效应小，分子的平面性能较好，共轭效应强。因此反式异构体的吸收都大于顺式异构体的吸收。

例如，肉桂酸的顺、反式的吸收如下：

$\lambda_{max}=280nm$，$\varepsilon_{max}=13500$ $\lambda_{max}=295nm$，$\varepsilon_{max}=27000$

b. 互变异构体的判断：某些有机化合物在溶液中可能有两种以上的互变异构体处于动态平衡中，这种异构体的互变过程常伴随有双键的移动及共轭体系的变化，因此也产生吸收光谱的变化。最常见的是某些含氧化合物的酮式与烯醇式异构体之间的互变。例如乙酰乙酸乙酯就是和烯醇式两种互变异构体：

它们的吸收特性不同：酮式异构体 $\lambda_{max}=204nm$，ε_{max} 小；烯醇式异构体 $\lambda_{max}=245nm$，$\varepsilon_{max}=18000$。

(5) 纯度检查

① 检测杂质：如化合物在紫外区没有吸收峰，而其中的杂质却有较强的吸收，通过吸收光谱就可方便地检测化合物中是否含有微量的杂质。

如检查甲醇或乙醇中是否含有杂质苯。苯在 256nm 处有 B 吸收带，而甲醇或乙醇在该波长附近几乎没有吸收。

② 检查纯度：通过测量物质的摩尔吸收系数来检查其纯度。

例如：在氯仿溶液中，菲在 296nm 处有强吸收（文献值 $lg\varepsilon=4.10$）。如果测得样品的 $lg\varepsilon<4.10$，则说明含有杂质。

6.2.5 分光光度计及其使用

6.2.5.1 722 型分光光度计及其使用

(1) 构造原理。722 型分光光度计由光源室、单色器、试样室、光电管暗盒、电子系统及数字显示器等部件组成。光源为 12V、30W 的钨卤素灯，可发出连续辐射光，波长范围为 330~800nm。单色器中的色散元件为光栅。测定结果由数字显示器显示。其外部结构如图 6-25 所示。722 型分光光度计能在可见光谱区域内对样品物质作定性和定量分析，其灵敏度、准确性和选择性都较高，因而在教学、科研和生产上得到广泛使用。

(2) 使用方法

① 使用前检查电源线接线应牢固，接地线通地要良好，各个调节旋钮的起始位置应该正确，然后再接通电源。

② 将灵敏度旋钮调至"1"挡（放六倍率最小）。调波长旋钮至所需波长。

③ 开启电源开关，将选择开关置于"T"位置，调节透光度"100%"旋钮，使数字显示"100.0"左右，预热 20min。

④ 固定灵敏度挡在能使空白溶液很好地调到"100%"的情况下，尽可能采用灵敏度较低的挡，使用时，首先调到"1"挡，灵敏度不够时再逐渐升高。但换挡改变灵敏度后，须

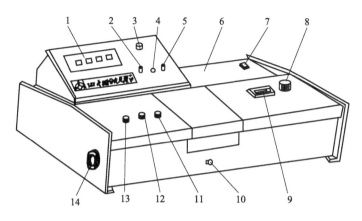

图 6-25 722型分光光度计

1—数字显示器；2—吸光度调零旋钮；3—选择开关；4—吸光度调斜率电位器；5—浓度旋钮；
6—光源室；7—电源开关；8—波长手轮；9—波长刻度窗；10—试样架拉手；11—100%T旋钮；
12—0%T旋钮；13—灵敏度调节旋钮；14—干燥器

重新校正"0%"和"100%"。选好的灵敏度，实验过程中不要再变动。

⑤ 调节 T=0%：在试样室仓盖打开的情况下，轻轻旋动"0%"旋钮，使数字显示为"00.0"。

⑥ 调节 T=100%：将盛有参比溶液的比色皿放入比色皿座架中的第一格内，盛有样品的比色皿放入比色皿座架中的其他格内，盖上试样室盖子，在参比溶液进入光路的情况下调节透过率"100%"旋钮，使数字显示正好为"100.0"。

⑦ 吸光度的测定：轻轻拉动试样架拉手，使待测溶液进入光路，此时数字显示值即为该待测溶液的吸光度值。读数后，打开试样室盖，切断光路。重复上述测定操作 1~2 次，读取相应的吸光度值，取平均值。

⑧ 浓度的测定：选择开关由"A"旋至"C"，将已知准确浓度的样品放入光路，调节浓度旋钮，使得数字显示为标定值，再将被测样品放入光路，此时数字显示值即为该待测溶液的浓度值。

⑨ 关机：实验完毕，切断电源，将比色皿取出洗净，并将比色皿座架用软纸擦净。罩好仪器。

(3) 注意事项

① 使用前，使用者应该首先了解本仪器的结构和原理，以及各个旋钮的功能。

② 仪器应接地良好。

③ 为防止光电管疲劳，不测定时必须将试样室盖打开，使光路切断，以延长光电管的使用寿命。

④ 取拿比色皿时，手指只能捏住比色皿的毛玻璃面，而不能碰比色皿的光学表面。

⑤ 比色皿不能用碱溶液或氧化性强的洗涤液洗涤，也不能用毛刷清洗。比色皿外壁附着的水或溶液应用擦镜纸或吸水纸吸干，不要擦拭，以免损伤它的光学表面。

6.2.5.2 752型紫外-可见分光光度计及使用

(1) 仪器特点。采用低杂散光、高分辨率的单光束 C-T 光路结构单色器，具有低杂散光、高稳定性和高测量精度。采用最新微处理技术，使仪器具有自动设置 0%T 和 100%T、波长自动设置、滤色片自动切换、光源自动切换，同时还具有防止使用者误操作功能，使用时无后顾之忧。

(2) 752 紫外可见分光光度计主要技术参数和规格

波长范围：200～1000nm，可扩展至 190～1100nm。

波长准确度：±2nm。

波长重复性：≤1.0nm。

透射比测量范围：-1.0～200.0%T。

吸光度测量范围：-0.5～3.000A。

透射比准确度：±0.5%T。

透射比重复性：≤0.2%T。

杂光：≤0.5%T。

光谱带宽：4nm。

数据输出：USB 端口、LPT 并行打印口。

软件支持：UV-Solution 工作站软件（选配）。

(3) 752 型紫外-可见分光光度计的操作方法

① 仪器启动和系统自检：接通电源，打开仪器开机开关，仪器显示初始界面，在显示初始界面几秒钟后，仪器进入自检状态，共自检九项内容，如果任一项自检出错，系统会鸣叫报警同时显示错误项，用户可按任意键继续自检下一项。自检过程中不能打开样品室门。仪器初始化结束后进入光度测量界面。在此功能下，可进行固定波长下吸光度或透过率的测量和打印。

② 系统设定：在此功能下，可设定仪器的工作参数，如［显示模式］、［浓度因子］、［删除数据］、［预设工作波长］、［氘灯］、［钨灯］、［暗电流校正］、［波长校正］、［输入换灯波长］、［恢复出厂设置］以及［版本信息］等。

在光度测量界面下，按【SET】键进入［系统设定］，然后按【▲】键和【▼】键选择相应的选项，按【ENTER】键即可进入到相应的选项。

a. 显示模式：在系统设定界面下，按翻页键将光标移动到［显示模式］选项，按【ENTER】键即进入显示模式设定界面。可用【▲】键和【▼】键将光标移动到开或关上，按【ENTER】键即可进入。

操作小技巧：在选中能量模式后，可以使用【▲】键和【▼】键，手动选择不同的能量增益倍数查看当前的能量值。

b. 预设工作波长：在系统设定界面下，按【▲】键和【▼】键将光标移动到［预设工作波长］选项，按【ENTER】键即进入预设工作波长界面。用【▲】键和【▼】键将光标移动到所要预设的单个工作波长上，按【ENTER】键即可进入单个工作波长设定界面。在界面的底部提示信息处用【▲】键和【▼】键输入常用波长，输入完后按【ENTER】键确认并返回上一级界面。

c. 设定工作波长

（a）利用预设的工作波长移动至需要的工作波长：在光度测量界面下，按【▲】键和【▼】键进入设定工作波长界面，按【▲】键和【▼】键选择预设的工作波长，按【ENTER】键确认，仪器会自动移动至该波长处，此时按【RETURN】键返回光度测量界面。

仪器提供了多达 6 个工作波长的预先设定，可以方便快捷地移动波长。

（b）利用【GOTOλ】键移动至需要的工作波长：在光度测量界面下，按【GOTOλ】键可以进入波长设定界面。在界面的底部提示信息处用【▲】键和【▼】键输入波长，输入完后按【ENTER】键确认并返回光度。

操作小技巧：每按下【▲】键和【▼】键可以连续加减波长 0.1nm，持续按下时间超过 2s，连续加减波长 1nm，可以有效加快设定速度。

d. 氘灯：在系统设定界面下，按【▲】键和【▼】键将光标移动到［氘灯］选项，按【ENTER】键即进入氘灯开/关设定界面。

在氘灯开关设定界面下，可用【▲】键和【▼】键将光标移动到开或关上，按【ENTER】键即可控制氘灯的开、关。如果不进行任何动作，直接按【RETURN】键可返回到系统设定界面。

提示：当您不经常使用紫外区进行测量时，建议您在仪器初始化完毕以后关闭氘灯，以延长氘灯使用寿命。

e. 钨灯：在系统设定界面下，按【▲】键和【▼】键将光标移动到［钨灯］选项，按【ENTER】键进入钨灯开/关设定界面。

在钨灯设定界面下，可用【▲】键和【▼】键将光标移动到开或关上，按【ENTER】键即可控制钨灯的开、关。如果不进行任何操作，直接按【RETURN】键可返回到系统设定界面。

提示：当不使用可见区及近红外区进行测量时，建议在仪器初始化完毕以后关闭钨灯，以延长钨灯使用寿命。

f. 暗电流校正：暗电流主要是为了保证样品的测量结果更为准确，当仪器的使用环境发生改变（如温度、工作电压），在测量前需要进行暗电流的校正。

在系统设定界面下，按【▲】键和【▼】键将光标移动到［暗电流校正］选项上，按【ENTER】键即可进行暗电流校正，暗电流校正需等待一会儿，暗电流校正完毕后返回系统设定界面。

g. 波长校正：当你怀疑仪器的波长发生偏移时请使用此功能，在系统设定界面下，按【▲】键和【▼】键将光标移动到［波长校正］选项，按【ENTER】键系统将自动检测仪器内置氘灯 656.1nm 的特征波长来校正波长。检测过程大约是 2min。

注意：第一次使用该仪器请你务必使用此功能。

(4) 752 紫外-可见分光光度计的应用操作

① 测量样品的透射比或吸光度

a. 仪器开机、自检、预热。

b. 设定工作波长。

c. 将空白样和样品分别放入样品室比色皿架内。

d. 根据需要选择透过率或吸光度，并返回光度测量界面。

e. 按【ENTER】键进入测量结果显示界面，将参比溶液拉入光路中并按【ZERO】键进行空白校正。

f. 在测量结果显示界面下，将样品拉入光路中，再次按【ENTER】键在当前工作波长下对样品进行透过率或吸光度测量。

g. 按【PRINT】键进行打印。

② 利用浓度因子测量样品的浓度。

a. 仪器开机、自检、预热。

b. 设定工作波长。

c. 将空白和样品分别放入样品室比色皿架内。

d. 输入已知浓度因子，并返回光度测量界面。

e. 按【ENTER】键进入测量结果显示界面，将参比溶液拉入光路中并按【ZERO】键进行空白校正。

f. 在测量结果显示界面下，将样品拉入光路中，再次按【ENTER】键在当前工作波长下对样品进行透过率或吸光度测量。

g. 按【PRINT】键直接打印测量数据。
③ 已知标样浓度测量样品浓度
a. 仪器开机、自检、预热。
b. 设定工作波长。
c. 将空白、标样和样品室比色皿架内。
d. 按【ENTER】键进入测量结果显示界面，将参比溶液拉入光路中并按【ZERO】键进行空白校正。
e. 在测量结果显示界面下，将样品拉入光路中，再次按【ENTER】键在当前工作波长下对样品进行透过率或吸光度测量。
f. 按【PRINT】键直接打印测量数据。

技能训练6-3　邻二氮菲分光光度法测定微量铁

训练目标

1. 掌握邻二氮菲分光光度法测定微量铁的方法、原理。
2. 学会绘制吸收曲线、标准曲线的方法，会用标准曲线法测物质含量。
3. 掌握分光光度计的使用方法。

实验原理

邻二氮菲（1,10-二氮杂菲）也称邻菲罗啉，在pH2～9范围内（一般用HAc-NaAc缓冲溶液控制在5～6）能与Fe^{2+}生成稳定的橙红色配合物，在510nm有最大吸收，其摩尔吸光系数为$1.1×10^4 L/(mol·cm)$。Fe^{3+}与邻二氮菲作用生成蓝色配合物，稳定性较差，因此在实际测定中常加入还原剂盐酸羟胺（$NH_2OH·HCl$）使Fe^{3+}还原为Fe^{2+}：

$$2Fe^{3+} + 2NH_2OH·HCl = 2Fe^{2+} + N_2 + 4H^+ + 2H_2O + 2Cl^-$$

本方法的选择性很高，常见的金属离子在相当于含铁量5倍时均不干扰测定。

仪器及试剂

仪器：721型分光光度计；50mL容量瓶8个，100mL、500mL容量瓶各1个；10mL、5mL、2mL、1mL吸量管各1支；100mL、250mL、500mL烧杯各2支。

试剂：

① 铁标准储备溶液（100μg/mL）　准确称取0.4317g $NH_4Fe(SO_4)_2·12H_2O$于100mL烧杯中，加入10mL 6mol/L H_2SO_4和少量蒸馏水使其完全溶解后定量转移至500mL容量瓶中，然后加蒸馏水稀释至刻度，摇匀。

② 铁标准使用液（10μg/mL）　用10mL吸量管移取上述铁标准储备液10.00mL，置于100mL容量瓶中，加入2.0mL 6mol/L H_2SO_4，加蒸馏水稀释至刻度，摇匀。

③ 6mol/L H_2SO_4　100mL。

④ 10%盐酸羟胺（用时配制）　称取10g盐酸羟胺溶于100mL蒸馏水中。

⑤ 0.15%邻二氮菲溶液（用时配制）　称取1.5g邻二氮菲，用少量乙醇溶解后加蒸馏水至100mL。

⑥ HAc-NaAc缓冲溶液（pH=5）　500mL称取136g NaAc，加水使之溶解，再加入120mL冰醋酸，加水稀释至500mL。

⑦ 水样。

训练操作

1. 绘制吸收曲线

用吸量管吸取铁标准使用液（10μg/mL）5.0mL 放入 50mL 容量瓶中，加入 1mL 10%盐酸羟胺溶液、2.0mL 0.15%邻二氮菲溶液和 5mL HAc-NaAc 缓冲溶液，加蒸馏水稀释至刻度，充分摇匀，放置 5min，用 2cm 比色皿，以试剂溶液为参比液，在 440~560nm 波长范围内每隔 10nm 测一次 A 值。当临近最大吸收波长附近时应间隔波长 2nm 测一次 A 值。以波长为横坐标，所测 A 值为纵坐标，绘制吸收曲线，并找出最大吸收峰的波长。

波长(λ)									
吸收值(A)									

2. 标准曲线的绘制

用吸量管分别移取铁标准使用溶液（10μg/mL）0.0mL、1.0mL、2.0mL、4.0mL、6.0mL、8.0mL、10.0mL 依次放入 7 只 50mL 容量瓶中，分别加入 10%盐酸羟胺溶液 1mL，稍摇动，再加入 0.15%邻二氮菲溶液 2.0mL 及 5mL HAc-NaAc 缓冲溶液，加蒸馏水稀释至刻度，充分摇匀，放置 5min，用 2cm 比色皿，以试剂溶液为参比液，选择最大测定波长为测定波长，依次测 A 值。以铁的质量浓度为横坐标，A 值为纵坐标，绘制标准曲线。

标准溶液瓶号	1	2	3	4	5	6	7
标准溶液浓度/(μg/mL)							
吸收值(A)							

3. 水样分析

分别加入 5.00mL（或 10.00mL，铁含量以在标准曲线范围内为宜）未知试样溶液，按实验步骤 2 的方法显色后，在最大测定波长处，用 2cm 比色皿，以试剂溶液为参比液，平行测 A 值。求其平均值，在标准曲线上查出铁的质量，计算水样中铁的质量浓度。

吸收值(A)			
溶液浓度/(μg/mL)			
溶液平均浓度/(μg/mL)			

注意事项

1. 分光光度计使用前应开机预热 20min，并按仪器使用说明书检测调试仪器。
2. 吸收池应做配套性试验后方可使用。

操作思考

1. 邻二氮菲分光光度法测定微量铁时为什么要加入盐酸羟胺溶液？
2. 吸收曲线与标准曲线有何区别？在实际应用中有何意义？

技能训练 6-4　工业废水中挥发酚含量的测定

训练目标

掌握 4-氨基安替比林分光光度法测定水中挥发酚的原理和方法。

实验原理

酚类化合物在 pH 为 10.0 ± 0.2 的介质中，在有铁氰化钾存在的情况下，可与 4-氨基安替比林反应生成稳定的橙红色吲哚酚安替比林，其水溶液在 510nm 波长处有最大吸收。可用标准曲线法进行定量分析。

仪器及试剂

仪器：723 分光光度计；50mL 容量瓶，8 只/组；25mL、10mL、5mL、1mL 刻度吸管各 1 只/组；500mL 玻璃蒸馏装置 1 套。

试剂：

① 无酚蒸馏水。

② 苯酚标准储备液　称取 1.00g 无色苯酚（C_6H_5OH）溶于水，定量转移入 1000mL 棕色容量瓶中，用无酚蒸馏水稀释至标线。使用前标定。

③ 苯酚标准溶液　移取适量苯酚标准储备液，用水稀释至含苯酚 0.010mg/mL（使用当天现配）。

④ 4-氨基安替比林溶液（2%）　称取 2g 4-氨基安替比林（$C_{11}H_{13}N_3O$）溶于水，稀释至 100mL，置于棕色瓶中保存。

⑤ 铁氰化钾溶液（8%）　称取 8g 铁氰化钾 $K_3[Fe(CN)_6]$ 溶于水，稀释至 100mL。

⑥ 氨缓冲溶液（pH10）　称取 27g 氯化铵溶于 175mL 浓氨水中稀释至 500mL。

⑦ 磷酸溶液　量取 10mL 85%的磷酸用水稀释至 100mL。

⑧ 甲基橙指示剂溶液　称取 0.05g 甲基橙溶于 100mL 水中。

训练操作

1. 水样预处理

① 取 250mL 水样于蒸馏瓶中，加数粒沸石，加 3 滴甲基橙指示液，用磷酸溶液调节到溶液呈橙红色（pH=4），加 5mL 硫酸铜溶液。

② 连接冷凝器，加热蒸馏至蒸馏出约 225mL 时，停止加热，放冷。向蒸馏瓶中加入 25mL 水，继续蒸馏至馏出液为 250mL 为止。（整个蒸馏过程应保证在酸性条件下进行，可适当补酸或指示剂。）

2. 标准曲线的绘制

在 7 支 50mL 容量瓶中，分别加入 0mL、0.5mL、1.00mL、3.00mL、5.00mL、7.00mL、10.00mL 苯酚标准溶液，加 1mL 缓冲溶液，1mL 铁氰化钾溶液，1mL 4-氨基安替比林溶液，用无酚蒸馏水稀释至 50mL 标线后充分混匀。放置 10min 后，于 510nm 波长，用 2cm 比色皿，以水为参比，测量吸光度。以苯酚含量（mg/L）为横坐标，吸光值为纵坐标，绘制标准曲线。

浓度(c)							
吸收值(A)							

3. 水样的测定

取 25mL 水样放入 50mL 容量瓶中，加 1mL 缓冲溶液，1.0mL 铁氰化钾溶液，1.0mL 4-氨基安替比林溶液，用无酚蒸馏水稀释至 50mL 标线后充分混匀。用与绘制标准曲线相同的步骤测定吸光度。

4. 数据处理

在标准曲线查出水样中酚的含量。

吸收值(A)				
溶液浓度/($\mu g/mL$)				
溶液平均浓度/($\mu g/mL$)				

注意事项

1. 因工业废水中含较多的干扰成分，测定前应对水样做预处理。处理方法参阅《水和废水监测分析方法（第四版）》。

2. 本方法的最低检出浓度为 0.002mg/L，测定上限为 0.12mg/L。

操作思考

水样预处理蒸馏过程为什么要保证在酸性条件下进行？

技能训练 6-5　分光光度法测定维生素 C 和维生素 E

训练目标

掌握分光光度法测定双组分物质含量的方法和原理。

实验原理

维生素 C 与维生素 E 对紫外线均有吸收，且吸收曲线重叠互相有干扰，不能用在不同波长下分别测定的方法来测定各自的含量。根据朗伯-比尔定律吸光度有加和性的特点，选取两个波长 λ_1、λ_2 分别测样品的吸光值 $A^{C+E}_{\lambda_1}$ 和 $A^{C+E}_{\lambda_2}$ 则

$$A^{C+E}_{\lambda_1} = A^{C}_{\lambda_1} + A^{E}_{\lambda_1} = \varepsilon^{C}_{\lambda_1} C^{C}_X + \varepsilon^{E}_{\lambda_1} C^{E}_X$$

$$A^{C+E}_{\lambda_2} = A^{C}_{\lambda_2} + A^{E}_{\lambda_2} = \varepsilon^{C}_{\lambda_2} C^{C}_X + \varepsilon^{E}_{\lambda_2} C^{E}_X$$

解此联立方程可得：维生素 C 与维生素 E 的含量。

仪器及试剂

仪器：UV7502 紫外分光光度计、1cm 石英比色皿、50mL 容量瓶 9 只、1000mL 容量瓶 2 只、10mL 吸量管 2 只。

试剂：G.R. 级维生素 C、G.R. 级维生素 E、无水乙醇。

训练操作

1. 配制系列标准溶液

（1）配制维生素 C 系列标准溶液。称取 0.0132g 维生素 C 于 100mL 小烧杯中，加无水乙醇溶解，定量转移到 1000mL 容量瓶中，用无水乙醇稀释至标线，摇匀。此溶液浓度为

$7.50×10^{-5}$mol/L。分别吸取上述溶液 4.00mL、6.00mL、8.00mL、10.00mL 于 4 只干燥的 50mL 容量瓶中，用无水乙醇稀释至标线，摇匀。

（2）配制维生素 E 系列标准溶液。称取维生素 E 0.0488g 于 100mL 小烧杯中，加无水乙醇溶解，定量转移入 1000mL 容量瓶中，用无水乙醇稀释至标线，摇匀。此溶液浓度为 $1.13×10^{-4}$mol/L，分别吸取上述溶液 4.00mL、6.00mL、8.00mL、10.00mL 于 4 只干燥的 50mL 容量瓶中，用无水乙醇稀释至标线，摇匀。

2. 绘制吸收光谱曲线

以无水乙醇为参比，在 220~320nm 范围分别测定、绘制维生素 C 和维生素 E 的吸收光谱曲线，并确定入射光波长 λ_1 和 λ_2。

波长(λ)										
吸收值(A)										

3. 绘制工作曲线

以无水乙醇为参比，分别在 λ_1 和 λ_2 处测定维生素 C 和维生素 E 系列标准溶液的各个吸光度，以浓度 C 为横坐标，吸光度 A 为纵坐标分别绘制维生素 C 和维生素 E 的工作曲线。

标准溶液瓶号	1	2	3	4	5	6	7
标准溶液浓度/(μg/mL)							
吸收值(A)							

4. 样品的测定

取未知液 5.00mL 于 50mL 容量瓶中，用无水乙醇稀释至标线，摇匀。在 λ_1 和 λ_2 处分别测出吸光度 A_{λ_1} 和 A_{λ_2}。

5. 数据处理

① 由工作曲线分别求 $\varepsilon_{\lambda_1}^C$、$\varepsilon_{\lambda_2}^C$、$\varepsilon_{\lambda_1}^E$、$\varepsilon_{\lambda_2}^E$。

② 将 $\varepsilon_{\lambda_1}^C$、$\varepsilon_{\lambda_2}^C$、$\varepsilon_{\lambda_1}^E$、$\varepsilon_{\lambda_2}^E$ 代入联立方程求解；得维生素 C 与维生素 E 的含量。

注意事项

抗坏血酸会缓慢地氧化，所以必须每次实验时配制新鲜溶液。

操作思考

本实验是否可以不用解方程的办法直接用两个波长直接测出物质含量？

技能训练 6-6　苯及其衍生物的紫外吸收光谱的测绘

训练目标

1. 了解不同助色团对苯的紫外吸收光谱的影响。
2. 了解溶剂对紫外吸收光谱的影响。
3. 掌握紫外分光光度计的使用方法。

实验原理

比较未知物与纯的已知化合物的吸收光谱,如果两者一致,至少说明它们的生色团和分子母核是相同的。这为有机化合物的鉴定提供了有用的借鉴。但关键在吸收光谱必须是在相同条件(溶剂、浓度、pH 值、温度等)下绘制的。

苯环在 230~270nm 有其特征吸收带——带有特有精细结构的 B 吸收带,中心在 254nm 附近。但其最大吸收峰会随溶剂和苯环上取代基的不同而发生位移。通过测定、绘制不同芳烃在相同溶剂下的吸收曲线和相同芳烃在不同溶剂下的吸收曲线,了解助色团、溶剂对苯的紫外吸收光谱的影响。

仪器及试剂

仪器:UV7502 紫外分光光度计、1cm 石英比色皿。

试剂:苯(分析纯)、乙醇、正己烷、苯酚。

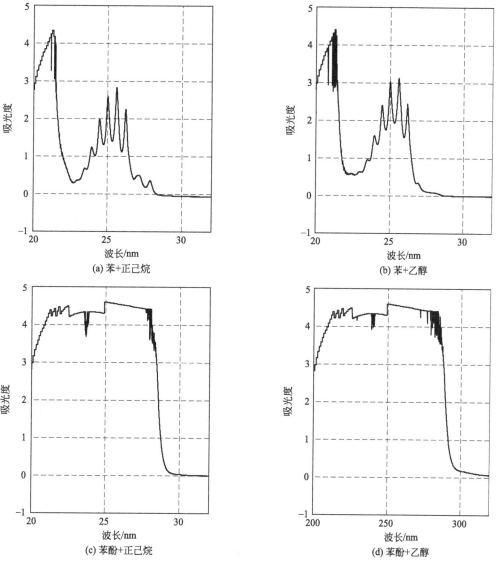

图 6-26 苯及其衍生物在不同溶剂中的吸光度

训练操作

1. 配制溶液

取 4 只 50mL 的容量瓶,分别标号为 1、2、3、4。在 1 号和 2 号容量瓶中分别加入 6 滴苯,3 号和 4 号容量瓶中分别加入 6 滴苯酚。然后在 1 号和 3 号容量瓶中再分别加入无水乙醇溶液,定容至 50mL。在 2 号和 4 号容量瓶中分别加入正己烷溶液,定容至 50mL。

2. 测定溶液

以环己烷为参比,从 220nm 至 320nm 对上述四种溶液分别进行波长扫描,并制作吸收光谱。

3. 分析图样

观察各吸收谱的图形,分析不同溶剂对苯的吸光度的影响,了解不同助色团对苯的紫外吸收光谱的影响。

实验分析结果

1. 结合图 6-26(a)、(b) 可得,苯在乙醇溶剂中的吸光度大于苯在正己烷溶剂中的吸光度。这是因为溶质和溶剂常形成氢键,或溶剂的偶极使溶质的极性增强,引起 $n \rightarrow \pi^*$ 及 $\pi \rightarrow \pi^*$ 吸收带的迁移。

2. 由图 6-26(c)、(d) 可得,此类峰形与前面图像的峰形差别很大,因此可以推断苯环侧链上的助色基团对其紫外吸收光谱有很大影响。

操作思考

1. 试样溶液浓度过大或过小,对测量有何影响?应如何调整?
2. 分子中哪类电子的跃迁将会产生紫外吸收光谱?

技能训练 6-7　紫外分光光度法测定饮料中的防腐剂

训练目标

1. 掌握紫外-可见分光光度法测定苯甲酸的方法和原理。
2. 掌握紫外分光光度计的使用方法。

实验原理

苯甲酸及其盐是饮料中常用的食品防腐剂。苯甲酸具有芳烃结构,在 225nm 处有最大吸收。通过测定样品在 225nm 的吸光度,利用标准曲线法可求出样品中苯甲酸的含量。

由于样品中其他的成分可能对测定产生干扰作用,因此一般需先将样品中的防腐剂与其他成分进行分离,然后再进行测定。常用的分离方法包括蒸馏法和萃取法等,本实验采用萃取法。先将样品酸化后,用乙醚将防腐剂品从样品中萃取出来。将乙醚蒸发后,剩下的萃取物用碱溶解,利用紫外分光光度计在 225nm 测样品的吸光度。

仪器及试剂

仪器:UV7502 紫外分光光度计,索氏抽提器,50mL、250mL、1000mL 容量瓶,10mL、5mL、1mL 吸量管。

试剂:

① 苯甲酸钠标准溶液：苯甲酸钠标准储备液（1.000g/L）：准确称量经过干燥的苯甲酸钠 1.000g（105℃干燥处理 2h）于 1000mL 容量瓶中，用适量的蒸馏水溶解后定容。

苯甲酸钠标准溶液（40mg/L）：准确移取苯甲酸钠储备液 10.00mL 于 250mL 容量瓶中，加入蒸馏水稀释定容。

② 无水乙醚。

③ HCl 溶液（6mol/L）、NaOH 溶液（1mol/L）、NaCl 溶液（5%）。

训练操作

1. 样品前处理

取 10mL 样品于 250mL 分液漏斗中，加入盐酸溶液 2mL 进行酸化，加 30mL 无水乙醚，振摇 1min，分离乙醚层。重复上述操作，萃取三次，将乙醚层合并于 250mL 分液漏斗中，每次用 5~10mL NaCl 溶液洗涤 2 次。然后用索氏抽提器回收乙醚，用 NaOH 溶液溶解萃取剩余物，定容至 100mL 备用。

2. 配制系列苯甲酸钠标准溶液

分别准确移取苯甲酸钠标准溶液 0.50mL、1.00mL、1.50mL、2.00mL 和 2.50mL 于 5 个 50mL 容量瓶中，用 0.01mol/L NaOH 溶液稀释定容。得到浓度分别为 0.4mg/L、0.8mg/L、1.2mg/L、1.6mg/L 和 2.0mg/L 的苯甲酸钠系列标准溶液。

3. 绘制吸收曲线、标准曲线

① 用 2.0mg/L 的苯甲酸钠标准溶液在 200~350nm 范围内以 0.01mol/L NaOH 溶液为参比测苯甲酸钠对不同波长光的吸收值，以波长为横坐标，吸光度 A 为纵坐标，绘制苯甲酸钠吸收曲线，找出 λ_{max}。

波长(λ)									
吸收值(A)									

② 在 λ_{max} 处分别测定五个苯甲酸钠标准溶液的吸光度 A_i，以浓度为横坐标，吸光度 A 为纵坐标，绘制苯甲酸钠标准曲线。

标准溶液瓶号	1	2	3	4	5	6
标准溶液浓度/(μg/mL)						
吸收值(A)						

4. 样品的测定

在 λ_{max} 处测定样品的吸光度 A_i，在标准曲线上查得样品中苯甲酸钠的含量。

注意事项

使用、回收乙醚应注意安全。

操作思考

紫外分光光度法与可见分光光度法测定物质含量的操作有何异同？

7 拓展训练项目

7.1 温度的测量及控制技术

7.1.1 温度计及其使用

最早的温度计是在1593年由意大利科学家伽利略（1564—1642年）发明的。后来其他科学家在此基础上反复改进，荷兰人华伦海特在1709年利用酒精，又在1714年利用水银作为测量物质，制造了更精确的温度计。他观察了水的沸腾温度、水和冰混合时的温度、盐水和冰混合时的温度；经过反复实验与核准，最后把一定浓度的盐水凝固时的温度定为0°F，把纯水凝固时的温度定为32°F，把标准大气压下水沸腾的温度定为212°F，用°F代表华氏温度，这就是华氏温度计。华氏温度计制成后又经过30多年，瑞典人摄尔修斯于1742年改进了华伦海特温度计的刻度，他把水的沸点定为0度，把水的冰点定为100度。后来他的同事施勒默尔把两个温度点的数值又倒过来（即沸点100度，冰点0度），就成了百分温度，即摄氏温度，用℃表示。华氏温度与摄氏温度的关系为°F=9/5℃+32，或℃=5/9(°F-32)。图7-1所示为温度计。

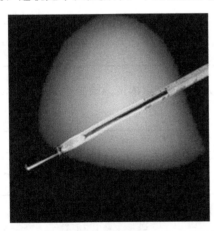

图7-1 温度计

温度的测量方式可分为两大类：接触式和非接触式。

接触式是利用两物体接触后，在足够长的时间内达到热平衡，两个互不平衡的物体温度相等，这样测量仪器就可以对物体进行温度的测量。

非接触式是利用热辐射原理，测量仪表的敏感元件不需要与被测物质接触，它常用于测量运动体和热容小或特高温度的场合。表7-1列出了各种温度计及工作原理。

实验室常用的是水银温度计，使用时应注意：

① 使用前应进行校验（可以采用标准液温、多支比较法进行校验或采用精度更高级的温度计校验）。

② 不允许超过该种温度计的最大刻度值的测量。

③ 以温度计有热惯性，应在温度计达到稳定状态后读数。读数时应在温度凸形弯月面的最高切线方向读取，目光直视。

④ 切不可用作搅拌棒。

⑤ 水银温度计应与被测工质流动方向相垂直或呈倾斜状。

表 7-1 温度计的分类及工作原理

温度计的分类			工作原理	常用测温范围/℃	主要特点
接触式测温仪表	膨胀式	液体膨胀式	利用液体(水银、酒精)或固体(双金属片)受热时产生膨胀的特性	-200～700	结构简单、价格低廉,一般只用作就地测量
		固体膨胀式			
	压力表式	气压式	利用封闭在一定容积中的气体、液体或某些液体的饱和蒸汽,受热时其体积或压力变化的性质	0～300	结构简单,具有防爆性,不怕震动,可作近距离传示;准确度低,滞后性大
		液压式			
		蒸气式			
	热电阻式	金属热电阻	利用导体或半导体受热其电阻值变化的性质	-200～850	准确度高,能远距离传送,适用于低、中温测量;体积较大,测点温较困难
		半导体热敏电阻		-100～300	
	热电偶式		利用物体的热电性质	0～1600	测温范围广,能远距离传送,适用于中、高温测量,需进行冷端温度补偿、在低温区测量准确度较低
非接触式测温仪表	光学式		利用物体辐射能随温度变化的性质	600～2000	适用于不能直接测温的场合,测温范围广,多用于高温测量;测量准确度受环境条件的影响,需对测量值修正后才能减小误差
	比色式				
	红外式				

⑥ 水银温度计常常发生水银柱断裂的情况,消除方法有:

a. 冷修法:将温度计的测温包插入干冰和酒精混合液中(温度不得超过-38℃)进行冷缩,使毛细管中的水银全部收缩到测温包中为止。

b. 热修法:将温度计缓慢插入温度略高于测量上限的恒温槽中,使水银断裂部分与整个水银柱连接起来,再缓慢取出温度计,在空气中逐渐冷至室温。

7.1.2 温度的控制

温度控制系统常用来保持温度恒定或者使温度按照某种规定的程序变化。在化工、石油、冶金等生产的物理过程和化学反应中,温度往往是一个很重要的量,需要准确地加以控制。除了这些部门之外,温度控制系统还广泛应用于其他领域,是用途很广的一类工业控制系统。

温度控制系统由被控对象、测量装置、调节器和执行机构等部分构成(图 7-2)。被控对象是一个装置或一个过程,它的温度是被控制量。测量装置对被控温度进行测量,并将测量值与给定值比较,若存在偏差便由调节器对偏差信号进行处理,再输送给执行机构来增加或减少供给被控对象的热量,使被控温度调节到设定值。

图 7-2 温度控制系统框图

恒温槽是能提供恒定温度的槽体,可分为恒温空气(通常称作恒温箱)、恒温液体(通常称作恒温槽)。由于恒温的液体温度范围不同,又分为低温恒温槽(一般是-40～100℃)、超级恒温槽(一般是室温～300℃)。又因为 100℃以上的液体介质不能用水而用油,通常又称为油槽。恒温槽的同名也有很多,比如恒温水油槽、恒温水浴锅、恒温水箱、恒温循环器、电热恒温水浴等等,它们一般都是通过电阻丝来加热、压缩机制冷,辅助配以温度调节控制器，恒定一个比较标准的温度，从而达到实验目的。

技能训练 7-1　恒温槽的安装和使用

💡 训练目标

1. 了解恒温槽的构造及恒温原理，初步掌握其装配和调试的基本技术。
2. 绘制恒温槽灵敏度曲线。
3. 掌握贝克曼温度计的基本测量原理和使用方法。

💡 实验原理

恒温槽是实验工作中常用的一种以液体为介质的恒温装置。用液体作介质的优点是热容大和导热性好，从而使温度控制的稳定性和灵敏度大为提高。根据温度控制的范围，可采用下列液体介质：$-60\sim30℃$时，乙醇或乙醇水溶液；$0\sim90℃$时，水；$80\sim160℃$时，甘油或甘油水溶液；$70\sim200℃$时，液体石蜡、汽缸润滑油、硅油。

如图 7-3 所示，恒温槽通常由下列构件组成。

1. 槽体

如果控制的温度同室温相差不是太大，用敞口大玻璃缸作为槽体是比较满意的。对于较高和较低温度，则应考虑保温问题。具有循环泵的超级恒温槽，有时仅作供给恒温液体之用，而实验则在另一工作槽中进行。

2. 加热器及冷却器

如果要求恒温的温度高于室温，则须不断向槽中供给热量以补偿其向四周散失的热量；如恒温的温度低于室温，则须不断从恒温槽取走热量，以抵偿环境向槽中的传热。在前一种情况下，通常采用电加热器间歇加热来实现恒温控制。对电加热器的要求是热容小、导热性好，功率适当。选择加热器的功率最好能使加热和停止的时间约各占一半。

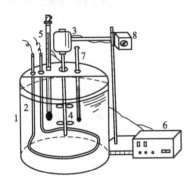

图 7-3　常温恒温槽构件组成
1—浴槽；2—加热器；3—电动机；
4—搅拌器；5—电接点水银温度计；
6—晶体管或电子管继电器；
7—1/10℃水银定温计；
8—调速变压器

3. 温度调节器

温度调节器的作用是当恒温槽的温度被加热或冷却到指定值时发出信号，命令执行机构停止加热或冷却；离开指定温度时则发出信号，命令执行机构继续工作。

目前普遍使用的温度调节器是汞定温计（接点温计）。它与汞温度计不同之处在于毛细管中悬有一根可上下移动的金属丝，金属丝再与温度控制系统连接。

4. 温度控制器

温度控制器常由继电器和控制电路组成，故又称电子继电器。从汞定温计传来的信号，经控制电路放大后，推动继电器去开关电热器。

5. 搅拌器

加强液体介质的搅拌，对保证恒温槽温度均匀起着非常重要的作用。

一个优良的恒温槽应满足的基本条件是：①定温计灵敏度高；②搅拌强烈而均匀；③加热器导热良好而且功率适当；④搅拌器、汞定温计和加热器相互接近，使被加热的液体能立即搅拌均匀并流经定温计及时进行温度控制。

仪器及试剂

仪器：玻璃缸 1 个、搅拌器 1 台、加热器 1 支、接触温度计（或感温元件）1 支、控温器 1 台、1/10℃温度计 1 支（以上组合）、贝克曼温度计 1 支。

训练操作

1. 将洁净水注入浴槽至容积的 2/3 处，开搅拌。
2. 设置恒温温度和回差，开加热开关，视情况放置在强弱挡。
3. 调贝克曼温度计，恒温时水银柱在刻度 2.5 左右，并安放在恒温槽中。
4. 恒温槽灵敏度的测定：每 30s 记录一次温度。
5. 改变恒温的温度重复上述操作。
6. 记录温度随时间的变化值，以时间作为横坐标，实际温度与设定温度的温差作为纵坐标，绘制恒温槽灵敏度曲线。
7. 实验完毕后，关闭电源，整理实验台。

数据记录及处理

1. 记录反应温度、大气压等常规物理量。
2. 恒温槽实验数据记录（表 7-2）。
3. 以时间为横坐标，温度为纵坐标作图，分析实验结果。

表 7-2 恒温槽的温度变化

时间/min	0.5	1	1.5	2	2.5	3	3.5	4	4.5	5	5.5	6	6.5	7
温度/℃														
时间/min	7.5	8	8.5	9	9.5	10	10.5	11	11.5	12	12.5	13	13.5	14
温度/℃														

注意事项

1. 设置恒温温度时，首先应略低于所需温度处，然后慢慢升至所需温度。
2. 恒温时不能以接触温度计的刻度为依据，也不能以控温器的温度显示器为依据，必须以恒温槽中 1/10℃温度计为准。
3. 注意调节搅拌速度和转换加热器功率（加热时大功率，恒温时小功率）。
4. 贝克曼温度计属于较贵重的玻璃仪器，并且毛细管较长易于损坏。所以在使用时必须十分小心，不能随便放置，一般应安装在仪器上或调节时握在手中，用毕应放置在盒中。
5. 调节时，注意不可骤冷骤热，以防止温度计破裂。另外操作时动作不可过大，并与实验台要有一定距离，以免触到实验台上损坏温度计。
6. 在调节时，如温度计下部水银球的水银与上部储槽中的水银始终不能相接时，应停下来，检查一下原因。不可一味对温度计升温，致使下部水银过多的导入上部储槽中。

训练思考

1. 对于提高恒温槽的灵敏度可以从哪些方面进行改进？

2. 如果所需恒定的温度低于室温,如何装备恒温槽?

7.2 压力的测量技术

7.2.1 压力的作用

在工业自动化控制、农业基础建设、建筑、国防以及科学研究的广大领域内,都需要进行压力测量和控制。因此需要选用正确的压力仪器、仪表来观测和控制压力的大小、变化,以便保证生产、生活和科研工作能够安全顺利地进行。在各类测量器具中,各种压力仪器仪表是属于量大面广的测量器具,它在国民经济的各个领域内都有着非常广泛的应用。例如:在水利建设中,从筑坝拦水到抽水灌溉,都需用压力仪表来进行测量和控制。在气象工作中,为进行气象条件的分析和天气预报,更是把大气压力的测量数据作为主要的依据之一。在现代工业生产过程中,压力是一个非常重要的参数,它决定了生产过程能否正常进行,压力与温度、流量、液位一起并称为工业自动化控制的四大要素。例如在合成氨生产中,氢气与氮气在合成塔内合成,压力是决定这个化学反应的主要因素之一,它既影响物料平衡关系,也影响化学反应速率,所以必须严格遵守工艺操作条件,保持一定的压力,才能确保生产正常地进行。

7.2.2 压力的表示方法

压力有两种表示方法:一种是以绝对真空作为基准所表示的压力,称为绝对压力;另一种是以大气压力作为基准所表示的压力,称为相对压力。由于大多数测压仪表所测得的压力都是相对压力,故相对压力也称表压力。绝对压力小于大气压力时,可用容器内的绝对压力不足一个大气压的数值来表示。称为"真空度"。它们的关系如图 7-4 所示。

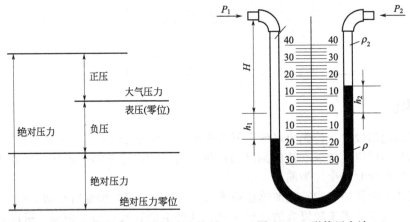

图 7-4 正压、负压、绝对压力、相对压力的关系   图 7-5 U 形管压力计

$$绝对压力 = 大气压力 + 相对压力$$
$$真空度 = 大气压力 - 绝对压力$$

我国法定的压力单位是 $Pa(N/m^2)$,称为帕斯卡,简称帕。由于此单位太小,因此常采用它的 10^6 倍单位 MPa(兆帕)。

7.2.3 常用压力计

常用的压力计有 U 形管压力计、波纹管压力计。

7.2.3.1 U形管压力计

U形管压力计实物如图7-5所示。

它是一根U形玻璃管，在U形管中间装有刻度标尺，读数的零点在标尺的中央，管内充液体到零点处。管一端通过接头与被测介质相接通，管另一端则通大气。当被测介质的压力 P_x 大于大气压时，管中的工作液体液面下降，而管另一端中的工作液体液面上升，一直到两液面差的高度 h 产生的压力与被测压力相平衡时为止。

在U形管压力计中很难保证两管的直径完全一致，因而在确定液柱高度 h 时，必须同时读出两管的液面高度，否则就可能造成较大的测量误差。

U形管压力计的测量范围一般为 $0\sim\pm800\text{mmH}_2\text{O}$ 或 mmHg，精度为1级，可测表压、真空度、差压以及作校验流量计的标准差压计。其特点是零位刻度在刻度板中间，使用前无须调零，液柱高度须两次读数。

7.2.3.2 波纹管压力计

用波纹管作为感受压力的敏感元件的压力计叫作波纹管压力计。

波纹管又称皱纹箱，它是一种表面上有许多同心环状波形皱纹的薄壁圆管，常见的如图7-6所示。

 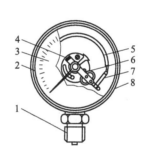

图7-6 波纹管压力计
1—接头；2—衬圈；3—度盘；4—指针；5—弹簧管；
6—传动机构（机芯）；7—连杆；8—表壳

波纹管可以分成单层的和多层的。在总的厚度相同的条件下，多层波纹管的内部应力小，能承受更高的压力，耐久性也有所增加。由于各层间的摩擦，使多层波纹管的滞后误差加大。

在压力或轴向力的作用下，波纹管将伸长或缩短，由于它在轴向容易变形，所以灵敏度较高。当波纹管作为压力敏感元件时，将波纹管开口的一个端面焊接于固定的基座上，压力由此传至管内，在压力差的作用下，波纹管伸长或压缩一直到压力为弹性力平衡时为止，这时管的自由端就产生一定位移，通过传动放大机构后，使指针转动。管的自由端的位移与所测压力成正比。

波纹管对于低压力比弹簧管和膜片灵敏得多，而且所能产生用以转动指针或记录笔的力也有增大，其缺点是迟滞值太大（5%～6%），因而在用作压力敏感元件时，常和刚度比它大五六倍的弹簧一起使用，这样可使迟滞值减少至1%。

实验室常用福丁式气压计，福丁气压表的原理是一根一端封闭的玻璃管，管内装满水银，开口的一端垂直插入水银槽中，玻璃管中的水银在受重力作用下平衡时，水银柱的高度则表示大气的压力。作为气象站、工矿企业、科研单位、计量部门及各大专院校测量大气压力之用，其精度和稳定性都优于其他压力仪表。

福丁气压表主要由感应部分、刻度部分和附属温度表等组成，感应部分包括水银、玻璃球内管和水银槽。刻度部分由标尺、游标尺和象牙针等组成。利用游标尺,可以使得气压的读数分辨到标尺刻度的十分之一,即 0.1mmHg 或是 0.01kPa。附属温度表主要用于测定气压表的表温,以便对气压表的测量结果进行温度订正。

福丁气压表的主要特点是标尺上有一个固定的零点,即象牙针尖所处的位置。每次读数时,均须将水银槽中的水银面调整到这个零点处,然后读出水银槽顶的刻度。

福丁气压表的操作如下:
① 调整使气压计垂直悬挂。
② 调节底部螺旋,使汞面恰与象牙针接触。
③ 调节游标螺旋,使游标前后边缘与汞凸面的最高点三者处于同一水平面上。
④ 读数。
⑤ 读出压力计的温度值。
⑥ 调节底部螺旋,使汞槽中汞面与象牙针尖脱离。

7.3 物质物理常数的测定

7.3.1 密度的测定

在某一温度下,某种物质单位体积的质量,即称为该物质的密度。

$$\rho = m/V$$

其中,m 为该物质的质量;V 为该物质的体积。

对于规则物体,很容易就能测得它的体积 V 和质量 m,但是对于不规则物体其体积较难测得,一般常采用阿基米德原理法测量。

一般来说,不论什么物质,也不管它处于什么状态,随着温度、压力的变化,体积或密度也会发生相应的变化。联系温度 T、压力 p 和密度 ρ(或体积)三个物理量的关系式称为状态方程。气体的体积随它受到的压力和所处的温度而有显著的变化。

固态或液态物质的密度,在温度和压力变化时,只发生很小的变化。例如在 0℃ 附近,各种金属的温度系数(温度升高 1℃ 时,物体体积的变化率)大多在 10~9 左右。

液体和固体的密度受压力的影响极小,因此在测定其密度时通常不考虑压力的影响。密度的测定,包括气体、液体和固体密度的测定。本节主要介绍液体密度的测定方法,其常用的测定方法有密度瓶法、韦氏天平法和密度计法。

7.3.1.1 密度瓶法

密度瓶法可用于测定非挥发性液体的密度。

(1) 测定原理。在 20℃ 时,分别测定充满同一密度瓶的水及试样的质量,由水的质量及密度可以确定密度瓶的容积即试样的体积,由此可计算试样的密度。

即
$$V = \frac{m_\text{水}}{\rho_0} \qquad \rho = \frac{m_\text{样}}{m_\text{水}} \rho_0$$

式中 $m_\text{样}$——20℃ 时充满密度瓶的试样质量,g;
$m_\text{水}$——20℃ 时充满密度瓶的水的质量,g;
ρ_0——20℃ 时水的密度,g/cm³,$\rho_0 = 0.99820$ g/cm³。

由于是在空气中称取水和试样的质量的,必然受到空气浮力的影响。因此,必须按下式计算密度,以校正空气的浮力。

$$\rho = \frac{m_\text{样} + A}{m_\text{水} + A} \rho_0 \qquad A = \frac{m_\text{水}}{0.9970} \rho_0$$

式中 A——空气浮力校正值，即在空气中称量试样和蒸馏水比在真空中减轻的质量，g；

0.9970——ρ_0 与干燥空气在 0℃、101325Pa 时的密度（0.0012g/cm³）之差。

通常，A 值的影响很小，可以忽略。

(2) 测定仪器——密度瓶。密度瓶有各种形状和规格，常用的有球形的普通型密度瓶 [见图 7-7(a)] 和标准型密度瓶 [见图 7-7(b)]。标准型密度瓶是附有特制温度计、带有磨口帽的小支管的密度瓶。容积一般为 5mL、10mL、25mL 等。

(3) 测定方法

① 将密度瓶洗净并干燥，连同温度计及侧孔罩一起在分析天平上精确称量。

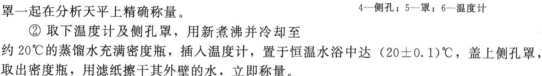

图 7-7 密度瓶
1—密度瓶主体；2—毛细管；3—侧管；
4—侧孔；5—罩；6—温度计

② 取下温度计及侧孔罩，用新煮沸并冷却至约 20℃的蒸馏水充满密度瓶，插入温度计，置于恒温水浴中达 (20±0.1)℃，盖上侧孔罩，取出密度瓶，用滤纸擦干其外壁的水，立即称量。

③ 将密度瓶中的水倒出，洗净并使之干燥，以试样代替蒸馏水重复②的操作。

④ 按前式计算试样的密度。

7.3.1.2 韦氏天平法

韦氏天平法适用于测定易挥发性液体的密度。

(1) 测定原理。韦氏天平法测定密度的基本依据是阿基米德定律，即当物体完全浸入液体时，它所受到的浮力或所减轻的质量等于该物体排开液体的质量。因此，在一定温度下 (20℃)，分别测出同一物体（玻璃浮锤）在水及试样中的浮力。由于浮锤排开水和试样的体积相同，而浮锤排开水的体积为：

$$V = \frac{m_\text{水}}{\rho_0}$$

试样的密度为：

$$\rho = \frac{m_\text{样}}{m_\text{水}} \rho_0$$

式中 ρ——试样在于 20℃时的密度，g/cm³；

$m_\text{样}$——浮锤浸于试样中时的浮力（骑码读数），g；

$m_\text{水}$——浮锤浸于水中时的浮力（骑码读数），g。

(2) 测定仪器——韦氏天平。韦氏天平的构造如图 7-8 所示。它主要由支架、横梁、玻璃浮锤及骑码组成。图 7-9 中，天平横梁 4 用支架支持在刀座 5 上，梁的两臂形状不同且不等长。长臂上刻有分度，末端有悬挂玻璃浮锤的钩环 7，短臂末端有指针，当两臂平衡时，指针应和固定指针 3 水平对齐。旋松支柱紧定螺母 2，可使支柱上下移动。支柱的下部有一个水平调整螺钉 11，横梁的左侧有水平调节器，它们可用于调节天平在空气中的平衡。

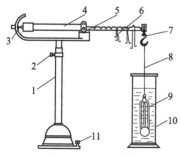

图 7-8 韦氏天平
1—支架；2—支柱紧定螺母；
3—指针；4—横梁；5—刀座；
6—骑码；7—钩环；8—细白金丝；
9—浮锤；10—玻璃筒；
11—水平调整螺钉

每台天平有两组骑码，每组有大小不同的四个骑码。最大骑码的质量等于浮锤在 20℃ 的水中所排开水的质量，其他骑码为最大骑码的 1/10、1/100、1/1000。四个骑码在各个位置上的读数如表 7-3 所示。

表 7-3　天平上骑码读数的确定

骑码位置	一号骑码	二号骑码	三号骑码	四号骑码
放在第十位时	1	0.1	0.01	0.001
放在第九位时	0.9	0.09	0.009	0.0009
…	…	…	…	…
放在第一位时	0.1	0.01	0.001	0.0001

例如一号骑码在第 8 位上，二号骑码在第 7 位上，三号骑码在第 6 位上，四号骑码在第 3 位上，则读数为 0.8763，见图 7-9。

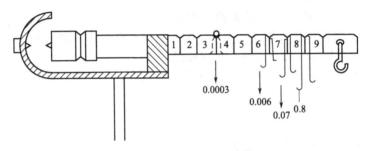

图 7-9　天平上骑码的读数

（3）测定方法

① 安装韦氏天平。将等重砝码挂于横梁右端小钩上，调整底座上的螺丝，使横梁与支架的指针尖相互对正，以示平衡。

② 取下等重砝码，换上玻璃浮锤，此时天平仍应保持平衡，允许误差应为±0.0005g，否则需作调节。

③ 在一玻璃圆筒中加入经煮沸并冷却至约 20℃ 的蒸馏水，将浮锤全部浸入其中。把量筒置于恒温水浴中，恒温至（20.0±0.1）℃，然后由大到小把骑码加在横梁 V 形槽上，使指针重新水平对正，记录骑码读数。

④ 将浮锤取出，清洗后干燥，用试样代替水重复③操作，记录骑码读数。

⑤ 按前式计算出试样的密度。

7.3.1.3　密度计法

密度计法测定密度快速、简便、直接读数，但准确度较差，且所需试样量较多。常用于测定精度要求不太高的工业生产中的液体密度的日常控制测定。

（1）测定原理。密度计法测定密度的依据是阿基米德定律。密度计上的刻度标尺越向上则表示密度越小。在测定密度较大的液体时，由于密度计排开液体的质量越大，所受到的浮力也就越大，故密度计就越向上浮。反之，液体的密度越小，密度计就越往下沉。由此根据密度计浮于液体的位置，可直接读出所测液体试样的密度。

（2）测定仪器——密度计。密度计是一支封口的玻璃管，中间部分较粗，内有空气，所以放在液体中可以浮起，下部装有小铅粒形成重锤，能使密度计直立于液体中，上部较细，管内有刻度标尺，可以直接读出密度值。如图 7-10 所示。

密度计都是成套的，一般每套有 7~14 支左右，每支只能测定一定范围的密度，使用时按试样的密度选择合适的密度计。

（3）测定方法

① 将待测试样注入清洁、干燥的玻璃量筒中，用手拿住洁净密度计的上端，轻轻地插入试样中，试样中不得有气泡，密度计不得接触量筒壁及量筒底，用手扶住使其缓缓上升。

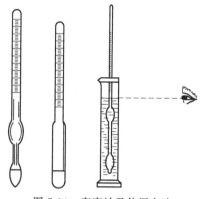

图 7-10　密度计及使用方法

② 密度计平稳后，水平观察，读取待测液弯月面上缘的读数即为该试样的密度，同时测量试样的温度。

技能训练 7-2　密度测定

训练目标

1. 掌握密度各种测定方法的原理和操作方法。
2. 能正确使用密度瓶、韦氏天平和密度计。
3. 进一步熟悉分析天平、恒温水浴的使用方法。

密度瓶法测密度

1. 仪器及试剂

仪器：密度瓶 25mL、恒温水浴、分析天平。

试剂：乙醚、乙醇（洗涤用）、苯甲醇（A.R.）或丙三醇（A.R.）。

2. 操作步骤

① 将恒温水浴接通电源，开启恒温水浴开关，将温度恒定在 (20 ± 0.1)℃。

② 将 25mL 密度瓶洗净并干燥，连同温度计及侧孔罩在分析天平上称取质量 m_0。

③ 用新煮沸并冷却至约 20℃的蒸馏水洗密度瓶 2~3 次，然后注满密度瓶，不得带入气泡。立即将密度瓶浸入恒温水浴中约 20min，至密度瓶温度达到 20℃，水不要没过磨口塞。取出密度瓶，用滤纸擦干其外壁上的水，立即称其质量 m_1。

④ 将密度瓶中的水倒出，烘干，冷却。用少量试样苯甲醇洗 2~3 次，并注满密度瓶。同步骤③恒温，称量质量 m_2。

3. 数据处理

用下式计算苯甲醇的密度：

$$\rho = \frac{m_2 - m_0}{m_1 - m_0} \times 0.99820$$

4. 注意事项

① 密度瓶中不得有气泡。

② 干燥时不能烘烤密度瓶。

③ 称量尽可能迅速，防止水和试样挥发而影响测定结果。
④ 严格控制温度，使其恒定在（20±0.1）℃。

韦氏天平法测定密度

1. 仪器及试剂
仪器：韦氏天平（PZ-A-5型）、恒温水浴、量筒（100mL）。
试剂：乙醇（A.R.）、三氯甲烷（A.R.）或乙醇（A.R.）。
2. 操作步骤
① 将恒温水浴接通电源，开启恒温水浴开关，将温度恒定在（20±0.1）℃范围内。
② 安装韦氏天平。先用等重砝码使天平平衡，再用玻璃浮锤使天平平衡，两者允许误差±0.005，否则需作调节。
③ 取100mL量筒一个，加入经煮沸并冷却至约20℃左右的蒸馏水100mL，用乙醇擦净浮锤，用蒸馏水洗2～3次，并全部浸入水中，不得带入气泡，浮锤不得与量筒壁或量筒底接触。把量筒置于恒温水浴中，恒温20min以上，然后由大到小把骑码加在横梁的V形槽上，使指针重新水平对齐，记录骑码读数 $m_{水}$。
④ 将玻璃浮锤取出，倒出量筒内的水，用乙醇洗涤后，用少量三氯甲烷洗2～3次。向量筒内注入试样三氯甲烷100mL，立即将浮锤全部浸入三氯甲烷中。同步骤③恒温，记录骑码读数 $m_{样}$。
3. 数据处理
三氯甲烷的密度：

$$\rho = \frac{m_{样}}{m_{水}} \times 0.99820$$

4. 注意事项
① 测定过程中，严格控制温度。
② 韦氏天平使用完毕后，应将骑码全部取下，当需移动天平时，应将横梁等零件取下，以免损坏刀口。
③ 取用玻璃浮锤时，必须十分小心，轻取轻放，一般右手用镊子夹住吊钩，左手垫绸布或清洁滤纸托住玻璃浮锤，以防损坏。
④ 定期进行清洁工作和计量性能检定。

密度计法测定密度

1. 仪器及试剂
仪器：密度计（一套）、量筒（100 mL）、温度计。
试剂：乙醇（A.R.）或丙酮（A.R.）。
2. 操作步骤
① 选择适当的密度计。
② 取100mL量筒，注入80～100mL试样乙醇，不得含有气泡。用手拿住密度计的上端，轻轻地插入乙醇中，密度计不得接触量筒壁及量筒底，用手扶住使其缓缓上升。
③ 待密度计停止摆动后，水平观察，读取密度计的读数，同时测量乙醇的温度。
3. 数据处理
密度计读数 ρ 即是试样乙醇的密度。
4. 注意事项
① 所用量筒应高于密度计，装入液体不要太满，能将密度计浮起即可。

② 密度计要缓慢放入液体中，以防密度计与量筒底相碰而受损。

> **操作思考**
>
> 1. 简述密度瓶法测定密度的原理？
> 2. 测定密度为什么要用恒温水浴？
> 3. 密度瓶中有气泡，会使测定结果偏高还是偏低？

7.3.2 熔点的测定

熔点是晶体物质受热由固态转变为液态时的温度。严格的定义应当是晶体物质在一定大气压下固-液平衡时的温度，此时，固液共存，蒸气压相等。晶体有熔点，而非晶体则没有熔点。

熔点是一种物质的一个物理性质。物质的熔点并不是固定不变的，有两个因素对熔点影响很大。一是压强，平时所说的物质的熔点，通常是指一个大气压时的情况；如果压强变化，熔点也要发生变化。熔点随压强的变化有两种不同的情况。对于大多数物质，熔化过程是体积变大的过程，当压强增大时，这些物质的熔点要升高；对于像水这样的物质，与大多数物质不同，冰熔化成水的过程体积要缩小（金属铋、锑等也是如此），当压强增大时冰的熔点要降低。另一个就是物质中的杂质，我们平时所说的物质的熔点，通常是指纯净的物质。但在现实生活中，大部分的物质都是含有其他物质的，比如在纯净的液态物质中溶有少量其他物质，或称为杂质，即使数量很少，物质的熔点也会有很大的变化，例如水中溶有盐，熔点就会明显下降，海水就是溶有盐的水，海水冬天结冰的温度比河水低，就是这个原因。饱和食盐水的熔点可下降到约－22℃，北方的城市在冬天下大雪时，常常往公路的积雪上撒盐，只要这时的温度高于－22℃，足够的盐总可以使冰雪熔化，这也是一个利用熔点在日常生活中的应用。

熔点的测定方法有毛细管法和显微熔点法等。毛细管法是最常用的熔点测定方法，它具有操作方便、装置简单的特点，因此应用广泛。

7.3.2.1 毛细管法测定原理

将试样研细装入毛细管，置于热浴中逐渐升温，观察毛细管中试样的熔化情况。当试样出现明显局部液化现象时的温度为初熔点，试样全部熔化时的温度为终熔点。记录初熔点的温度和终熔点的温度即为熔点范围（熔距）。

7.3.2.2 毛细管法测定仪器

毛细管法测定熔点的常用装置有双浴式和提勒管式两种，见图 7-11。

(1) 毛细管。熔点管是用中性硬质玻璃制成的毛细管，一端熔封，内径 0.9~1.1mm，壁厚 0.1~0.15mm，长度 80~100mm。

(2) 温度计。测量温度计为单球内标式，分度值为 0.1℃，并具有适当量程。辅助温度计为一般温度计，分度值为 1℃，且具有适当量程。

(3) 圆底烧瓶。容积为 250mL，球部直径 80mm，颈长 20~30mm，口径约 30mm。

(4) 试管。长度 100~110mm，口径约为 20mm。

(5) 热浴

① 提勒管热浴。提勒管的支管有利于载热体受热时在支管内产生对流循环，使得整个管内的载热体能保持相当均匀的温度分布。

② 双浴式热浴。采用双载热体加热，具有加热均匀、容易控制加热速度的优点，是目

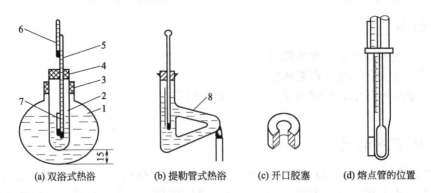

图 7-11 熔点测定装置
1—圆底烧瓶；2—试管；3,4—开口胶塞；5—温度计；
6—辅助温度计；7—毛细管；8—提勒管

前一般实验室最常用的熔点测定装置。

③ 载热体的选择。应选用沸点高于被测物质全熔温度，而且性能稳定、清澈透明、黏度小的液体作为载热体。常用载热体见表 7-4。

表 7-4 常见载热体的最高使用温度

载热体	最高使用温度/℃	载热体	最高使用温度/℃
液体石蜡	230	浓硫酸	220
甘油	230	有机硅油	350
石蜡	250～350	磷酸	300

有机硅油是无色透明、热稳定性较好的液体。具有对一般化学试剂稳定、无腐蚀性、闪点高、不易着火以及黏度变化不大等优点，故广泛使用。

7.3.2.3 校正温度计

实验室常用纯的有机化合物的熔点为标准来校正温度计刻度。其步骤为：选用数种已知熔点的纯有机物，用该温度计测定它们的熔点，以实测熔点温度作纵坐标，实测熔点与已知熔点的差值为横坐标，画出校正曲线，这样凡是用这只温度计测得的温度均可在曲线上找到校正数值。

技能训练 7-3　熔点测定

训练目标

1. 了解熔点测定的意义。
2. 掌握测定熔点的操作。

实验原理

利用化合物熔化时固液两相蒸气压一致时的温度就是该化合物熔点的原理。

仪器及试剂

仪器：熔点测定仪、酒精灯、温度计。
试剂：石蜡、苯甲酸、萘。

训练操作

1. 熔点管拉熔制（选作）
用内径为1mm，长约60～70mm一端封闭的毛细管作为熔点管。

2. 样品的填装
取0.1～0.2g样品，放在干净的表面皿上，用玻棒研成粉末，装入熔点管中，在一定高度自由落下几次，至高度2～3mm。
注意：①样品需研得很细；②装样品要迅速；③样品结实均匀无空隙。

3. 熔点测定
图7-12所示为熔点的测定装置。

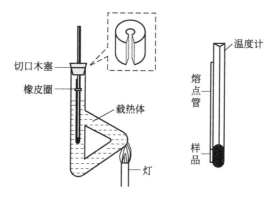

图7-12 熔点测定装置

① 先快速加热，测化合物大概熔点。
② 细测 测定前，先待热浴温度降至熔点约30℃以下，换一根样品管，慢慢加热，一开始5℃/min，当达到熔点下约15℃时，以1～2℃/min升温，接近熔点时，以0.2～0.3℃/min升温，当毛细管中样品开始塌落和有湿润现象，出现下滴液体时，表明样品已开始熔化，为始熔，记下温度，继续微热，至成透明液体，记下温度为全熔。
熔点测定，至少有两次重复的数据，每一次测定都必须更换新的熔点管（为什么？）。

4. 实验结束处理
把温度计放好，让其自然冷却至室温，用废纸擦去硫酸（石蜡），才可用水冲洗，浓硫酸冷却后，方可倒入瓶中。

注意事项

1. 熔点管必须洁净。如含有灰尘等，能产生4～10℃的误差。
2. 熔点管底未封好会产生漏管。
3. 样品粉碎要细，填装要实，否则产生空隙，不易传热，造成熔程变大。
4. 样品不干燥或含有杂质，会使熔点偏低，熔程变大。
5. 样品量太少不便观察，而且熔点偏低；太多会造成熔程变大，熔点偏高。

6. 升温速度应慢，让热传导有充分的时间。升温速度过快，熔点偏高。

7. 熔点管壁太厚，热传导时间长，会产生熔点偏高。

> **操作思考**

1. 若样品研磨的不细，对装样品有什么影响？对测定有机物的熔点数据是否可靠？

2. 加热的快慢为什么会影响熔点？在什么情况下加热可以快一些，而在什么情况下加热则要慢一些？

3. 是否可以使用第一次测定熔点时已经熔化了的有机化合物再做第二次测定呢？为什么？

7.3.3 沸点的测定

7.3.3.1 测定原理

沸腾是在一定温度下液体内部和表面同时发生的剧烈汽化现象。液体沸腾时的温度被称为沸点。浓度越高，沸点越高。沸点随外界压力变化而改变，压力低，沸点也低。

液体的分子由于分子运动有从表面逸出的倾向，这种倾向随着温度的升高而增大，进而在液面上部形成蒸气。当分子由液体逸出的速度与分子由蒸气中回到液体中的速度相等时，液面上的蒸气达到饱和，称为饱和蒸气。它对液面所施加的压力称为饱和蒸气压。实验证明，液体的蒸气压只与温度有关。即液体在一定温度下具有一定的蒸气压。

当液态物质受热时蒸气压增大，待蒸气压大到与大气压或所给压力相等时液体沸腾，这时的温度称为液体的沸点。

7.3.3.2 沸点的测定方法

测定沸点常用的方法有常量法（蒸馏法）和微量法（沸点管法）两种。常量法的具体装置和操作与蒸馏操作基本相同。

微量法测定沸点可采用如图 7-13 所示装置。沸点管由外管和内管两管组成，外管由长 7～8cm、内径 4～5mm 的玻璃管，将一端烧熔封口制得，内管由内径为 1mm 的毛细管，截取长为 5cm 左右，封其一端而成。测量时将内管开口向下插入外管中。

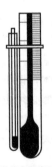
(a) 沸点管附着在温度计上的位置

(b) b形管测沸点装置

图 7-13 微量法测定沸点

取 3～4 滴待测样品滴入沸点管的外管中，将内管插入外管中，然后用小橡皮圈把沸点管附于温度计旁，再把该温度计的水银球位于 b 形管两支管中间，然后加热。加热时由于气体膨胀，内管中会有小气泡缓缓逸出，当温度升到比沸点稍高时，管内会有一连串的小气泡快速逸出，这时停止加热，使溶液自行冷却，气泡逸出的速度随即渐渐减慢。在最后一个气泡不再冒出并要缩回内管的瞬间，立刻记录温度，此时的温度即为该液体的沸点。

微量法测定沸点应注意几点问题：①加热不能过快，被测液体不宜太少，以防液体全部气化；②正式测定前，让毛细管里有大量气泡冒出，以此带出空气；③观察要仔细及时，并重复几次，其误差不得超过1℃。

技能训练 7-4　沸点测定

训练目标

1. 了解测定沸点的意义。
2. 掌握微量法测定沸点的原理和方法。

实验原理

利用气体平衡原理。

仪器及试剂

仪器：b形管、温度计、铁架台、沸点管。
试剂：液体石蜡、乙醇。

训练操作

采用微量法测定沸点：取一根内径2～4mm，长约8～9cm的玻璃管，用小火封闭其一端，作为沸点管的外管，放入欲测沸点的样品4～5滴，在此管中放入一根长约7～8cm，内径约1mm的上端封闭的毛细管，即开口处浸入样品中，与熔点测定装置相同，加热，由于气体膨胀，内管中有断断续续的小气泡冒出，到达样品沸点时，将出现一连串小气泡，此时应停止加热，使热浴温度下降，气泡逸出的速度即渐渐减慢，仔细观察，最后一个气泡出现而刚欲缩回到管内的瞬间温度即表示毛细管内液体蒸汽压与大气压平衡时的温度，亦是该液体的沸点。

操作思考

用微量法测定沸点，把最后一个气泡刚欲缩回至管内瞬间的温度作为该化合物的沸点，为什么？

7.3.4　凝固点的测定

凝固点是晶体物质凝固时的温度，不同晶体具有不同的凝固点。在一定压强下，任何晶体的凝固点与其熔点相同。同一种晶体，凝固点与压强有关。凝固时体积膨胀的晶体，凝固点随压强的增大而降低；凝固时体积缩小的晶体，凝固点随压强的增大而升高。在凝固过程中，液体转变为固体，同时放出热量。所以物质的温度高于熔点时将处于液态；低于熔点时，就处于固态。非晶体物质则无凝固点。

通常测凝固点的方法是将溶液逐渐冷却，但冷却到凝固点，并不析出晶体，往往成为过冷溶液。然后由于搅拌或加入晶种促使溶剂结晶，由结晶放出的凝固热，使体系温度回升，当放热与散热达到平衡时，温度不再改变。此固液两相共存的平衡温度即为溶液的凝固点。但过冷太厉害或寒剂温度过低，则凝固热抵偿不了散热，此时温度不能回升到凝固点，在温度低于凝固点时完全凝固，就得不到正确的凝固点。溶剂与溶液的冷却

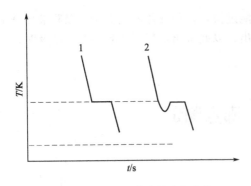

图 7-14 纯溶剂和溶液的冷却曲线
1—纯溶剂的冷却曲线；2—稀溶液的冷却曲线

曲线形状不同，对纯溶剂两相共存时，冷却曲线出现水平线段，其形状如图 7-14 中曲线 1 所示。对溶液两相共存时，温度仍可下降，但由于溶剂凝固时放出凝固热，使温度回升，但回升到最高点又开始下降，所以冷却曲线不出现水平线段，而斜率发生变化，如图 7-14 中曲线 2 所示。由于溶剂析出后，剩余溶液浓度变大，显然回升的最高温度不是原浓度溶液的凝固点，严格的做法应作冷却曲线，并按图 7-14 中曲线 2 中所示方法加以校正。但如果溶液过冷程度不大，析出固体溶剂的量很少，对原始溶液浓度影响不大，则以过冷回升的最高温度作为溶液的凝固点。

技能训练 7-5　凝固点的测定及物质摩尔质量的测定

💡 训练目标

1. 用凝固点降低法测定萘的摩尔质量。
2. 掌握溶液凝固点的测定技术。
3. 通过实验加深对稀溶液依数性的理解。

💡 实验原理

当稀溶液凝固析出纯固体溶剂时，则溶液的凝固点低于纯溶剂的凝固点，其降低值与溶液的质量摩尔浓度成正比。即

$$\Delta T = T_f^* - T_f = K_f b_B \tag{7-1}$$

式中，T_f^* 为纯溶剂的凝固点；T_f 为溶液的凝固点；b_B 为溶液中溶质 B 质量摩尔浓度。

若称取一定量的溶质 m_B(g) 和溶剂 m_A(g)，配成稀溶液，则此溶液的质量摩尔浓度为

$$b_B = \frac{1000 m_B}{M_B m_A} \tag{7-2}$$

式中，M_B 为溶质的分子量。将该式代入式(7-1)，整理得：

$$M_B = \frac{1000 K_f m_B}{\Delta T m_A} \tag{7-3}$$

若已知某溶剂的凝固点降低常数 K_f 值，通过实验测定此溶液的凝固点降低值 ΔT，即可计算溶质的分子量 M_B。

💡 实验装置

图 7-15 所示为凝固点测定装置。

💡 仪器及试剂

仪器：凝固点测定仪、电子温差仪、电子分析天平、25mL 移液管、洗耳球、滤纸、毛巾。

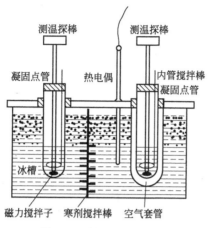

图 7-15 凝固点测定装置

试剂：环己烷、萘、冰块。

训练操作

1. 按说明书安装凝固点测定仪。
2. 调节寒剂的温度

取适量冰与水混合，使寒剂温度控制在 3~3.5℃左右，在实验过程中不断搅拌并不断补充碎冰，使寒剂保持此温度。

3. 溶剂凝固点的测定

用移液管向清洁、干燥的凝固点管内加入 25mL 环己烷，并记下环己烷的温度。

先将盛环己烷的凝固点管直接插入寒剂中，平稳搅拌使之冷却，当开始有晶体析出时放在空气套管中冷却，观察样品管的降温过程，当温度达到最低点后，又开始回升，回升到最高点后又开始下降。记录最高及最低点温度，此最高点温度即为环己烷的近似凝固点。

取出凝固点管，用手捂住管壁片刻，同时不断搅拌，使管中固体全部熔化，将凝固点管直接插入寒剂中使之冷却至比近似凝固点略高 0.5℃时，将凝固点管放在空气套管中，缓慢搅拌，使温度逐渐降低，当温度降至比近似凝固点低 0.2℃时，快速搅拌，待温度回升后，再改为缓慢搅拌。直到温度回升到稳定为止，记录最高及最低点温度，重复测定三次，三次平均值作为纯环己烷的凝固点。

4. 溶液凝固点的测定

取出凝固点管，如前将管中环己烷溶化，用分析天平精确称取萘（约 0.15g）加入凝固点管中，待全部溶解后，测定溶液的凝固点。测定方法与环己烷的相同，先测近似的凝固点，再精确测定，重复三次，取平均值。

5. 实验完成后，洗净样品管，关闭电源，倒掉冷却水，擦干搅拌器，整理实验台。

数据记录及处理

1. 将实验数据列入表 7-5 和表 7-6 中。

表 7-5 寒剂的温度

第一次	第二次	第三次	第四次	第五次

表 7-6　溶剂和溶液凝固点的测定

室温：_____　　大气压力：_____ Pa

物质	体积/质量	凝固点 T_f		凝固点降低值 $\Delta T = T_f^* - T_f$	萘的分子量 $M_B = 1000 K_f m_B / \Delta T m_A$
		测量值	平均值		
环己烷		1			
		2			
		3			
萘		1			
		2			
		3			

2. 由所得数据计算萘的分子量，并计算与理论值的相对误差。

注意事项

1. 搅拌速度的控制是做好本实验的关键，每次测定应按要求的速度搅拌，并且测溶剂与溶液凝固点时搅拌条件要完全一致。准确读取温度也是实验的关键所在，应读准至小数点后第三位。

2. 寒剂温度对实验结果也有很大影响，过高会导致冷却太慢，过低则测不出正确的凝固点。

3. 在测量过程中，析出的固体越少越好，以减少溶液浓度的变化，才能准确测定溶液的凝固点。若过冷太甚，溶剂凝固越多，溶液的浓度变化太大，使测量值偏低。在过程中可通过加速搅拌、控制过冷温度，加入晶种等控制过冷。

操作思考

1. 为什么凝固点测定仪中不能带入水分？
2. 为什么每次实验中过冷程度都要一致？
3. 根据什么原则考虑溶质的用量？其太多或太少有何影响？

7.3.5　黏度的测定

黏度是指液体对流动所表现的阻力，这种阻力反抗液体中相邻部分的相对移动，可看作由液体内部分子间的内摩擦而产生。

技能训练 7-6　毛细管黏度计法测定黏度

训练目标

1. 掌握用乌氏黏度计测定液体黏度的原理和方法。
2. 测定聚乙二醇-6000 的黏度。

实验原理

相距为 ds 的两液层以不同速率（v 和 $v+dv$）移动时，产生的流速梯度为 dv/ds。建立平稳流动时，维持一定流速所需要的力 f' 与液层接触面积 A 以及流速梯度 dv/ds 成正比：

$$f' = \eta A \frac{dv}{ds}$$

单位面积液体的黏滞阻力用 f 表示，$f = f'/A$，则：

$$f = \eta \frac{dv}{ds}$$

此式称为牛顿黏度定律表达式，比例常数 η 称为黏度系数，简称黏度，单位为 Pa·s。

如果液体是高聚物的稀溶液，则溶液的黏度反映了溶剂分子之间的内摩擦力、高聚物分子之间的内摩擦力、以及高聚物分子和溶剂分子之间的内摩擦力三部分。三者之和表现为溶液总的黏度 η。其中溶剂分子之间的内摩擦力所表现的黏度如用 η_0 表示的话，则由于溶液的黏度一般说来要比纯溶剂的黏度高，我们把两者之差的相对值称为增比黏度，记作 η_{sp}：

$$\eta_{sp} = (\eta - \eta_0)/\eta_0$$

溶液黏度与纯溶剂黏度之比称为相对黏度 η_r：

$$\eta_r = \eta/\eta_0$$

增比黏度表示了扣除溶剂内摩擦效应后的黏度，而相对黏度则表示整个溶液的行为。它们之间的关系为：

$$\eta_{sp} = \eta/\eta_0 - 1 = \eta_r - 1$$

高分子溶液的增比黏度一般随浓度的增加而增加。为了便于比较，将单位浓度下所显示出的增比黏度称为比浓黏度 η_{sp}/c。而将 $\ln\eta_r/c$ 称为比浓对数黏度。增比浓度与相对黏度均无量纲。

为消除高聚物分子之间的内摩擦效应，将溶液无限稀释，这时溶液所呈现的黏度行为基本上反映了高聚物分子与溶剂分子之间的内摩擦，这时的黏度称为特性黏度 $[\eta]$：

$$\lim_{c \to 0} \frac{\eta_{sp}}{c} = [\eta]$$

特性黏度与浓度无关，实验证明，在聚合物、溶剂、温度三者确定后，特性黏度的数值只与高聚物平均分子量有关，它们之间的半经验关系式为：

$$[\eta] = K \overline{M}^\alpha$$

式中，K 为比例系数；α 为与分子形状有关的经验常数。这两个参数都与温度、聚合物和溶剂性质有关，在一定范围内与分子量无关。

增比黏度与特性黏度之间的经验关系为：

$$\eta_{sp}/c = [\eta] + K_1[\eta]^2 c$$

而比浓对数黏度与特性黏度之间的关系也有类似的表述：

$$\ln\eta_r/c = [\eta] + \beta[\eta]^2 c$$

因此将增比黏度与溶液浓度之间的关系及比浓对数黏度与浓度之间的关系描绘于坐标系中时，两个关系均为直线，而且截距均为特性黏度。

高分子溶液在毛细管黏度计中因重力作用而流出时，遵守泊肃叶定律：

$$\frac{\eta}{\rho} = \frac{\pi h g r^4 t}{8lV} - \frac{mV}{8\pi lt}$$

式中，ρ 为液体密度；l 为毛细管长度；r 为毛细管半径；t 为流出时间；h 为流经毛细管液体的平均液柱高度；g 为重力加速度；V 为流经毛细管液体的体积；m 为与仪器几何形状有关的参数，当 $r/l \ll 1$ 时，取 $m=1$。

此式可改写为：

$$\eta/\rho = \alpha t - \frac{\beta}{t}$$

当 β 小于 1，t 大于 100s 时，第二项可忽略。对稀溶液，密度与溶剂密度近似相等，可以分别测定溶液和溶剂的流出时间，求算相对黏度 η_r：

$$\eta_r = \eta/\eta_0 = t/t_0$$

根据测定值可以进一步计算增比黏度（$\eta_r - 1$）、比浓黏度（η_{sp}/c）、比浓对数黏度（$\ln\eta_r/c$）。对一系列不同浓度的溶液进行测定，在坐标系里绘出比浓黏度和比浓对数黏度与浓度之间的关系，外推到 $c = 0$ 的点，此处的截距即为特性黏度。

仪器及试剂

仪器：乌氏黏度计、超级恒温槽、恒温瓶、天平、容量瓶、移液管、洗耳球、砂芯漏斗、秒表。

试剂：聚乙二醇等。

训练操作

1. 配制溶液

称取 1.2g 聚乙二醇于 50mL 烧杯中，加 30mL 蒸馏水，溶解后定容至 50mL 容量瓶中。用三号砂芯漏斗过滤至干燥的恒温瓶中。另取蒸馏水 50mL，过滤到另一恒温瓶中。将两恒温瓶接通恒温水浴，开启恒温水浴恒温于 25℃。

2. 测定溶液的流出时间

将预先干燥好的黏度计置于恒温水浴中，用移液管移取 10mL 溶液至黏度计中，尽量不要让溶液粘在管壁上，在恒温过程中，用溶液润洗毛细管，再测定小球中溶液在毛细管中流出的时间。平行测定三次，求平均值。

分别小心加入 2.0mL、3.0mL、5.0mL、10.0mL 蒸馏水，用吹气的方法混匀，并用该溶液润洗毛细管后，同样测定流出时间。每个浓度平行测定三次，取平均值。

将所测得的数据填入表 7-7 中。

表 7-7　不同液体流出时间

项目	时间 1	时间 2	时间 3	平均时间
原始溶液				
加 2mL 水				
加 3mL 水				
加 5mL 水				
加 10mL 水				
蒸馏水				

3. 测定溶剂的流出时间

将黏度计取出，倒去溶液，用已经恒温的蒸馏水洗涤黏度计，每次 2~3mL，润洗五到六次。注意要将黏度计的各个支管都洗干净。置于恒温槽后加 10mL 蒸馏水，测定流出时间。

4. 结束整理

将用过的黏度计洗净后用无水乙醇淋洗后倒置于裴氏夹上，使其自然晾干，或置于烘箱中烘干，备下组同学实验用。拆除恒温装置，清洗其他玻璃仪器。

数据记录及处理

根据称量值求原始液浓度，根据稀释方法求各溶液浓度，求时间平均值，由 t/t_0 求相对黏度，再求比浓黏度和比浓对数黏度。将所求数据分别填入表 7-8 中。

表 7-8 不同液体的黏度

项目	时间1	时间2	时间3	平均时间	浓度	相对黏度	比浓黏度	比浓对数黏度
原始溶液								
加 2mL 水								
加 3mL 水								
加 5mL 水								
加 10mL 水								
蒸馏水								

注：溶液浓度单位为 kg/dm^3，即 g/mL。

操作思考

1. 运动黏度与绝对黏度有何关系？
2. 何谓黏度？黏度有哪几种表示方法？其常用的测定方法有哪几种？
3. 为什么装入黏度计的试样不能有气泡？

7.3.6 饱和蒸汽压的测定

在密闭条件中，在一定温度下，与固体或液体处于相平衡的蒸气所具有的压强称为蒸气压。同一物质在不同温度下有不同的蒸气压，并随着温度的升高而增大。不同液体饱和蒸气压不同，溶质难溶时，纯溶剂的饱和蒸气压大于溶液的饱和蒸气压；对于同一物质，固态的饱和蒸气压小于液态的饱和蒸气压。

在30℃时，水的饱和蒸气压为 4132.982Pa，乙醇为 10532.438Pa。而在100℃时，水的饱和蒸气压增大到 101324.72Pa，乙醇为 222647.74Pa。饱和蒸气压是液体的一项重要物理性质，液体的沸点、液体混合物的相对挥发度等都与之有关。

技能训练 7-7 液体饱和蒸气压的测定

训练目标

1. 掌握用静态法测定液体在不同温度下的蒸气压的方法。
2. 掌握真空泵和恒温槽的使用。

实验原理

液体的蒸气压和温度之间的关系可用 Clausius-Clapeyron 方程表示：
$$\lg P[p] = -\Delta V_{vap}H_m/(2.303RT) + C$$

式中，P 为液体的蒸气压；$\Delta V_{vap}H_m$ 为温度在 $T(K)$ 时液体的摩尔蒸发热；T 为热力学温度；R 为 $8.314 J/(mol \cdot K)$。

因此，只要测得一系列不同温度下的蒸气压，然后作 $\lg P\text{-}T^{-1}$ 图，就可得到一条斜率为 $-\Delta_{vap}H_m/2.303R$ 的直线，从而求出在实验温度范围内的平均摩尔蒸发热。

本实验采用静态法以等压计在不同温度下测定乙醇的饱和蒸气压。在一定温度下，若等压计小球液面上方仅有被测物质的蒸气，那么U形管右支管液面上所受压力就是其

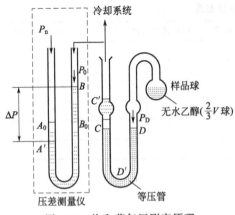

图 7-16 饱和蒸气压测定原理

蒸气压。当这个压力与 U 形管左支液面上的空气压力相平衡时（U 形管两臂液面齐平），就可从等压计相接的压差测量仪中测出此温度下的饱和蒸气压。图 7-16 所示为饱和蒸气压的测定原理。

仪器及试剂

仪器：等位计、恒温槽、冷阱、真空泵、不锈钢缓冲罐、精密数字压力表。

药品：乙醇（A.R.）。

仪器的安装与调试

1. 实验装置

图 7-17 所示为饱和蒸气压的装置。

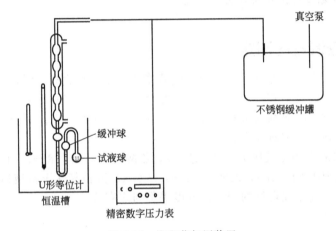

图 7-17 饱和蒸气压装置

2. 精密数字压力表的使用

(1) 预热。将开关置于标有 ON 位置，通电预热半小时后，方可进行实验，否则将影响实验精度。

(2) 调零。调节零点读数为 0.00，重复 2~3 次。

(3) 压力选择。将正负压力选择开关置于"负压"位置，测定时显示板显示值即为所测压力值（压力表读数单位为 kPa）。

(4) 关机。关机前应使测量系统与大气相通（开启进气活塞）后方可关机。

训练操作

1. 装样

从加样口注入乙醇，使乙醇充满试样球体积的三分之二和 U 形管双臂的大部分。按要求装好装置。

2. 测定

调节恒温槽温度为 293.2K，开动真空缓缓抽气，使试样球与 U 形压力表之间空间内的空气呈气泡状通过 U 形管中的液体而逐出。可发现气泡由慢到快再慢，后又变快，可关闭抽气活塞，缓缓打开进气活塞漏入空气使沸腾缓和。如此慢沸 3~4min，试样球中的空气排除后,关闭抽气活塞,小心开启进气活塞缓缓漏入空气,直至 U 形管两臂的液面等高为止,在压力表上读出压力值。重复操作一次,压力表上的读数与前一次相比两者差值应不大于 ±67Pa,此时即可认为试样球与 U 形管液面上的空间已全部为乙醇的蒸气所充满。如法测定 298.2K、303.2K、308.2K、313.2K、318.2K 及 323.2K 时乙醇的蒸气压。

测定过程中如不慎使空气倒灌入试样球,则需重新抽真空后方可继续测定。如升温过程中,U 形管中的液体发生暴沸,可漏入少量空气,以防止管内液体大量挥发而影响实验进行。

实验结束后,慢慢打开进气活塞,使压力表恢复零位。用虹吸法放掉恒温槽内的热水,关闭冷却水,将抽气活塞旋至与大气相通,拔去所有电源插头。

数据记录及处理

按表 7-9 记录实验数据。

表 7-9 无水乙醇饱和蒸气压的测定 $P_{大气压}=$

$t/℃$	20	25	30	35	40	45	50
T/K							
$P_{表}/kPa$							
$P(=P_0-P_{表})/hPa$							
$\lg(P/kPa)$							

绘制 $\lg P\text{-}T^{-1}$ 图,由其斜率求出实验温度区间内乙醇的平均摩尔蒸发热 $\Delta_{vap}H_m$。

文献值

表 7-10 列出了乙醇在不同温度下的蒸气压。

表 7-10 乙醇在不同温度下的蒸气压

温度 T/K	293.2	298.2	303.2	308.2	313.2	318.2	323.2
蒸气压 p/kPa	5.946	7.973	10.559	13.852	17.985	23.158	29.544

注:摘自 Jhon A. Dean 的 "Lange's Handbook of Chemistry",并按 1mmHg=1mmHg×(101.325kPa/760mmHg)=0.13332kPa 加以换算。293.2~323.2K 间的平均摩尔气化热 $\Delta_{vap}H_m=42.064$kJ/mol。

注意事项

1. 先开启冷却水,然后才能抽气。实验系统必须密闭,一定要仔细检漏。
2. 必须让等位仪 U 形管中的样液缓缓沸腾 3~4min 方可进行测定。
3. 升温时可预先漏入少许空气,以防止 U 形管中液体暴沸。
4. 液体的蒸气压与温度有关,所以测定过程中须严格控制温度。
5. 漏气必须缓慢,否则 U 形管中的液体将充入试样球中。
6. 开、停真空泵时必须严格按操作规程进行,但要缓慢,以防止因压力骤变而损坏压力表。

操作思考

1. 如何检查系统是否漏气?
2. 能否在升温加热的过程中检查漏气?

3. 体系中安置缓冲瓶的作用是什么?
4. 正常沸点和沸腾温度有何区别?

7.3.7 折射率的测定

7.3.7.1 实验原理

折射率是物质的一个重要物理常数。根据物质的折射率可以分析溶液的成分，检验物质的纯度，确定分子的结构及溶液的浓度。

当光束从介质Ⅰ进入介质Ⅱ时，由于光在两种介质中的传播速度不同，当光的传播方向与两种介质的界面不垂直时，它在界面处的传播方向就会发生改变，即发生折射现象，如图7-18所示。

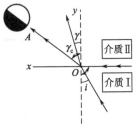

图7-18 光的折射

根据光的折射定律，入射角 i 和折射角 γ 的正弦之比和这两种介质的折射率 $n_Ⅱ$（介质Ⅱ）与 $n_Ⅰ$（介质Ⅰ）成反比，即

$$\frac{\sin i}{\sin \gamma} = \frac{n_Ⅱ}{n_Ⅰ}$$

当介质Ⅰ是真空时，因规定 $n_Ⅰ=1$，因此

$$n_Ⅱ = \frac{\sin i}{\sin \gamma}$$

此时的 $n_Ⅱ$ 称为绝对折射率。但在实际中，空气常作为入射介质，则 $n_Ⅰ=1.00027$（空气的绝对折射率）。则：

$$n_Ⅱ = \frac{\sin i}{\sin \gamma} \times 1.00027$$

此时的 $n_Ⅱ$ 称为某物质对空气的相对折射率。

若 $n_Ⅱ > n_Ⅰ$，则折射角 γ 恒小于入射角 i，当 i 增大到90°时，γ 也相应增大到最大值 γ_c。此时介质Ⅱ中由 Oy 到 OA 之间有光线通过，表现为亮区，而在 OA 到 Ox 之间则为暗区。γ_c 称为临界折射角，它决定了明暗两区分界线的位置。因 $\sin 90°=1$，则

$$n_Ⅰ = n_Ⅱ \sin \gamma_c$$

若介质Ⅱ的折射率 $n_Ⅱ$ 固定，则测定临界折射角后即可求出试样的折射率 $n_Ⅰ$，这就是临界折射现象。阿贝折射仪就是依据临界折射现象设计的。

折射率是物质的特性常数，它与物质的结构、入射光波长、温度和压力等因素有关。因大气压的变化对折射率影响极小，只有在很精密的测定中才考虑压力的影响。所以在表示折射率时，只需注明入射光波长和温度。国家标准规定以20℃为标准温度，以黄色钠光D线（$\lambda=589.3nm$）为标准光源，折射率用符号 n_D^{20} 表示。如水的折射率 $n_D^{20}=1.3330$。

7.3.7.2 仪器原理及组成

(1) 原理。物质的折射率是根据光折射定律、利用临界折射现象设计的阿贝折射仪进行测定的，阿贝折射仪具有如下优点。

① 用白光照明，但仪器经补偿后，使测得的折射率变成钠光D线测定时的实际折射率。

② 棱镜温度可以控制。

③ 测定时只需几滴试样。

(2) 组成。阿贝折射仪构造及外形如图7-19所示。

阿贝折射仪的主要部件是两块标准直角棱镜，上面一块是光滑的，下面一块是可以启闭的辅助棱镜，其斜面是磨砂的。两块压紧时，放入其间的液体分散成一层很均匀的薄膜。入

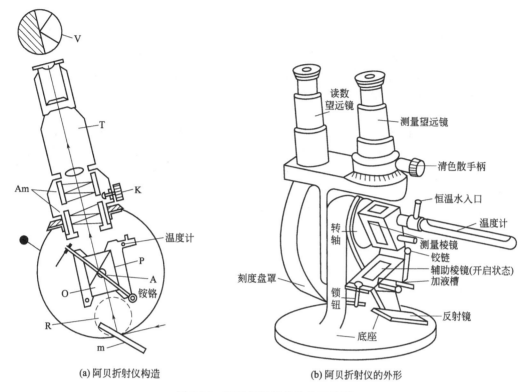

(a) 阿贝折射仪构造　　　　(b) 阿贝折射仪的外形

图 7-19　阿贝折射仪的构造及外形

射光由辅助棱镜射入，斜面磨砂可发生漫射，漫射的光透过液层而从各个方向进入主棱镜，以各个方向进入主棱镜的光线均产生折射，而其折射角都落在临界角之内。由于大于临界角的光被反射，可能进入主棱镜，所以在主棱镜上面望远镜的目镜视野中出现明暗两个区的视野与测量阈值。转动棱镜组转轴手轮，调节棱镜组的角度，直至视野里明暗分界线与十字线的交叉点重合为止。如图 7-20 所示。由于刻度盘与棱镜组是同轴的，可由其上读出临界角来。一般刻度盘有两行数字不写临界角，一行是用角度换算出的折射率 n_D，刻度范围 1.3000～1.7000，测量精确度可达±0.0001；另一行是工业上测量固体在水中的浓度，通常是糖溶液的浓度，其范围为 0～95%，相当于折射率为 1.333～1.531。

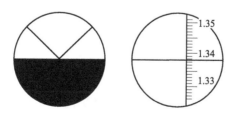

图 7-20　读数时目镜下的视野与测量值

光源为日光，日光通过棱镜时产生色散，旋转消色散手轮消除色散，使明暗分界线清晰，所得数值即相当于使用钠光 D 线的折射率。

此外还有恒温装置，望远镜筒上有一供校准仪器用的示值调节螺钉。

7.3.7.3　阿贝折射仪的使用方法

(1) 仪器的安装。将阿贝折射仪置于靠窗的桌上或普通的白炽灯前，但要避免阳光直射，以防液体试样迅速蒸发。用橡皮管将测量棱镜和辅助棱镜上保温夹套的进出水口与超级恒温水浴串接起来，恒温温度以折射仪上的温度计读数为准，一般为（20±0.1）℃。

(2) 加样。松开锁钮，开启辅助棱镜，使其磨砂的斜面处于水平位置，用滴管滴加少量乙醇，用擦镜纸擦洗镜面，以除去难挥发的沾污物。用滴管时注意勿使管尖触击镜面。待镜面干燥后，滴加数滴试样于辅助棱镜的毛镜面上，闭合辅助棱镜，旋紧锁钮。若试样易挥发，则可在二棱镜接近闭合时，从加液小槽中加入，然后闭合上棱镜，锁紧锁钮。

(3) 对光。转动手柄 R，使刻度盘标尺的示值为最小，调节反射镜，使入射光进入棱镜组，同时从测量望远镜中观察，使视场最明亮。再调节目镜，使视场十字线交点最清晰。

(4) 粗调。再次转动手柄 R，使刻度盘上的读数逐渐增大，直到观察到视场中出现彩色光带或黑白临界线为止。

(5) 消色。转动消色散手柄 K，使视场内呈现清晰的明暗临界线。

(6) 精调。转动手柄 R，使临界线正好处于 X 形准丝交点上，如此时又呈现微色散，必须重调消色手柄 K，使临界线明暗清晰。

(7) 读数。打开罩壳上方的小窗，使光线射入，然后从读数望远镜中读出标尺上相应示值。转动手轮，重复读取 3 次数值，3 个读数中任意两个之差不大于 0.0002，其平均值为该样品的折射率。

(8) 仪器的校正。用一已知折射率的标准液体（一般为纯水），按上述方法进行测定，将平均值与标准值比较，其差值即为校正值。

技能训练 7-8 折射率的测定

训练目标

1. 掌握阿贝折射仪测定物质折射率的原理及方法。
2. 掌握阿贝折射仪的使用和维护方法。

仪器及试剂

仪器：阿贝折射仪、超级恒温水浴、擦镜纸、滴瓶、橡皮管。
试剂：95％乙醇（A.R.）、丙酮（A.R.）、10％蔗糖溶液。

训练操作

1. 阿贝折射仪的安装与清洗

把折射仪放置在光线充足的位置，用橡皮管与超级恒温水浴连接，调节水的温度到（20±0.1）℃，分开两面棱镜，用数滴 95％乙醇清洗棱镜表面，用擦镜纸将乙醇吸干、干燥。

2. 校正

棱镜表面滴入数滴约 20℃的二次蒸馏水，立即闭合棱镜并旋紧，待棱镜温度计读数恢复到（20±0.1）℃时，调节棱镜转动手轮至读数盘读数为 1.3333，观察视场明暗分界线是否在十字线上（若视场有彩虹则转动消色手柄消除），如视场明暗分界线不在十字线上则调节示值调节螺钉，使明暗分界线在十字线上，取出示值调节螺钉，校正结束。

3. 测定

用 95％乙醇清洗棱镜表面，注入数滴 20℃的试样于棱镜表面，立即闭合棱镜并旋紧，使试样均匀，无气泡并充满视场，待棱镜温度计读数恢复到（20±0.1）℃时，调节棱镜转动手轮至视场分为明暗两部分，转动补偿器旋钮消除彩虹，并使明暗分界线清晰，继续调节棱镜转动手轮使明暗分界线在十字线上，记录读数，读准至小数点后第四位，轮流从一边再从另一边将分界线对准十字线上，重复观察和记录 3 次，读数的差值不得大于 0.0002，其平均值即为试样的折射率。测定糖含量时读浓度值。

注意事项

1. 测量时注意控制温度，严格控制在（20±0.1）℃内，否则折射率发生变化。
2. 折射率读数应估读至小数点后第四位。
3. 折射仪应放置于干燥、通风的室内，防止受潮，因为受潮后光学零件容易发霉。
4. 折射仪用完后必须做好清洁工作，并放入箱内，箱内应储有干燥剂，防止湿气及灰尘浸入。
5. 经常保持折射仪清洁，严禁油手或汗手触及光学零件。
6. 折射仪应避免强烈振动或撞击，以防止光学零件损坏及影响精度。
7. 不能测有腐蚀性的液态物质。
8. 使用完毕后，将金属套中的水放尽，拆下温度计。

操作思考

1. 有一瓶无水乙醇（A. R.），标签上所示折射率 $n_D^{20}=1.3611$，能否用它来校正折射仪？
2. 测定易挥发性液体时应如何操作？
3. 测定折射率时为何用超级恒温水浴？

7.3.8 旋光度的测定

7.3.8.1 实验原理

比旋光度是有机化合物的一个特征物理常数。通常是通过测定旋光性化合物的旋光度来计算化合物的比旋光度，从而可以进行定性鉴定化合物，也可以测定旋光性物质的纯度或溶液的浓度。

某些有机物，在其分子中有不对称结构，具有手性异构（对应异物）。偏振光通过这类化合物的溶液时，能使偏振光的振动方向（偏振面）发生旋转，这种特性称为物质的旋光性，此种化合物称为旋光性物质。当偏振光通过旋光性物质后，振动方向旋转一定角度即出现旋光现象。振动方向旋转的角度称为旋光度，用 $[\alpha]$ 表示。能使偏振光的振动方向向右（顺时针方向）旋转的叫作右旋，以（+）号或 D 表示；能使偏振光的振动方向向左（逆时针方向）旋转的叫作左旋，以（-）号或 L 表示。

光的波动学说指出，光是一种电磁波，是横波，即振动方向与前进方向相垂直。日光、灯光等都是自然光。当自然光通过一种特制的玻璃片（或塑料片）——偏振片或尼科尔棱镜时，透过的光线只限制在一个平面内振动，这种光称为偏振光，偏振光的振动平面叫作偏振面。自然光与偏振光如图 7-21 所示。

旋光度的测定原理见图 7-22。从光源（a）发出的自然光通过起偏镜（b），变为在单一方向上振动的偏振光，此偏振光通过盛有旋光性物质的旋光管（c）时，振动方向旋转了一

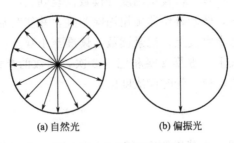

图 7-21 自然光与偏振光

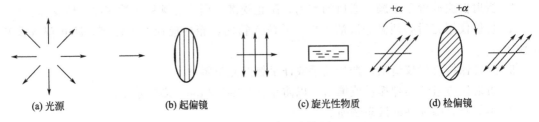

图 7-22 测定旋光度的原理

定的角度,因此调节附有刻度盘的检偏镜 (d),使最大量的光线通过,检偏镜所旋转的角度和方向显示在刻度盘上,即为实测的旋光度 a。

旋光度的大小主要取决于旋光性物质的分子结构,也与溶液的浓度、液层厚度、入射偏振光的波长、溶剂、测定时的温度等因素有关。由于旋光度的大小受诸多因素的影响,缺乏可比性。一般规定,以钠光 D 线为光源,在 20℃ 时,偏振光透过液层厚度为 1dm (10cm),其浓度为 1g/mL 的旋光性物质溶液时的旋光度,叫作比旋光度,用符号 $[a]_D^{20}(s)$ 表示(s 表示所用的溶剂)。它与上述各因素的关系可用下式表示。

纯液体的比旋光度:
$$[a]_D^{20} = \frac{a}{l\rho}$$

溶液的比旋光度:
$$[a]_D^{20} = \frac{a}{lc}$$

式中　a——测得的旋光度,°;
　　　ρ——液体在 20℃ 时的密度,g/mL;
　　　c——旋光性物质的质量浓度,g/mL;
　　　l——旋光管的长度(液层厚度),dm;
　　　20——测定时的温度,℃。

由此可见,比旋光度是旋光性物质在一定条件下的特征物理常数。按照一般方法测得旋光性物质的旋光度,根据上述公式计算实际的比旋光度,与文献上的标准比旋光度对照,以进行定性鉴定。也可用于测定旋光性物质的纯度或溶液的浓度。

$$c = \frac{a}{l[a]_D^{20}(s)} \qquad 纯度 = \frac{aV}{l[a]_D^{20}(s)m}$$

式中　V——溶液的体积,mL;
　　　m——试样的质量,g。

常见物质的比旋光度见表 7-11。

表 7-11 旋光性物质的比旋光度

旋光性物质	浓度 c	溶剂	比旋光度 $[\alpha]_D^{20}$
蔗糖	26	水	+66.53(26%,水)
葡萄糖	3.9	水	+52.7(3.9%,水)
果糖	4	水	−92.4(4%,水)
乳糖	4	水	+55.3(4%,水)
麦芽糖	4	水	+130.4(4%,水)
樟脑	1	乙醇	+41.4(1%,乙醇)

7.3.8.2 仪器与操作

（1）仪器。旋光仪的型号较多，常用的是国产的 WXG 型系列半荫式旋光仪，其外形和构造如图 7-23 和图 7-24 所示。

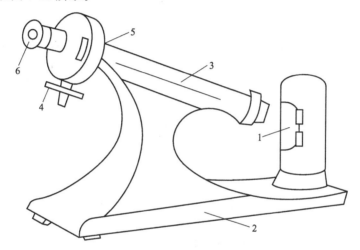

图 7-23　WXG-4 型旋光仪
1—钠光源；2—支座；3—旋光管；4—刻度转动手轮；5—刻度盘；6—目镜

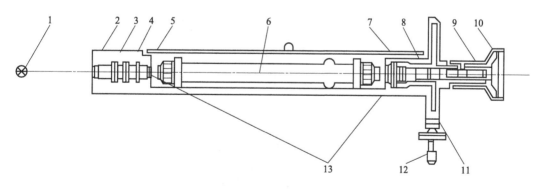

图 7-24　旋光仪的构造
1—钠光源；2—聚光镜；3—滤光镜；4—起偏镜；5—半荫片；6—旋光管；
7—检偏镜；8—物镜；9—目镜；10—放大镜；11—刻度盘；
12—刻度盘转动手轮；13—保护片

如图 7-24 所示，光源 1 发出的光投射到聚光镜 2、滤光镜 3、起偏镜 4 后，变成平面直线偏振光，再经半荫片 5，视场中出现了三分视场。旋光物质盛入旋光管 6 放入镜筒测定，由于溶液具有旋光性，故把平面偏振光旋转一定角度，通过检偏镜 7 起分解作用，从目镜 9 中观察，即能看到中间亮（或暗）、左右暗（或亮）的照度不等的三分视场，如图 7-25 中

（a）或（b）所示，转动刻度盘转动手轮 12，带动刻度盘 11 和检偏镜 7 觅得视场照度相一致为止。如图 7-25(c) 所示。然后从放大镜中读出刻度盘旋转的角度，即为试样的旋光度。

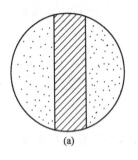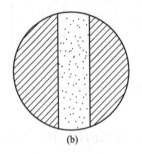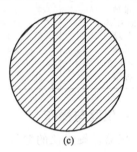

图 7-25　视场变化情况

（2）操作

① 接通电源，打开电源开关，待几分钟后钠光灯光源稳定后即可进行测定。

② 在旋光管中注满溶剂（蒸馏水或空气），放入镜筒中，调节目镜使视场明亮清晰，转动刻度盘手轮至视场三分视界消失，此时刻度盘读数记作零位，在以后各次测量读数中应加上或减去该数值。

③ 将旋光管中装入试样，用手指轻弹旋光管排除附于管壁的气泡至凸出部分，垫好橡皮圈，拧紧螺帽，擦干管外的水，放入镜筒中。重复步骤②操作。此时刻度盘上的读数即为试样的旋光度。

④ 旋光仪的读数方法　旋光仪的读数系统包括刻度盘及放大镜。仪器采用双游标读数，以消除刻度盘偏心差。刻度盘和检偏镜连在一起，由调节手轮控制，一起转动。检偏镜旋转的角度可以在刻度盘上读出，刻度盘分 360 格，每格 1°，游标分 20 格，等于刻度盘 19 格，用游标读数可读到 0.05。图 7-26 所示的读数为右旋 9.30°。

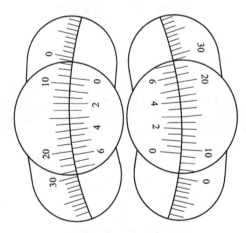

图 7-26　旋光仪刻度盘读数

技能训练 7-9　比旋光度的测定

训练目标

1. 掌握比旋光度的测定原理和测定方法。

2. 掌握旋光仪的使用方法。

3. 能熟练、准确地测定试样的旋光度。

仪器及试剂

仪器：WXG-4 型旋光仪、恒温水浴、容量瓶（100mL）、烧杯（150mL）、玻璃棒、分析天平、胶头滴管。

试剂：氨水（浓）（A.R.）、葡萄糖（A.R.）或蔗糖（A.R.）。

训练操作

1. 配制试样溶液

准确称取 10g（称准至 0.0001g）试样于 150mL 烧杯中，加入 50mL 蒸馏水溶解（若样品是葡萄糖需加 0.2mL 浓氨水），放置 30min 后，将溶液转入 100mL 容量瓶中，置于恒温水浴中恒温 20min，用 (20±0.5)℃ 的蒸馏水稀释至刻度，备用。

2. 旋光仪零点的校正

接通电源，开启电源开关，约 5min 后钠光灯稳定，进行校正零点。取一支长度适宜的旋光管，洗净后注满 (20±0.5)℃ 的蒸馏水，装上橡皮圈，旋紧两端的螺帽（不漏水为准），把旋光管内的气泡赶至旋光管的凸出部分，擦干管外的水。将旋光管放入镜筒内，调节目镜使视界明亮清晰，然后轻缓地转动刻度盘转动手轮至视界的三分视界消失，记下刻度盘读数，读准至 0.05。再旋转刻度盘转动手轮，使视界明暗分界后，再缓缓旋至视界的三分视界消失，如此重复操作 3 次，其平均值作为零点。

3. 试样的测定

将旋光管中的水倾出，用试样溶液洗涤旋光管 2～3 次，然后注满 (20+0.5)℃ 的试样溶液，装上橡皮圈，旋紧两端的螺帽，将气泡赶至旋光管的凸出部分，擦干管外的试液。重复步骤 2 的操作，测出试样的旋光度。

数据记录及处理

按下式计算试样的比旋光度。

$$[a]_D^{20} = \frac{a}{lc} \qquad a = a_1 - a_0$$

式中　a——经零点校正后试样的旋光度，°；

　　　a_1——试样的旋光度，°；

　　　a_0——零点校正值，°。

也可计算试样的纯度或溶液的浓度。

注意事项

1. 要控制测定时的温度，否则测定的旋光度会有误差。

2. 螺帽过紧，会使玻璃盖产生扭力，致使管内有空隙，影响旋光。

3. 如不知试样的旋光性时，应确定其旋光性方向后，再进行测定。此外，溶液必须清晰透明，如出现浑浊或有悬浮物时，必须处理成清液后测定。

4. 如零点校正为正值，试样是右旋性的，则 $a = a_1 - a_0$；试样是左旋性的，则 $a = a_1 + a_0$。如零点校正值为负值，试样是右旋性的，则 $a = a_1 + |a_0|$；试样是左旋性的，

则 $a = a_1 - |a_0|$。

5. 旋光仪应放在通风、干燥和温度适宜的地方，以免仪器受潮发霉。

6. 旋转刻度盘时必须极其缓慢，否则就观察不到视场亮度的变化，通常零点校正的绝对值在 1° 以内。

7. 旋光仪连续使用时间不宜超过 4h，长时间使用应用电风扇吹风或关闭 10～15min，减少钠光灯管受热程度，待冷却后再使用。

8. 旋光管用后要及时将溶液倒出，用蒸馏水洗涤擦净，擦干，所有镜片均不能用手直接擦，应用柔软绒布擦。

9. 旋光仪停用时，应将塑料套套上，放入干燥剂。装箱时，应按固定位置放入箱内并压紧。

操作思考

1. 旋光度的测定有何实际意义？
2. 旋光管内如有气泡，对测定有何影响？如何排除？
3. 若测定质量浓度为 0.05g/mL 的果糖溶液的旋光度，能否在配置好后立即测定？为什么？
4. 使用旋光仪应注意哪些事项？
5. 20℃ 时，用 2dm 的旋光管测得果糖溶液的旋光度为 $-18.00°$，其标准比旋光度为 $-90.00°$。试求此果糖溶液的浓度。
6. 称取一葡萄糖试样 11.0485g，配成 100.0mL 的溶液，用 20dm 的旋光管测得此试样可以使偏振光振动面偏转 $+11.5°$，则此葡萄糖的纯度为多少？

7.3.9 溶液电导率的测定

7.3.9.1 实验原理

溶液的电导率是物质的重要物理常数之一。测得溶液的电导率，可以求出弱电解质的电离度和电离常数、难溶盐的溶度积、解释一些生理现象、工厂工艺操作自动化的建立、环境监测，以及作为化合物纯度的判据等。

在电解质溶液中，因阴、阳离子的迁移，使电解质具有导电能力，其导电能力的大小可以用电导 G 和电导率 κ 表示。电导是电阻 R 的倒数，单位为西门子（S）；电导率是电阻率 ρ 的倒数，单位为 S/m。

将电解质溶液放入两平行电极之间，两电极间的距离为 $l(m)$，电极面积为 $A(m^2)$，则有

$$R = \rho \frac{l}{A} \qquad G = \frac{l}{R} = \frac{A}{\rho l} = \kappa \frac{A}{l} \qquad \kappa = G \frac{l}{A}$$

式中电导率 κ 的含义是：两极间距离为 lm，电极面积为 Am^2 的电解质溶液的电导。

电导池是用来测量溶液电导（电阻）值的专用设备，它是由两个电极组成的。对于一定的电导池而言，l/A 为一常数，称为电导池常数。由于电极面积和距离不能精确测量，电导池常数的测量，通常采用测定已知电导率溶液（常用 KCl 溶液）的电导，再求得电导池常数。标准 KCl 溶液在不同温度下的电导率见表 7-12。

表 7-12 标准 KCl 溶液在不同温度下的电导率

c/(mol/L)	κ/(S/m)		
	0℃	18℃	25℃
1	6.543	9.820	11.173
0.1	0.7154	1.1192	1.2886
0.01	0.07751	0.1227	0.14114

测量电导用的电极称为电导电极，由两片固定在玻璃上的铂片构成。电导电极根据被测溶液电导率的大小有不同的形式。若被测溶液电导率很小（$\kappa<10^{-3}$S/m），一般选用光亮的铂电极；若被测溶液电导率较大（10^{-3}S/m$<\kappa<$1S/m），为了防止极化现象，选用镀有铂黑的铂电极，以增大电极表面积，减小电流密度；若被测溶液的电导率很大（$\kappa>$1S/m），即电阻很小，应选用 U 形电导池。这种电导池两极间的距离较大（5~16cm），极间管径很小，所以电导常数很大。

电解质溶液的电导不仅与温度、浓度、电解质的种类有关，还与离子的迁移速度有关。为了便于比较不同电解质溶液的导电能力，引入摩尔电导率 Λ_m(S·m²/mol)。即

$$\Lambda_m = \frac{\kappa}{c}$$

式中，κ 和 c 的单位分别为 S/m 和 mol/m³，而实验室常用 mol/L 表示浓度，则上式可改写为：

$$\Lambda_m = \frac{\kappa}{c} \times 10^{-3}$$

摩尔电导的意义是：当 $l=1$m、$A=1$m² 两极间溶液中含有 1mol 电解质时所具有的电导。Λ_m 随溶液的浓度而变，且强电解质和弱电解质的变化规律不同。

强电解质的 Λ_m 随浓度的降低而增大。在稀溶液中，摩尔电导率与溶液浓度的关系可用科尔劳施（Khlrausch）经验公式表示，即

$$\Lambda_m = \Lambda_m^\infty - A\sqrt{c}$$

式中，Λ_m^∞ 为无限稀释时的摩尔电导率，也称极限摩尔电导率。对于特定的电解质和溶剂，在一定温度下，A 是常数。因此，用 Λ_m 对 $\sqrt{c}$ 作图，得到的直线外推，$c=0$，可求得 Λ_m^∞。弱电解质的 Λ_m 与 $\sqrt{c}$ 不存在线性关系，不可用外推法。弱电解质的 Λ_m 通常是根据 Khlrausch 离子独立运动定律，用阴、阳离子极限摩尔电导率 $\Lambda_{m,+}^\infty$ 和 $\Lambda_{m,-}^\infty$ 相加而求得，即

$$\Lambda_m^\infty = \Lambda_{m,+}^\infty + \Lambda_{m,-}^\infty$$

在弱电解质的稀溶液中，离子的浓度很低，离子间的相互作用可以忽略，可以认为其浓度为 c 时的电离度 a 等于它的摩尔电导率 Λ_m 与极限摩尔电导率 Λ_m^∞ 之比，即

$$a = \frac{\Lambda_m}{\Lambda_m^\infty}$$

对于 AB 型弱电解质如 HAc，当它在溶液中达到电离平衡时，平衡常数 K_c 与溶液的浓度 c 以及电离度之间的关系为：

$$K_c = \frac{ca^2}{1-a} \quad \text{则} \quad K_c = \frac{c\Lambda_m^2}{\Lambda_m^\infty(\Lambda_m^\infty - \Lambda_m)}$$

或改写为：

$$c\Lambda_m = (\Lambda_m^\infty)^2 K_c \frac{1}{\Lambda_m} - \Lambda_m^\infty K_c$$

以 $c\Lambda_m$ 对 $1/\Lambda_m$ 作图为一直线，从直线的斜率可求得 K_c。

根据离子独立运动定律，Λ_m^∞ 可从离子的电导（查表）计算，Λ_m 可以从电导率的测定求得，K_c 由计算得到。

不同温度时无限稀释醋酸溶液的极限摩尔电导见表 7-13。

表 7-13　不同温度时醋酸的稀溶液的极限摩尔电导

温度/℃	0	18	25	30
$\Lambda_m^\infty/(S \cdot m^2/mol)$	245×10^{-4}	349×10^{-4}	390.7×10^{-4}	421.8×10^{-4}

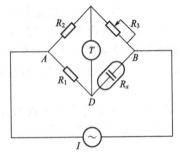

图 7-27　交流电桥法测定原理
R_1、R_2、R_3—电阻；R_x—电导池

电解质溶液的电导率应用较广，可以用来测定弱电解质的电离度和电离平衡常数，求算难溶盐的溶度积，求解强电解质极限摩尔电导，以及作为某些化合物纯度检验如水纯度鉴定、环境分析等。

电解质溶液的电导、电导率的测量主要有两种方法，即交流电桥法和电导率仪法。

交流电桥法亦即平衡电桥法。其原理如图 7-27 所示。R_x 为电导池内待测电解质溶液的电阻；桥路的电源应用高频交流电源；T 为平衡检测器，应用相应的示波器或耳机。

根据电桥平衡原理，调节电阻值，电桥平衡时，$U_{CD}=0$，则

$$R_x = \frac{R_1 R_3}{R_2}$$

实际测定中 $R_1=R_2$，桥路中 R_1、R_2、R_3 均为纯电阻，而 R_x 是由两片平行的电极组成，具有一定的分布电容。由于容抗和纯电阻之间存在着相位差，若要精密测量，在 R_3 处并联一个适当的电容，使桥路的容抗也能达到平衡。在测定过程中首先测定电导池常数，再测定试样。

7.3.9.2　仪器与操作

本节主要介绍电导率仪法，它具有测量范围广、操作简便、直读式，并可以自动记录电导值变化状况的特点。

(1) 检测原理。在图 7-28 中，稳压电源输出稳定的直流电压，供给振荡器和放大器，使它们工作在稳定状态。振荡器输出电压不随电导池电阻变化而改变，从而为电阻分压回路提供一稳定的标准电势 E。电阻分压回路由电导池 R_x 和测量电阻箱 R_m 串联组成。E 加在该回路 AB 两端，产生测量电流 I_x，根据欧姆定律：

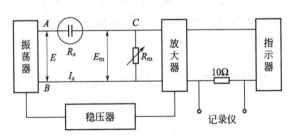

图 7-28　DDS-11A 型电导率仪原理

$$I_x = \frac{E}{R_x + R_m} = \frac{E_m}{R_m}$$

所以
$$E_m = \frac{ER_m}{R_m + R_x} = \frac{ER_m}{R_m + 1/G}$$

式中，G 为电导池溶液电导。

上式中 E 不变，R_m 经设定后也不变，所以电导 G 只是 E_m 的函数。E_m 经放大检波后，在显示仪表（直流电表）上，用换算成的电导值或电导率值显示出来。

(2) 仪器。DDS-11A 型电导率仪的结构见图 7-29。

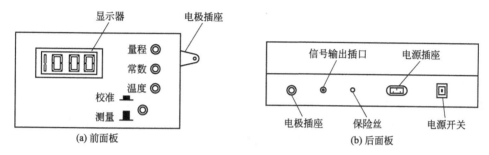

图 7-29　DDS-11A 型电导率仪的面板

① "量程"选择开关：可选择 2μS/cm、20μS/cm、200μS/cm、2000μS/cm 及 2×10⁴μS/cm 五个测量量程档。

② "常数"调节器：按所使用电极的常数值进行调节，使仪器显示值为相应的数值。

③ "温度"调节器：即为"温度补偿调节器"，在测量时将调节旋钮指向被测量溶液的实际温度值的刻度线位置。此时，显示的值是溶液电导率值经温度补偿后换算到 25℃ 时的电导率值。

④ "温度"调节旋钮：当该旋钮指向 25℃ 刻度线位置时，显示的测量值是在该温度下未经温度补偿的原始值。

⑤ "校准/测量"按钮开关：按下时为"校准"，再按下（开关向上弹起）则为"测量"状态。

(3) 使用方法。DDS-11A 型电导率仪的使用方法如下。

① 开机

a. 电源线插入仪器电源插座，仪器必须有良好接地！

b. 按电源开关接通电源，预热 10min 后，进行校准。

② 校准：按下"校准/测量"按钮，使其处于"校准"状态，调节"常数"调节旋钮，使仪器显示所使用电极的常数标称值。电导电极的常数，通常有 10、1、0.1、0.01 四种类型，每种类型电导电极准确的常数值，制造厂均标明在每支电极上。常数调节方法如下：

a. 电极常数为 1 的类型：当电极常数的标称值为 0.95，调节"常数"调节旋钮，使仪器显示值为 950（测量值＝显示值×1）；

b. 电极常数为 10 的类型：当电极常数的标称值为 10.7，调节"常数"调节旋钮，使仪器显示值为 1070（测量值＝显示值×10）；

c. 电极常数为 0.1 的类型：当电极常数的标称值为 0.11，调节"常数"调节旋钮，使仪器显示值为 1100（测量值＝显示值×0.1）；

d. 电极常数为 0.01 的类型：当电极常数的标称值为 0.01，调节"常数"调节旋钮，使仪器显示值为 1100（测量值＝显示值×0.11）。

③ 测量：在电导率测量的过程中，正确选择电导电极常数，对获得较高的测量精度是非常重要的。

仪器可配常数为 0.1、0.01、1、10 四种不同类型的电导电极。可根据需要测量的范围，参照表 7-14 选择相应常数的电导电极。

表 7-14　电导率测量范围与对应使用的电导电极常数推荐值

电导率测量范围/(μS/cm)	推荐使用电导电极常数/cm^{-1}
0～2	0.01、0.1
2～200	0.1、1.0
200～2000	1.0(铂黑)
2000～20000	1.0(铂黑)、10
20000～2×10^5	10

注：对常数为 1.0、10 类型的电导电极有"光亮"和"铂黑"两种形式，镀铂电极习惯称作铂黑电极，对光亮电极其测量范围为 0～20μS/cm 为宜。

用温度计测量被测溶液的温度后，将"温度"调节旋钮指向被测溶液的实际温度值的刻度线位置。此时，显示的电导率值是经温度补偿后换算到 25℃时的电导率值。

按下"校准/测量"按钮，使其处于"测量"状态（此时，按钮为向上弹起的位置），将"量程"开关置于合适的量程，待仪器显示稳定后，该显示值即为被测量溶液换算到 25℃时的电导率值，测量结果与使用各种不同电导电极常数的关系见表 7-15。

表 7-15　测量结果与使用各种不同电导电极常数的关系

序号	选择开关位置	量程范围/(μS/cm)	被测电导率/(μS/cm)
1	Ⅰ	0～2.0	显示读数×C
2	Ⅱ	2～200	显示读数×C
3	Ⅲ	200～2000	显示读数×C
4	Ⅳ	2000～20000	显示读数×C
5	Ⅴ	20000～2×10^5	显示读数×C

测量过程中，若显示屏首位为 1，后三位数字熄灭，表示测量值超出测量量程范围，此时，应将"量程"开关置于高一挡量程来测量。若显示值很小，则应该将"量程"开关置于低一挡量程，以提高测量精度。

(4) 操作要点

① 溶液的电导测量常使用电导池，在使用过程中，必须保证电极完全浸入电导池溶液中。

② 电导与待测溶液的组成有关。在某些实验中电导测定有组成的适用范围。

③ 电导除与溶液组成有关外，还与温度有关。所以在测量时，应保持待测系统温度的恒定。

技能训练 7-10　弱酸电离平衡常数的测定

训练目标

1. 掌握 DDS-11A 型电导率仪的测定原理和使用方法。
2. 掌握电导率法测定醋酸电离常数的原理和方法。

仪器及试剂

仪器：DDS-11A 型电导率仪、恒温槽、铂电极、滴定管、烧杯（50mL）。

试剂：HAc（A.R.）（0.1000mol/L）标准溶液。

训练操作

1. 调节恒温槽的温度在（25±0.1）℃。
2. 调试电导率仪，进行仪器校正。
3. 醋酸溶液准备　将 4 只干燥烧杯编号为 1～4 号，分别用两支滴定管准确加入 0.1000mol/L HAc 溶液和蒸馏水，置于恒温槽中恒温 5～10min。
4. 测量醋酸溶液的电导率　倾去电导池中的纯水（电导池不用时要加入纯水，以免电极干枯，影响测定结果）。然后用少量的被测溶液洗涤电导池和铂电极 3～4 次，测定该溶液的电导率，读出三个数值。同样方法由稀到浓依次测定醋酸溶液。

数据记录及处理

将实验测得数据填入表 7-16。

表 7-16　弱酸电离平衡常数的测定数据

烧杯编号	V_{HAc}/mL	V_{H_2O}/mL	c_{HAc}/(mol/L)	κ/(S/m)	Λ_m/(S·m²/mol)	a	K
1	3.00	45.00					
2	6.00	42.00					
3	12.00	36.00					
4	24.00	24.00					

注意事项

1. 实验用溶液全部用电导水配制。如果用蒸馏水配制，则应先测定蒸馏水的电导，并在测得值中扣除。
2. 电极应完全浸入溶液中。
3. 电导与浓度、温度等有关，注意浓度范围及被测体系温度的恒定。

操作思考

1. 简述溶液的电导、电导率、摩尔电导率的含义。
2. 强电解质和弱电解质溶液的摩尔电导率与浓度有何关系？
3. 弱电解质的 a、K_c 如何测定？
4. 使用电导率仪前，为什么要预热？

7.3.10　表面张力的测定

7.3.10.1　实验原理

溶液表面张力是物质重要的物理常数之一。对液体表面张力的测定有助于研究液体表面结构、表面吸附、表面活性的作用及相关理论。

与液体内部的分子相比，液体表面层中的分子处于力的不平衡状态，如图 7-30 所示。表面层中的分子受到指向液体内部的拉力，因而液体表面的分子总是趋于向液体内部移动，力图缩小其表面积。如微小液滴总是呈球形；肥皂泡用力吹才能变大，否则一放松就会自动缩小；高过杯口一定高度的水不溢下来等现象都显示出液体表面上处处都存在着一种使液面

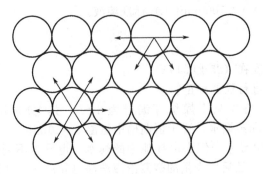

图 7-30 液体表面层中的分子

紧张的力（紧缩力）。我们把沿着液体表面垂直作用于单位长度液体表面上的紧缩力，称为表面张力，用 σ 表示，单位为 N/s。它等于增加液体的单位面积所加入的可逆非体积功（$\delta W'_r$），此功称为比表面功。在恒温恒压下，液体的表面张力 σ 亦等于增加液体单位表面时，系统所增加的吉布斯函数，称为比表面吉布斯函数。

$$\sigma = \frac{\delta W'_r}{dA} = \left(\frac{dG}{\partial A}\right)_{Tpx}$$

式中，T、p、x 分别表示温度、压力及溶液组成。

表面张力与物质的本性、温度、溶液的浓度及表面气氛等有关。一般情况下，温度升高，表面张力减小。溶液的表面张力与溶液浓度的关系随溶质性质的不同而不同，表面张力或增加或降低。也就是通常所说的液体表面上的正、负吸附。

测定液体表面张力的方法很多，主要分为两大类，即静态法和动态法。其中静态法包括毛细管升高法和悬滴法。动态法包括最大气泡压力法和拉环法。本节主要介绍最大气泡压力法测定液体的表面张力。

7.3.10.2 仪器及方法

（1）仪器。最大气泡法测定液体表面张力的实验装置如图 7-31 所示。

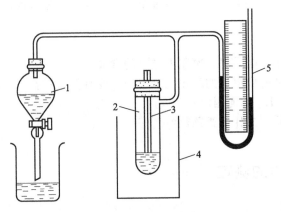

图 7-31 表面张力测定装置
1—抽气用的滴液漏斗；2—支出管试管；3—毛细管；4—恒温槽；5—压力计

（2）方法。将试样装入支管试管中，毛细管的下端与液面相切，液面随毛细管上升。打开滴液漏斗的活塞缓缓放水抽气，支管试管中逐渐减压，使系统压力与大气压形成压差 Δp，毛细管中的液面压至管口，开始形成气泡，气泡的曲率半径为 R，压差 Δp 与溶液表面张力成正比，与 R 成反比，其关系式为：

$$\Delta p = \frac{2\sigma}{R}$$

如果毛细管半径很小，则形成的气泡基本上是球形的。当气泡开始形成时，表面几乎是平的，这时曲率半径最大，Δp 最小。随着气泡的形成，曲率半径逐渐变小，直到形成半球形，这时曲率半径 R 与毛细管半径 r 相等，曲率半径达到最小值，而 Δp 最大。气泡最小曲率半径如图 7-32 所示。即

$$\Delta p_{\max} = \frac{2\sigma}{r}$$

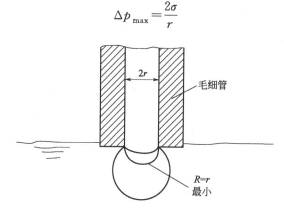

图 7-32 气泡最小曲率半径

此时的压力差可用 U 形压力计中最大液柱 Δh 来表示。

$$\Delta p_{\max} = \rho g \Delta h$$

式中　ρ——压力计中液体的密度；
　　　g——重力加速度。
则

$$\rho g \Delta h = \frac{2\sigma}{r} \qquad \sigma = \frac{r}{2}\rho g \Delta h = K \Delta h$$

式中，K 为仪器常数，可用已知表面张力的物质（一般用纯水）测定。水在不同温度下的表面张力见表 7-17。

表 7-17　水在不同温度下的表面张力

$t/℃$	$10^3\sigma/(N/s)$	$t/℃$	$10^3\sigma/(N/s)$	$t/℃$	$10^3\sigma/(N/s)$
-5	76.41	25	71.97	80	62.11
0	75.64	30	71.18	90	60.75
0	74.92	40	69.56	100	58.85
10	74.22	50	67.91	110	56.89
15	73.49	60	66.18	120	54.89
20	72.75	70	64.42	130	52.84

技能训练 7-11　表面张力的测定

训练目标

1. 掌握最大气泡压力法测定液体表面张力的原理和方法。
2. 能正确安装及使用实验装置，并学会仪器常数的测定方法。

仪器及试剂

仪器：表面张力测定装置、恒温水浴。

试剂：乙醇（A. R.）、丙酮（A. R.）。

训练操作

1. 实验装置的安装与准备

洗净支管试管和毛细管，安装表面张力测定装置。在滴液漏斗中装满蒸馏水，压力计中装入酒精。恒温槽的温度调节到（25±0.1）℃。

2. 测定仪器常数

在支管试管中加入适量蒸馏水，调节毛细管的高度，使毛细管的下端恰好与液面相切，将支管试管浸入恒温槽中，恒温10min后，打开滴液漏斗活塞抽气，使气泡从毛细管末端尽可能缓慢地鼓出，控制气泡速度稳定在20个/min左右。当气泡形成的速度稳定后，即可在U形压力计上读取压力差。读取数次，取其平均值。从表7-15查出水的 σ 值，即可求出仪器常数 K 值。

3. 用待测试样洗净支管试管和毛细管，加入适量的试样于支管试管中，再按步骤2操作测定乙醇和丙酮的 Δh 值，计算其表面张力。

数据记录及处理

将实验测得的数据填入表7-18。

表7-18 表面张力的测定数据

试样	压力差 Δh/mmHg				K	σ/(N/s)
	①	②	③	平均值		
水						
乙醇						
丙酮						

注：1mmHg=133.322Pa。

注意事项

1. 毛细管要洁净、细、下口齐平，管孔呈标准圆，管口与液面理想的相切。
2. 水样中无杂质。
3. 支管试管放入水浴时，水浴液面要比试样管内液面高1cm左右。

操作思考

1. 为什么要保持仪器和药品的清洁？
2. 表面张力为什么必须在恒温槽中测定？温度变化对表面张力有何影响？
3. 如何控制出泡速度？若出泡速度太快对实验结果有何影响？
4. 为什么毛细管尖端应平整光滑，安装时要垂直并刚好接触液面？如果插入一定深度对实验结果有何影响？

7.4 化学和物理变化参数的测定技术

7.4.1 反应平衡参数的测定

7.4.1.1 平衡常数测定的原理

在一定条件下，当一个反应的正反应速率和逆反应速率相等时，反应物和产物浓度就不再随反应时间的变化而改变，这种状态称为化学平衡。化学反应平衡常数是化学平衡状态的重要特征之一，平衡常数可以用热力学方法来计算，也可通过实验测定。用实验方法测定化学反应平衡时，首先要确定反应是否达到平衡状态，通常可用以下几种方法来判断。

① 在外界条件不变时，无论再经过多长时间，反应体系中各物质的浓度不再发生变化，可认为反应已达平衡。

② 在一定温度下，如果任意改变各物质的初始浓度，所测得的平衡常数相等，则说明反应体系已达平衡。

③ 从反应物开始正向进行反应和从生成物开始逆向进行反应分别得到的平衡常数相等时，则反应已达到了平衡。

在反应已达到平衡后，可以通过测定反应体系各物质的浓度或相关物理量来求得反应的平衡常数。

7.4.1.2 平衡常数测定的常用方法

（1）化学分析法。利用化学分析的方法可直接测定平衡体系中各物质浓度进而求得平衡常数，但在分析过程中会因加入试剂而扰乱平衡，使测得的浓度并非真正的平衡浓度，因此要设法使平衡状态不被打破，通常采用以下几种方法。

① 将平衡体系急骤冷却，在低温下进行化学分析。
② 若反应有催化剂存在，则除去催化剂，使反应停止。
③ 若在溶液中进行反应，则可以加入大量的溶剂将溶液稀释。

（2）分光光度法。由于物质对光吸收具有选择性，所以在反应平衡体系中物质的组成可用分光光度法来进行测定。根据朗伯-比耳定律，当入射光、溶液的温度及厚度不变时，吸光度随溶液的浓度而变化。因此通过对溶液吸光度的测定可以推算溶液的浓度，并计算反应平衡常数。

（3）电导率法。某些液相反应的物质组成和溶液的电导率存在一定的关系，所以可利用溶液电导率的测定来计算平衡常数。

此外，也可利用物质的其他一些物理量与物质浓度的对应关系先求出体系的组成，再计算出平衡常数。例如通过体系的折射率、旋光角、压力或体积的改变等来测定物质的浓度。采用物理方法测定的优点是在测定时不会扰乱或破坏体系的平衡状态。

7.4.1.3 甲基红解离平衡常数测定的原理

甲基红是弱电解质，在溶液中存在下列平衡：

$$(H_3C)_2N^+ \!\!=\!\!\!\bigcirc\!\!=\!\!N\!-\!N\!-\!\bigcirc\!-\!COO^- \rightleftharpoons H^+ + (H_3C)_2N\!-\!\bigcirc\!-\!N\!=\!N\!-\!\bigcirc\!-\!COO^-$$

（红色） （黄色）

可简写成

$$HMR \rightleftharpoons H^+ + MR^-$$

因此甲基红的电离常数 $K_c^\ominus = \dfrac{(c_{H^+}/c^\ominus)(c_{MR^-}/c^\ominus)}{c_{HMR}/c^\ominus}$

$$pK_c^\ominus = pH - \lg \dfrac{c_{MR^-}/c^\ominus}{c_{HMR}/c^\ominus}$$

从上式可以看出：若测得溶液的 pH 及 MR$^-$、HMR 的浓度就可以求出甲基红的电离常数 K_c。溶液的 pH 可以用酸度计测得。甲基红溶液中 HMR、MR$^-$ 都有颜色，用普通的比色和光电比色法进行测定有困难，但用分光光度法可不必将其分离而同时测定甲基红溶液中 MR$^-$、HMR 的浓度，故本实验采用分光光度法测定甲基红的电离常数。

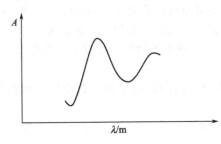

图 7-33 某物质的吸收曲线

在分光光度法的分析中，我们使欲测吸光物质溶液的浓度不变，改变入射光的波长，依次测量溶液在各波长下的吸光度，以吸光度 A 对波长 λ 作图，所得到的曲线就是该物质的吸收曲线，如图 7-33 所示。

分子结构不同的物质，因为对光的吸收有不同的选择性，所以它们的吸收曲线具有不同形状，由此可以对不同物质进行鉴定分析，这是定性分析的基础。

根据朗伯-比尔（Lambert-Beer）定律，溶液对单色光的吸收遵守下列关系式：

$$A = \lg(\Phi_0/\Phi_{tr}) = kbc$$

式中　A——吸光度；

Φ_0——入射光通量；

Φ_{tr}——透射光通量；

Φ_0/Φ_{tr}——透射比；

b——吸收池内溶液的光路长度（即比色皿的光径长度）；

c——溶液浓度；

k——吸光系数，对于一定的溶质、溶剂及一定波长的入射光，k 为常数。

从上式可以看出，在固定比色皿光径长度和入射光波长的条件下，吸光度 A 和溶液浓度 c 成正比。为了提高测量的灵敏度，一般在吸光物质吸收曲线中最大吸收峰所对应的波长下进行测定。首先测定一系列已知浓度溶液的吸光度，作吸光度对浓度的工作曲线，然后测定未知浓度溶液的吸光度，从所做的工作曲线上，查得相应的浓度，这是定量分析的基础。

以上讨论的是溶液中仅有一种吸光物质的情况，而甲基红溶液中含有 MR$^-$、HMR 两种吸光物质，情况要复杂一些。MR$^-$ 与 HMR 的吸收曲线互相重叠（即 MR$^-$、HMR 的吸收曲线同时出现在某一波长范围内），它们分别遵守朗伯-比尔定律，故可用 MR$^-$、HMR 吸收曲线的最大吸收峰所对应的波长 λ_1、λ_2 去测甲基红溶液的吸光度，然后计算出 MR$^-$、HMR 的浓度。设 HMR 为 A，MR$^-$ 为 B，根据朗伯-比尔定律，当比色皿的光径长度和入射波长一定时，对 A 有：

$$A_\lambda^A = K_\lambda^A c_A$$

对 B 有：

$$A_\lambda^B = K_\lambda^B c_B$$

若用 λ_1、λ_2 分别去测量 A 和 B 的混合液时有：

$$A_{\lambda_1} = A_{\lambda_1}^A + A_{\lambda_1}^B = K_{\lambda_1}^A c_A + K_{\lambda_1}^B c_B$$

$$A_{\lambda_2}=A_{\lambda_2}^{A}+A_{\lambda_2}^{B}=K_{\lambda_2}^{A}c_A+K_{\lambda_2}^{B}c_B$$

λ_1、λ_2 为 A、B 单独存在时吸收曲线中最大吸收峰对应的波长。上两式联解可得：

$$c_A=\frac{K_{\lambda_1}^{B}A_{\lambda_2}-K_{\lambda_2}^{B}A_{\lambda_1}}{K_{\lambda_1}^{B}K_{\lambda_2}^{A}-K_{\lambda_2}^{B}K_{\lambda_1}^{A}}$$

$$c_B=\frac{K_{\lambda_2}^{A}A_{\lambda_1}-K_{\lambda_1}^{A}A_{\lambda_2}}{K_{\lambda_1}^{B}K_{\lambda_2}^{A}-K_{\lambda_2}^{B}K_{\lambda_1}^{A}}$$

$$\frac{c_B}{c_A}=\frac{K_{\lambda_2}^{A}A_{\lambda_1}-K_{\lambda_1}^{A}A_{\lambda_2}}{K_{\lambda_1}^{B}A_{\lambda_2}-K_{\lambda_2}^{B}A_{\lambda_1}}$$

式中 $K_{\lambda_1}^{A}$，$K_{\lambda_2}^{A}$——纯 HMR 在 λ_1、λ_2 时的摩尔吸光系数；

$K_{\lambda_1}^{B}$，$K_{\lambda_2}^{B}$——纯 MR$^-$ 在 λ_1、λ_2 时的摩尔吸光系数。

它们的获得可以在 λ_1 和 λ_2 时，分别测量一系列不同浓度的 HMR 和 MR$^-$ 标准溶液的吸光度 A 对浓度 c 的关系，它们在此波长处符合朗伯-比尔定律，以 A 对 c 作图为一直线，分别作图后，可得四条直线，直线的斜率即为各自 K 值。

技能训练 7-12　甲基红电离平衡常数的测定

训练目标

1. 学会运用分光光度法测定弱电介质电离平衡常数。
2. 掌握 721 型分光光度计及酸度计的使用方法。

仪器及试剂

仪器：721 型分光光度计、pHS-2 型 pH 计、100mL 容量瓶、100mL 烧杯、25mL 移液管、10mL 移液管、吸球、量筒。

试剂：$w_{C_2H_5OH}=0.95$ 的乙醇，0.1mol/L 及 0.01mol/L 盐酸溶液，0.01mol/L 及 0.04mol/L 醋酸钠溶液，0.02mol/L 醋酸溶液。

训练操作

1. 溶液的制备

(1) 甲基红溶液。将 1g 晶体甲基红加 300mL $w_{C_2H_5OH}=0.95$ 的乙醇，用蒸馏水稀释至 500mL。

(2) 标准溶液。取 4mL 上述配好的溶液加 50mL $w_{C_2H_5OH}=0.95$ 的乙醇用蒸馏水稀释至 100mL。

(3) 溶液 A。将 10mL 标准溶液加 10mL 0.1mol/L 的盐酸溶液，用蒸馏水稀释至 100mL。

(4) 溶液 B。将 10mL 标准溶液加 25mL 0.04mol/L 的醋酸钠溶液，用蒸馏水稀释至 100mL。

溶液 A 的 pH 约为 2，甲基红以 HMR 存在。溶液 B 的 pH 约为 8，甲基红以 MR$^-$ 存在。将溶液 A、溶液 B 和空白溶液（蒸馏水）分别放入三个洁净的比色皿内，测定吸收光谱曲线。

2. 测定吸收光谱曲线

(1) 调节零点。接通分光光度计电源，使指示灯亮。用蒸馏水作空白溶液，调节波长为 360nm，灵敏度选在 "2" 处。使比色皿盒盖打开时指针为 0，盖上时指针为 100%。

(2) 测定溶液 A 和溶液 B 吸收光谱曲线求最大吸收峰的波长。抽动比色皿拉杆分别使光源通过溶液 A 和溶液 B，以测定溶液 A 与 B 的吸光度 A。从波长 360nm 开始，每隔 20nm 测定一次（每改变一次波长都要先用空白溶液调节零点），直至 620nm 为止，由所得的 A 与 λ 数据即可绘制 A-λ 曲线，从而求出最大吸收峰的波长 λ_1 和 λ_2。

3. 求 $K^A_{\lambda_1}$、$K^A_{\lambda_2}$、$K^B_{\lambda_1}$、$K^B_{\lambda_2}$

(1) 吸取 30mL 溶液 A 置于烧杯中，另取 10mL 0.01mol/L 盐酸溶液与其混合，此时溶液 A 被稀释至初始浓度的 0.75 倍。再取小烧杯，同样用 0.01mol/L 盐酸分别稀释至开始浓度的 0.50 倍、0.25 倍。

(2) 将溶液 B 同样用 0.01mol/L 醋酸钠溶液稀释至开始浓度的 0.75 倍、0.50 倍、0.25 倍。

(3) 在溶液 A、溶液 B 的最大吸收峰波长 λ_1 和 λ_2 处测定上述各溶液的吸光度 A。共得四组吸光度 A 与浓度 c 的数据。如果在 λ_1 和 λ_2 处上述溶液符合朗伯-比耳定律，将 A 对 c 作图，则可得到四条 A-c 直线，由直线的斜率可求得四个 K 值。

4. 测定混合溶液的吸光度及其 pH

(1) 配制四个混合溶液

① 10mL 标准溶液加 25mL c_{NaAc} = 0.04mol/L NaAc 溶液加 50mL c_{HAc} = 0.02mol/L HAc 溶液，加蒸馏水稀释至 100mL。

② 10mL 标准溶液加 25mL c_{NaAc} = 0.04mol/L NaAc 溶液加 25mL c_{HAc} = 0.02mol/L HAc 溶液，加蒸馏水稀释至 100mL。

③ 10mL 标准溶液加 25mL c_{NaAc} = 0.04mol/L NaAc 溶液加 10mL c_{HAc} = 0.02mol/L HAc 溶液，加蒸馏水稀释至 100mL。

④ 10mL 标准溶液加 25mL c_{NaAc} = 0.04mol/L NaAc 溶液加 5mL c_{HAc} = 0.02mol/L HAc 溶液，加蒸馏水稀释至 100mL。

(2) 用 λ_1 和 λ_2 的波长测定上述四个溶液的吸光度 A_{λ_1} 和 A_{λ_2}。

(3) 用 pH 计测定上述四个溶液的 pH 值。

数据记录及处理

1. 记录在各不同波长下测得的溶液 A 和溶液 B 的吸光度 A，分别填入表 7-19 中。

表 7-19　溶液 A 和溶液 B 的吸光度 A 的测量值

溶液	波长 λ/nm					
	360	380	400	…	600	620
溶液 A						
溶液 B						

2. 根据表 7-19 的数据，画出溶液 A、溶液 B 吸光曲线（A-λ 曲线），并由曲线上求出最大吸收峰的波长 λ_1 和 λ_2。

3. 将在波长 λ_1 和 λ_2 下分别测得的各不同浓度的溶液 A、溶液 B 吸光度 A 的数值列入表 7-20。

表 7-20　测得溶液 A、溶液 B 的吸光度 A

吸光度 A		浓度 c			
		1	0.75	0.50	0.25
溶液 A(HMR)	A_{λ_1}				
	A_{λ_2}				
溶液 B(MR$^-$)	A_{λ_1}				
	A_{λ_2}				

4. 根据表 7-20 的四组吸光度 A 与浓度数据作 A-c 的关系图，共可得到四条直线，由直线的斜率可得四个 K 值，即 $K_{\lambda_1}^A$、$K_{\lambda_2}^A$、$K_{\lambda_1}^B$、$K_{\lambda_2}^B$。

5. 由测得的各混合液的吸光度，求出混合液中 MR$^-$ 和 HMR 的浓度 c_{MR^-}、c_{HMR} 的比值 c_{MR^-}/c_{HMR}。

6. 求出各混合液中甲基红的电离常数，填入表 7-21 中。

表 7-21　各混合液中甲基红的电离常数

溶液	吸光度		pH	c_{MR^-}/c_{HMR}	电离常数 $K_c^{\ominus}$
	A_{λ_1}	A_{λ_2}			
混合溶液 a					
混合溶液 b					
混合溶液 c					
混合溶液 d					

注意事项

1. 分光光度计开机后，在预热和不进行测定时，应将暗室盖子打开。
2. 仪器连续使用时间不应超过 2h，如使用时间较长，则中途间断 0.5h 再使用。
3. 由于在同样条件下 MR$^-$ 的吸光度比 HMR 小，所以当溶液酸度很高时，c_{MR^-} 很小，导致实验结果偏差较大。
4. 平衡常数与温度有关，如使用带有恒温装置的分光光度计，更为理想。

操作思考

1. 制备溶液时，所用的 HCl、HAc、NaAc 溶液各起什么作用？
2. 用分光光度法进行测定时，为什么要用空白溶液校正零点？理论上应该用什么溶液作为空白溶液？在本实验中用的是什么？为什么？

7.4.2　反应速率参数的测定

7.4.2.1　反应速率参数测定原理

化学动力学实验的主要任务是测定反应速率及浓度、温度、压力、介质、催化剂等因素对反应速率的影响，从而选择最合适的反应条件。对于简单反应：

$$b\mathrm{B} + d\mathrm{D} \longrightarrow g\mathrm{G} + r\mathrm{R}$$

通常可将反应的速率方程式表示为：

$$r_\mathrm{B} = -\frac{dc_\mathrm{B}}{dt} = k c_\mathrm{B}^{\alpha} c_\mathrm{D}^{\beta}$$

式中　k——反应速率常数；

　　　α——反应物 B 的反应分级数；

　　　β——反应物 D 的反应分级数。

这些参数可以通过实验求取，若在一定温度下，测得反应的时间-浓度数据后，代入反应速率方程式，即可确定反应级数，从而求得反应速率常数，根据阿伦尼乌斯公式还可求得反应的活化能。

7.4.2.2　反应速率参数的测定方法

要测得反应的时间-浓度数据。一般可用秒表来测定反应的时间，对于精度要求较高或速率很快的反应，可采用其他仪器来测定反应时间，而对于反应过程中浓度的测定，可采用化学或物理测定法。

(1) 化学测定法。从反应体系中直接取样，用化学分析法（如滴定法、称量法等）测定样品中各物质的浓度。由于取出的样品反应仍可继续进行，所以必须采用骤冷、迅速冲稀、除去催化剂或加阻化剂等方法使反应停止后再进行分析。此法的优点是测试设备简单，测得的浓度是绝对浓度。缺点是操作麻烦，不能连续测定，也不易自动化。

(2) 物理测定法。根据反应体系中某些物理量同组分的浓度有着确定的函数关系，在不同时刻测定反应体系中这些物理量的变化从而求得浓度的变化，这种方法称物理测定法。通常可用来测定的物理量有：压力、体积、折射率、旋光度、吸光度和电导率等。对于不同的反应可以选择不同的物理量。此法较化学测定法迅速而方便，可连续测定跟踪反应，易于自动化。缺点是测得的浓度不是绝对浓度。采用此法的关键是要明确待测的物理量同浓度之间的关系。当体系的某物理量与有关组分的浓度成线性关系时，则可得物理量与浓度的变换式：

$$c_{B_0} = h(L_\infty - L_0)$$
$$c_B = h(L_\infty - L_t)$$

式中　c_{B_0}——反应物 B 的初始浓度，mol/L；

　　　c_B——反应物 B 在反应至 t 时刻的浓度，mol/L；

　　　L_∞——反应物 B 完全转化时测得的体系物理量值；

　　　L_0——反应物 B 未反应时测得的体系物理量值；

　　　L_t——反应至 t 时刻测得的体系物理量值；

　　　h——比例常数。

7.4.2.3　测定蔗糖水解反应速率常数的原理

蔗糖水溶液在氢离子的催化作用下，水解反应成葡萄糖和果糖：

$$C_{12}H_{22}O_{11} + H_2O \xrightarrow{H^+} C_6H_{12}O_6 + C_6H_{12}O_6$$

　　　　　蔗糖　　　　　　　　葡萄糖　　　果糖
　　　　（右旋）　　　　　　　（右旋）　　（左旋）

当蔗糖溶液浓度较稀时，由于水是大量存在的，尽管有少量水分子参加反应，但反应前后水的浓度变化极小，可近似认为反应过程中的水浓度是恒定的，作为催化剂的 H^+ 浓度也不变，因此蔗糖水解反应可看作为一级反应。其反应速率方程为：

$$dc/dt = kc$$

式中　k——反应速率常数；

　　　c——时间 t 时的反应物浓度。

设反应开始时，即 $t = 0$ 时蔗糖的浓度为 c_0；时间为 t 时，蔗糖浓度为 c。对上式积分可得：

$$2.303\lg\frac{c_0}{c}=kt$$

或

$$\lg c=-\frac{k}{2.303}t+\lg c_0$$

若测得不同时间 t 时的 c 值，以 $\lg c$ 对 t 作图，可得一直线，由直线斜率可求得反应速率常数 k。

因为蔗糖、葡萄糖和果糖都是旋光性物质，所以可用反应过程中溶液旋光角的变化来代替蔗糖浓度的变化。在一定温度下，对于一定波长的光源和一定长度的试样管，旋光性物质溶液的旋光角 α 与溶液的浓度成正比：

$$\alpha=hc$$

式中，h 为比例常数。对于由两种以上旋光性物质组成的混合液，其旋光度则是各物质旋光度之和。

在蔗糖水解反应中，当反应时间 $t=0$ 时，蔗糖的浓度为 c_0，所以反应溶液的旋光度 α_0 为：

$$\alpha_0=hc_0$$

当反应时间为 t 时，蔗糖浓度为 c，而葡萄糖、果糖的浓度都为 c_0-c，此时旋光度 α_t 应为：

$$\alpha_t=h_{蔗}c+h_{葡}(c_0-c)+h_{果}(c_0-c)$$

当 $t=\infty$ 时，蔗糖已全部水解，此时反应液的旋光角 α_∞ 应为：

$$\alpha_\infty=h_{葡}c_0+h_{果}c_0$$

联立可以解得：

$$\lg(\alpha_t-\alpha_\infty)=-\frac{k}{2.303}t+\lg(\alpha_0-\alpha_\infty)$$

由上式可知，若以 $\lg(\alpha_t-\alpha_\infty)$ 对 t 作图为一直线，从直线斜率可求得反应速率常数是：

$$k=2.303\times 斜率$$

本实验测定在不同时间 t 时的旋光度 α_t、α_∞，来求取反应速率常数。蔗糖和葡萄糖都是右旋性物质，果糖是左旋性物质，但是果糖的左旋性比葡萄糖的右旋性大，在反应过程中溶液是由右旋性逐渐转变为左旋性，所以可以用反应体系的旋光性来跟踪反应的进程。

技能训练 7-13　蔗糖水解反应速率常数的测定

训练目标

1. 掌握测定蔗糖水解反应速率常数的方法。
2. 熟练掌握旋光仪的使用方法。

仪器及试剂

仪器：旋光仪、超级恒温槽、电热水浴恒温锅、计时器、100mL 具塞锥形瓶、50mL 移液管。

试剂：$w_{蔗糖}=0.2$ 蔗糖溶液，$c_{HCl}=3mol/L$ 盐酸溶液。

训练操作

1. 旋光仪零点的寻找

接通旋光仪电源。将旋光管装满水，管内应无气泡，擦干旋光管，若两端玻璃片不干净，用擦镜纸擦净，将旋光管放入旋光仪，测定仪器零点。反复测定几次，直到能熟练地找到暗面，并会正确读数，倒出旋光管中的蒸馏水。

2. 水解反应溶液旋光度的测定

将超级恒温槽调节在 (25.0 ± 0.1)℃。分别取 50mL $w_{蔗糖}=0.1$ 蔗糖溶液和 50mL $c_{HCl}=3$mol/L HCl 溶液于两个 100mL 锥形瓶中，并浸入恒温槽 10~15min。然后将 HCl 溶液倒入蔗糖溶液的锥形瓶中，并同时开始计时（两个瓶来回倒几次，使 HCl 溶液和蔗糖混合均匀）。迅速用此混合液洗涤旋光管 2~3 次，再装满旋光管，用滤纸擦净管外的溶液后，放入旋光仪中，读出第一个旋光度数据（要求在溶液混合后 1~2min 内读出）。最初 15min 每隔 1min 测一次，以后 5min 测一次。

3. α_{∞} 的测定

将装有剩余的反应溶液的 100mL 锥形瓶放入 60℃ 电热恒温水浴锅中温热 30min，取出锥形瓶，恒定至实验温度后，将溶液装入旋光管测定其旋光角 α_{∞}。

数据记录及处理

1. 将实验数据和处理结果填入表 7-22。

表 7-22 实验数据记录

实验温度_____℃   大气压_____Pa $\alpha_{\infty}=$_____

时间 t/min						
α_t						
$\lg(\alpha_t - \alpha_{\infty})$						

2. 以 $\lg(\alpha_t - \alpha_{\infty})$ 为纵坐标，t 为横坐标作图，由所得的直线斜率计算反应速率常数 k 和 $t_{1/2}$。

注意事项

1. 实验前应了解旋光仪的原理和使用方法。
2. 旋光管管盖只要旋至不漏水即可，旋得过紧会压碎玻璃片，或因玻璃片受力产生应力而致使有一定的假旋光，同时装满液体的旋光管内不应有气泡存在。
3. 由于混合液的酸度很高，因此旋光管一定要擦净后才能放入旋光仪内，以免管外沾附的混合液腐蚀旋光仪。
4. 测定 α_{∞} 时，水浴加热温度不可过高，否则会引起其他副反应。加热过程中也应避免溶液蒸发影响浓度。
5. 测定过程中，旋光仪调节好后，应先记录时间，再读取旋光度数值。

操作思考

1. 在本实验中，若不对旋光仪作零点校准，对结果有无影响？为什么？
2. 测定 α_t 与 α_{∞} 是否要用同一根旋光管？为什么？

参 考 文 献

[1] 王建梅,刘晓薇. 化学实验基础. 北京:化学工业出版社,2016.
[2] 丁敬敏. 化学实验技术(Ⅰ). 北京:化学工业出版社,2014.
[3] 辛述元,王萍. 无机及分析化学实验. 北京:化学工业出版社,2016.
[4] 顾晓梅. 基础化学实验. 北京:化学工业出版社,2008.
[5] 胡伟光,张文英. 定量化学分析实验. 北京:化学工业出版社,2011.
[6] 马祥志. 有机化学实验. 北京:中国医药科技出版社,2016.
[7] 高职高专化学教材编写组. 有机化学实验. 北京:高等教育出版社,2001.
[8] 周志高,初玉霞. 有机化学实验. 北京:化学工业出版社,2016.
[9] 黄一石. 仪器分析. 北京:化学工业出版社,2006.
[10] 王文海. 仪器分析. 北京:化学工业出版社,2014.
[11] 谭湘成. 仪器分析. 北京:化学工业出版社,2000.
[12] 北京师范大学无机化学教研室等. 无机化学实验. 北京:高等教育出版社,2007.
[13] 华中师范大学等. 分析化学实验. 北京:高等教育出版社,2007.
[14] 高专化学教材编写组. 物理化学实验. 北京:高等教育出版社,2002.
[15] 周萃文. 物理化学实验技术. 北京:化学工业出版社,2016.

元素周期表

IUPAC 2013

氧化态(单质的氧化态为0，未列入；常见的为红色)

以 $^{12}C=12$ 为基准的原子量(注✦的是半衰期最长同位素的原子量)

图例：+2 +3 +4 +5 +6 | 95 — 原子序数 | Am — 元素符号(红色的为放射性元素) | 镅▴ — 元素名称(注▴的为人造元素) | $5f^77s^2$ — 价层电子构型 | 243.06138(2)✦

s区元素　p区元素　d区元素　ds区元素　f区元素　稀有气体

周期＼族	1 ⅠA	2 ⅡA	3 ⅢB	4 ⅣB	5 ⅤB	6 ⅥB	7 ⅦB	8 ⅧB(Ⅷ)	9 ⅧB(Ⅷ)	10 ⅧB(Ⅷ)	11 ⅠB	12 ⅡB	13 ⅢA	14 ⅣA	15 ⅤA	16 ⅥA	17 ⅦA	18 ⅧA(0)	电子层
1	−1,+1 1 **H** 氢 $1s^1$ 1.008																	2 **He** 氦 $1s^2$ 4.002602(2)	K
2	+1 3 **Li** 锂 $2s^1$ 6.94	+2 4 **Be** 铍 $2s^2$ 9.0121831(5)											+3 5 **B** 硼 $2s^22p^1$ 10.81	−4,+2,+4 6 **C** 碳 $2s^22p^2$ 12.011	−3,−2,−1,+1,+2,+3,+4,+5 7 **N** 氮 $2s^22p^3$ 14.007	−2,−1 8 **O** 氧 $2s^22p^4$ 15.999	−1 9 **F** 氟 $2s^22p^5$ 18.998403163(6)	10 **Ne** 氖 $2s^22p^6$ 20.1797(6)	L K
3	−1,+1 11 **Na** 钠 $3s^1$ 22.98976928(2)	+2 12 **Mg** 镁 $3s^2$ 24.305											+3 13 **Al** 铝 $3s^23p^1$ 26.9815385(7)	−4,+2,+4 14 **Si** 硅 $3s^23p^2$ 28.085	−3,−2,+1,+3,+5 15 **P** 磷 $3s^23p^3$ 30.973761998(5)	−2,+2,+4,+6 16 **S** 硫 $3s^23p^4$ 32.06	−1,+1,+3,+5,+7 17 **Cl** 氯 $3s^23p^5$ 35.45	18 **Ar** 氩 $3s^23p^6$ 39.948(1)	M L K
4	−1,+1 19 **K** 钾 $4s^1$ 39.0983(1)	+2 20 **Ca** 钙 $4s^2$ 40.078(4)	+3 21 **Sc** 钪 $3d^14s^2$ 44.955908(5)	−1,0,+2,+3,+4 22 **Ti** 钛 $3d^24s^2$ 47.867(1)	0,±1,+2,+3,+4,+5 23 **V** 钒 $3d^34s^2$ 50.9415(1)	−3,0,±1,±2,+3,+4,+5,+6 24 **Cr** 铬 $3d^54s^1$ 51.9961(6)	−2,0,±1,+2,±3,+4,+5,+6,+7 25 **Mn** 锰 $3d^54s^2$ 54.938044(3)	−2,0,±1,+2,+3,+4,+5,+6 26 **Fe** 铁 $3d^64s^2$ 55.845(2)	0,±1,+2,+3,+4,+5 27 **Co** 钴 $3d^74s^2$ 58.933194(4)	0,±1,+2,+3,+4 28 **Ni** 镍 $3d^84s^2$ 58.6934(4)	+1,+2,+3,+4 29 **Cu** 铜 $3d^{10}4s^1$ 63.546(3)	+1,+2 30 **Zn** 锌 $3d^{10}4s^2$ 65.38(2)	+1,+3 31 **Ga** 镓 $4s^24p^1$ 69.723(1)	+2,+4 32 **Ge** 锗 $4s^24p^2$ 72.630(8)	−3,+3,+5 33 **As** 砷 $4s^24p^3$ 74.921595(6)	−2,+2,+4,+6 34 **Se** 硒 $4s^24p^4$ 78.971(8)	−1,+1,+3,+5,+7 35 **Br** 溴 $4s^24p^5$ 79.904	+2,+4 36 **Kr** 氪 $4s^24p^6$ 83.798(2)	N M L K
5	−1,+1 37 **Rb** 铷 $5s^1$ 85.4678(3)	+2 38 **Sr** 锶 $5s^2$ 87.62(1)	+3 39 **Y** 钇 $4d^15s^2$ 88.90584(2)	+1,+2,+3,+4 40 **Zr** 锆 $4d^25s^2$ 91.224(2)	0,±1,+2,+3,+4,+5 41 **Nb** 铌 $4d^45s^1$ 92.90637(2)	0,±1,±2,+3,+4,+5,+6 42 **Mo** 钼 $4d^55s^1$ 95.95(1)	0,±1,+2,+3,+4,+5,+6,+7 43 **Tc** 锝▴ $4d^55s^2$ 97.90721(3)✦	0,+1,±2,+3,+4,+5,+6,+7,+8 44 **Ru** 钌 $4d^75s^1$ 101.07(2)	0,±1,+2,+3,+4,+5,+6 45 **Rh** 铑 $4d^85s^1$ 102.90550(2)	0,+1,+2,+3,+4 46 **Pd** 钯 $4d^{10}$ 106.42(1)	+1,+2,+3 47 **Ag** 银 $4d^{10}5s^1$ 107.8682(2)	+1,+2 48 **Cd** 镉 $4d^{10}5s^2$ 112.414(4)	+1,+3 49 **In** 铟 $5s^25p^1$ 114.818(1)	+2,+4 50 **Sn** 锡 $5s^25p^2$ 118.710(7)	−3,+3,+5 51 **Sb** 锑 $5s^25p^3$ 121.760(1)	−2,+2,+4,+6 52 **Te** 碲 $5s^25p^4$ 127.60(3)	−1,+1,+3,+5,+7 53 **I** 碘 $5s^25p^5$ 126.90447(3)	+2,+4,+6,+8 54 **Xe** 氙 $5s^25p^6$ 131.293(6)	O N M L K
6	−1,+1 55 **Cs** 铯 $6s^1$ 132.90545196(6)	+2 56 **Ba** 钡 $6s^2$ 137.327(7)	57~71 **La~Lu** 镧系	+1,+2,+3,+4 72 **Hf** 铪 $5d^26s^2$ 178.49(2)	0,±1,+2,+3,+4,+5 73 **Ta** 钽 $5d^36s^2$ 180.94788(2)	0,±1,±2,+3,+4,+5,+6 74 **W** 钨 $5d^46s^2$ 183.84(1)	0,±1,+2,+3,+4,+5,+6,+7 75 **Re** 铼 $5d^56s^2$ 186.207(1)	0,+1,+2,+3,+4,+5,+6,+7,+8 76 **Os** 锇 $5d^66s^2$ 190.23(3)	0,±1,+2,+3,+4,+5,+6 77 **Ir** 铱 $5d^76s^2$ 192.217(3)	0,+2,+3,+4,+5,+6 78 **Pt** 铂 $5d^96s^1$ 195.084(9)	+1,+2,+3,+5 79 **Au** 金 $5d^{10}6s^1$ 196.966569(5)	+1,+2,+3 80 **Hg** 汞 $5d^{10}6s^2$ 200.592(3)	+1,+3 81 **Tl** 铊 $6s^26p^1$ 204.38	+2,+4 82 **Pb** 铅 $6s^26p^2$ 207.2(1)	−3,+3,+5 83 **Bi** 铋 $6s^26p^3$ 208.98040(1)	−2,+2,+3,+4,+6 84 **Po** 钋 $6s^26p^4$ 208.98243(2)✦	±1,+5,+7 85 **At** 砹 $6s^26p^5$ 209.98715(5)✦	+2 86 **Rn** 氡 $6s^26p^6$ 222.01758(2)✦	P O N M L K
7	+1 87 **Fr** 钫▴ $7s^1$ 223.01974(2)✦	+2 88 **Ra** 镭 $7s^2$ 226.02541(2)✦	89~103 **Ac~Lr** 锕系	104 **Rf** 𬬻▴ $6d^27s^2$ 267.122(4)✦	105 **Db** 𬭊▴ $6d^37s^2$ 270.131(4)✦	106 **Sg** 𬭳▴ $6d^47s^2$ 269.129(3)✦	107 **Bh** 𬭛▴ $6d^57s^2$ 270.133(2)✦	108 **Hs** 𬭶▴ $6d^67s^2$ 270.134(2)✦	109 **Mt** 鿏▴ $6d^77s^2$ 278.156(5)✦	110 **Ds** 𫟼▴ 281.165(4)✦	111 **Rg** 𬬭▴ 281.166(6)✦	112 **Cn** 鿔▴ 285.177(4)✦	113 **Nh** 鿭▴ 286.182(5)✦	114 **Fl** 𫓧▴ 289.190(4)✦	115 **Mc** 镆▴ 289.194(6)✦	116 **Lv** 𫟷▴ 293.204(4)✦	117 **Ts** 鿬▴ 293.208(6)✦	118 **Og** 鿫▴ 294.214(5)✦	Q P O N M L K

★ 镧系	+3 57 **La**★ 镧 $5d^16s^2$ 138.90547(7)	+2,+3,+4 58 **Ce** 铈 $4f^15d^16s^2$ 140.116(1)	+3,+4 59 **Pr** 镨 $4f^36s^2$ 140.90766(2)	+2,+3,+4 60 **Nd** 钕 $4f^46s^2$ 144.242(3)	+3 61 **Pm** 钷▴ $4f^56s^2$ 144.91276(2)✦	+2,+3 62 **Sm** 钐 $4f^66s^2$ 150.36(2)	+2,+3 63 **Eu** 铕 $4f^76s^2$ 151.964(1)	+3 64 **Gd** 钆 $4f^75d^16s^2$ 157.25(3)	+3,+4 65 **Tb** 铽 $4f^96s^2$ 158.92535(2)	+3,+4 66 **Dy** 镝 $4f^{10}6s^2$ 162.500(1)	+3 67 **Ho** 钬 $4f^{11}6s^2$ 164.93033(2)	+3 68 **Er** 铒 $4f^{12}6s^2$ 167.259(3)	+2,+3 69 **Tm** 铥 $4f^{13}6s^2$ 168.93422(2)	+2,+3 70 **Yb** 镱 $4f^{14}6s^2$ 173.045(10)	+3 71 **Lu** 镥 $4f^{14}5d^16s^2$ 174.9668(1)
★ 锕系	+3 89 **Ac**★ 锕 $6d^17s^2$ 227.02775(2)✦	+3,+4 90 **Th** 钍 $6d^27s^2$ 232.0377(4)	+3,+4,+5 91 **Pa** 镤 $5f^26d^17s^2$ 231.03588(2)	+2,+3,+4,+5,+6 92 **U** 铀 $5f^36d^17s^2$ 238.02891(3)	+3,+4,+5,+6,+7 93 **Np** 镎 $5f^46d^17s^2$ 237.04817(2)✦	+3,+4,+5,+6,+7 94 **Pu** 钚 $5f^67s^2$ 244.06421(4)✦	+2,+3,+4,+5,+6 95 **Am** 镅▴ $5f^77s^2$ 243.06138(2)✦	+3,+4 96 **Cm** 锔▴ $5f^76d^17s^2$ 247.07035(3)✦	+3,+4 97 **Bk** 锫▴ $5f^97s^2$ 247.07031(4)✦	+2,+3,+4 98 **Cf** 锎▴ $5f^{10}7s^2$ 251.07959(3)✦	+2,+3 99 **Es** 锿▴ $5f^{11}7s^2$ 252.0830(3)✦	+2,+3 100 **Fm** 镄▴ $5f^{12}7s^2$ 257.09511(5)✦	+2,+3 101 **Md** 钔▴ $5f^{13}7s^2$ 258.09843(3)✦	+2,+3 102 **No** 锘▴ $5f^{14}7s^2$ 259.1010(7)✦	+3 103 **Lr** 铹▴ $5f^{14}6d^17s^2$ 262.110(2)✦